Ernst Paul Dörfler
Nestwärme

GOLDMANN
Lesen erleben

*Buch*

Vögel haben uns nicht nur voraus, dass sie fliegen können: Eichelhäher können sich 5000 Vorratsverstecke zentimetergenau merken. Zebrafinken übermitteln ihren Küken Wetterberichte durch die Eierschale. Und Gänse sind fürsorgliche Adoptiveltern. Der vielfach ausgezeichnete Naturschützer Ernst Paul Dörfler hat ein berührendes Buch über das geheime Leben der Vögel geschrieben, die oft friedvoller und achtsamer miteinander umgehen als wir Menschen. Ein Leben mit der Sonne statt nach der Uhr, faire partnerschaftliche Beziehungen, Gewaltverzicht und klimaneutrale Mobilität – was können wir von Vögeln lernen?
*Nestwärme* ist ein überraschendes Buch über das Sozialverhalten unserer gefiederten Nachbarn, ein Plädoyer für einen nachhaltigen Umgang mit der Natur – und eine augenzwinkernde Aufforderung, das eigene Leben hin und wieder aus einer neuen Perspektive zu betrachten.

*Autor*

**Ernst Paul Dörfler,** geboren 1950 in Kemberg bei Wittenberg, ist promovierter Ökochemiker und leidenschaftlicher Vogelliebhaber. Sein Buch *Zurück zur Natur?* (1986) wurde zum Kultbuch der ostdeutschen Umweltbewegung. Er wurde mit zahlreichen Preisen ausgezeichnet, darunter mit dem EURONATUR-Preis der Stiftung Europäisches Naturerbe, den unter anderem auch der Schriftsteller Jonathan Franzen erhielt.
www.elbeinsel.de

# Ernst Paul Dörfler

# NESTWÄRME

## Was wir von Vögeln lernen können

Mit Illustrationen von Ute Bartels

GOLDMANN

Die Originalausgabe erschien 2019 unter dem Titel
»Nestwärme« im Carl Hanser Verlag, München.

Penguin Random House Verlagsgruppe FSC® N001967

1. Auflage
Vollständige Taschenbuchausgabe Mai 2021
Copyright © 2019 Ernst Paul Dörfler
Copyright © 2019 der Originalausgabe:
Carl Hanser Verlag GmbH & Co. KG, München
Copyright © 2021 dieser Ausgabe: Wilhelm Goldmann Verlag, München,
in der Penguin Random House Verlagsgruppe GmbH,
Neumarkter Str. 28, 81673 München
Lizenzausgabe mit freundlicher Genehmigung
der Carl Hanser Verlag GmbH & Co. KG, München
Illustrationen: © Ute Bartels, Magdeburg
Umschlag: Uno Werbeagentur, München,
nach einer Gestaltung von Anzinger & Rasp
Umschlagmotiv: Ute Bartels, Magdeburg
Satz: Uhl + Massopust, Aalen
Druck und Bindung: GGP Media GmbH, Pößneck
Printed in Germany
KW · IH
ISBN 978-3-442-17871-1

Besuchen Sie den Goldmann Verlag im Netz

Für meine Mutter Frieda
und meine Enkelin Frieda

# Inhalt

# Mensch und Vogel –
# eine Liebesbeziehung

Menschen sind Menschen und Vögel sind Vögel. Der Klassenunterschied ist nicht zu bestreiten. Dennoch: In uns Menschen steckt erstaunlich viel Vogel. Andererseits verhalten sich Vögel in vielerlei Beziehung verdächtig menschlich. Das ist auch kein Wunder, beide teilen eine gemeinsame, 400 Millionen Jahre während Entwicklungsgeschichte, die Geschichte der Wirbeltiere. So ist es folgerichtig, dass Erbanlagen, Merkmale und Verhaltensweisen von Mensch und Vogel so verblüffend ähnlich sind.

Die Flügel der Vögel und die Gliedmaßen von Säugern werden durch die gleichen Gene kontrolliert. Für die Produktion von Eierschalen sind genau jene Erbanlagen verantwortlich, die beim Menschen über den Knochenaufbau entscheiden. Erbfaktoren, die die Gefiederfarbe bei Vögeln festlegen, entsprechen jenen, die für die Pigmentierung unserer Haut zuständig sind.

Die Säugetiere, zu denen biologisch der Mensch zählt, stellen keineswegs eine Höherentwicklung der Vögel dar, vielmehr stammen beide von den Reptilien, also von den Kriechtieren ab, genauer gesagt von den Dinosauriern. Das mag uns, den am höchsten entwickelten Säugern und vermeintlichen Trägern der Krone der Schöpfung, nicht gerade gefallen, doch so ist die Entwicklungsgeschichte auf unserem Heimatplaneten nun einmal verlaufen.

Im Erdmittelalter nach einer langen, gemeinsamen Wegstrecke schlugen Vögel und Säuger getrennte Pfade ein. Die heutigen Vögel sind also nichts anderes als kleine befiederte Dinosaurier mit kurzem Schwanz. Aus den Schuppen der Echsen entwickelte sich im Laufe der Zeit das Federkleid der Vögel. Erst kletterten sie auf Bäume, dann eroberten sie auf trickreiche Weise die Hoheit über den Luftraum. Die Säuger blieben am Boden zurück. Erst nach weiteren 100 Millionen Jahren ging aus ihnen der Mensch hervor. Und ausgerechnet dieses jüngste Lebewesen in der Entwicklungsgeschichte des Planeten Erde hat dann die Rolle des Herrschers übernommen. Doch bei aller Überlegenheit hat der Mensch die Vögel schon immer bewundert, beneidet und besungen. In unzähligen Gedichten und Volksliedern haben Vögel ihren Platz gefunden, vor allem in Liebesgedichten und Liebesliedern treten sie auf, allen voran die Lerchen und die Nachtigallen. Auch in Märchen und Fabeln beflügeln Vögel als Hauptdarsteller die Fantasie der Leser. Aber sind diese Geschichten, ist dieses kulturelle Erbe in unserer Gegenwart noch verständlich und emotional zugänglich, wenn Eltern wie Kinder weder Lerchen noch Nachtigallen, weder Zaunkönige noch Adler je erlebt und kennengelernt haben?

Um dem Abhilfe zu schaffen und wieder eine engere Beziehung zur Natur aufzubauen, ihre Mannigfaltigkeit zu erleben, müssen wir keineswegs nach Kanada oder Kamtschatka reisen, denn das Gute »fliegt« so nah! Wer Vögel beobachtet, ist zudem in einer etwa im Vergleich zum Feldhamster-Fan glücklichen Lage: Sie sind bunt, fallen gerne auf, sind mit wenigen Ausnahmen tagaktiv, fast immer in Action und betören unsere Sinne.

Dafür, dass die Freude an der wiederentdeckten Natur auch währt, sorgt das wachsende Wissen über die Vögel, das sich mit der Lust des Beobachtens gegenseitig bedingt. Je mehr ich weiß, umso mehr sehe, umso mehr verstehe ich und umso mehr Freude habe ich an neuem Wissen. Die lebendige Welt um mich herum gewinnt an Bedeutung. Und je mehr wir die Vögel in unser Blickfeld nehmen, umso eher werden wir auch begreifen, warum sie uns so sympathisch – und warum sie in mancher Beziehung sogar die besseren Menschen sind.

Es braucht schon einige Übung, Vögel zu erkennen, vor allem dann, wenn man sie nur sehr kurz oder gar nicht zu Gesicht bekommt. Ihre ganz und gar eigenen Rufe und Gesänge verraten den Absender, die Art des Vogels und damit seinen Namen. Es gibt unzählige Hilfsmittel, um Vögel zu bestimmen – und dennoch ist es, auch mit Bestimmbuch und Hörbeispiel ausgestattet, für viele Menschen schwer zu deuten: Amsel oder Star? Haussperling oder Feldsperling? Türkentaube oder Turteltaube? Am Ende unserer Recherche glauben wir, es zu wissen: Es war eine Amsel, ein Haussperling, eine Türkentaube. Doch war's das schon? Ist das alles, was wir über diesen Vogel wissen wollten?

Für mich bedeutet das Kennenlernen der Vögel mehr, als ihren Namen parat zu haben. Wenn ich die Artzugehörigkeit eines Vogels kenne, weiß ich noch längst nichts über seine

Lebensweise: wie er seinen Tag verbringt und wo er schläft. Ich habe keine Ahnung, ob das flötende Amselmännchen dasselbe ist, das mich schon im letzten Jahr erfreute. Ich kenne weder sein Alter noch seine Herkunft. Noch weniger Einblick habe ich in das Familienleben und in die Gefühlswelt des Vogels. Könnte es zum Beispiel sein, dass er ein feinfühliger und seinen Kindern gegenüber ein fürsorglicher Vater ist?

Wann hatten Sie Ihre letzte bewusste Begegnung mit einem frei lebenden Vogel? Wann haben Sie zum letzten Mal einen Kuckuck rufen hören, einer zwitschernden Schwalbe gelauscht oder einen klappernden Storch erlebt? Lange her?

Ehrlicherweise müssen wir feststellen, dass sich eine große Distanz zwischen uns Menschen und den frei lebenden Vögeln aufgetan hat, von jenen Arten einmal abgesehen, die unsere Städte erobert haben. Vögel sind weit weg, gefühlte Welten entfernt. Die Mensch-Vogel-Beziehungsform fällt klar in die Kategorie »getrennt lebend«. Am häufigsten begegnen wir Vögeln noch auf unseren Tellern in Form von Hähnchen mit unglücklicher Vergangenheit.

Das war beileibe nicht immer so. Noch vor gut 100 Jahren lebten unsere Urgroßeltern zum großen Teil in ländlichen Räumen. Sie waren Bauern, Fischer, Hirten und verbrachten ihren Arbeitstag unter freiem Himmel. Auch ich durfte diese auslaufende Epoche noch in einem abgelegenen Dorf an der Mittelelbe erleben. In einer Umwelt frei von technischen Geräuschen achtete man damals genauer auf die Signale der Natur. Die Lieder der Lerche, der Regenruf des Buchfinken, der Zug der Kiebitze, der Gänse und Kraniche waren wichtige Quellen der Information und Inspiration.

Aus der Ankunft der ersten Zugvögel leiteten unsere Vorfahren ab, dass es an der Zeit ist, die Saat in den Boden zu bringen. Auch um für die Ernte das passende Wetter vorherzusehen, bedienten sie sich der Vögel, die so etwas wie die Wetterpropheten unserer Vorväter waren. Vögel schienen nach damaliger Ansicht den besseren Überblick und Vorausblick zu haben. Sehr genau haben unsere Vorfahren ihr Verhalten studiert, um von ihrem Wissen zu profitieren.

Heute müssen wir die Welt der Vögel neu entdecken. Ohne Vögel vermenschlichen zu wollen, sollte es daher erlaubt sein, ihre Fähigkeiten und Verhaltensweisen so zu beschreiben, dass jeder sie versteht – in einer Sprache, die Emotionen und Fantasien anspricht, neugierig macht und dennoch das wissenschaftliche Denken einschließt. Diesen Versuch habe ich in meinem Buch unternommen; und so hoffe ich, dass es Ihnen ein wenig dabei hilft, die Natur in Ihr Leben zu lassen, ihre Stimmen zu hören und zu deuten und sich im besten Fall für das Leben der Vögel zu begeistern. Denn wer sich von der Natur berühren lassen will, tatsächlich und mit allen Sinnen, wird spüren, dass in ihm eine tiefe Sehnsucht heranwächst, die vielen von uns verloren gegangen scheint, die aber unbedingt zu unserem Leben gehört. Es ist die Sehnsucht nach Resonanz, nach einem Verbundenfühlen und einem Mitschwingen mit unseren natürlichen Ursprüngen. Eine Sehnsucht, die uns bewegt, verwandelt und letztlich innere Zufriedenheit stiftet.

Immer mehr Menschen merken, dass ihnen im Leben etwas fehlt. Sie wollen sich nicht mehr mit den Imitaten abfinden, sie suchen nach den Originalen. Sie schalten zunehmend um von *online* auf *offline*, in die Echtwelt. Sich an den wundersamen

Wesen der Natur zu erfreuen, verführt auch zu mehr Achtsamkeit mit unserer Welt.

Die Zahl der Vogelbeobachter wächst zusehends. Von Großbritannien und den USA, wo das *Birdwatching* zu einer Art Volkssport geworden ist, schwappt diese Bewegung auf das europäische Festland über. Sich für Vögel zu interessieren, darüber zu reden, ist nun auch bei uns salonfähig. »Warum bin ich nicht schon früher darauf gekommen?«, fragte mich eine Frau, die die Faszination der Vogelbeobachtung kürzlich für sich entdeckt hatte. Vögel sind ideale und pflegeleichte Begleiter auf Spaziergängen und gedanklichen Ausflügen, ganz ohne Leine folgen sie uns. Sie sind einfach da, als würden sie uns Gesellschaft leisten wollen.

## Mein Suchflug zu den Vögeln

Ich wurde in der Mitte des letzten Jahrhunderts geboren und verbrachte meine ersten 18 Lebensjahre in einer Welt, die es nicht mehr gibt. Meine Wurzeln liegen in einem kleinen Dorf mit großem Kirchturm zwischen Elbe und Dübener Heide südlich der Lutherstadt Wittenberg. Die Zeiten der Kindheit und Jugend prägen einen Menschen ganz besonders, so war es auch bei mir: der alltägliche Aufenthalt im Freien bis zum Sonnenuntergang, das hautnahe Erleben der Jahreszeiten, der Umgang mit allen möglichen Tieren, die schicksalhafte Abhängigkeit von der Natur, vom Wachsen und Gedeihen allen Lebens.

Jahre später war ich verhaltensauffällig – zumindest in den Augen der Staatssicherheit. Erkundungen wurden eingezogen. Wie im »Eröffnungsbericht zur Bearbeitung der Operativen Personenkontrolle« (1982) zu lesen ist, »wuchs der D. in einer politisch rückständigen Kleinbauernfamilie auf und wurde altmodisch erzogen. Aus diesem Grund war er während seiner Schulzeit sehr schüchtern. Dieses änderte sich mit dem Verlassen des Elternhauses.«

In der Tat lebten wir damals traditionell in archaischer Selbstversorgung. Mein Vater bezeichnete sich nicht ohne Stolz als »freier Bauer«. Meine Mutter hatte einen festen Plan im Kopf, was wann zu tun ist, um die Versorgung rund ums Jahr zu sichern. Wir ernährten uns von dem, was Garten, Feld und Stall hergaben. Für den Winter wurden Vorräte angelegt. Das Leben bestand aus harter Arbeit ohne Maschinen, dafür war es selbstbestimmt und befriedigend. »Urlaub« gab es am Sonntagnachmittag, ein Fahrradausflug ins Nachbardorf. Pferde und Kühe, Schweine und Schafe, Hühner, Enten und Gänse mussten tagein, tagaus versorgt werden. Die Tiere gehörten zur Familie. Erst wenn sie ihr Futter bekommen hatten, gab es unsere Mahlzeit. Wo auch immer etwas geschah, ich war immer dabei: beim Pflügen, Eggen und Säen, beim Mähen des Getreides mit der Sense, beim Rübenhacken und Distelstechen, beim Heueinbringen, beim Kartoffellesen und selbst beim Schlachten. Diese Tätigkeiten waren für mich damals so selbstverständlich wie heute Kindern das Spielen am Smartphone. Im Wald sammelten wir Heidelbeeren im Sommer, Pilze im Herbst und Holz im Winter – zum Heizen, Kochen und Backen. Schon im Alter von sechs Jahren brachte ich die Pferde selbstständig auf die Koppel oder half beim Einspannen. Die Enten begleitete ich zum Dorfteich, und auf der Obstwiese hütete ich die Gänse. Sie kommunizierten ständig miteinander und ich mit ihnen. Niemals verspürte ich Langeweile, mir war viel Zeit als stiller Beobachter geschenkt.

In der Schule lernte ich eifrig. Es war eine Minischule in familiärer Atmosphäre mit sehr kleinen Klassen. Meine wohlgesonnenen Lehrerinnen und Lehrer verehrte ich geradezu. Mit 18 Jahren hatte ich als Arbeiter- und Bauernkind die Möglichkeit zu einem Hochschulstudium. Da Chemie »Wohlstand, Brot und Schönheit« versprach, wählte ich dieses Studienfach. Keine glückliche Wahl, wie ich später feststellte. Ich hielt zwar durch, aber den vorgezeichneten Weg in eines der großen Chemiekombinate habe ich nicht einschlagen wollen.

Der Drang nach einem freieren Leben war es, der meinen weiteren Weg entscheidend mitbestimmte und mich letztlich den Vögeln näherbrachte. Nach über zehn Jahren in Hörsälen, Werkhallen, Laboren, Clean Rooms und Büros dämmerte es in mir: »Ich muss hier raus!« Das Draußensein, die Bewegung, das Leben unter Bäumen und Tieren fehlten mir. Doch wie folgt man seinen inneren Bedürfnissen, ohne in Gesetzeskonflikte zu geraten? Es gab in der DDR das Recht auf Arbeit, aber ebenso die Pflicht dazu.

Im Alter von 32 Jahren traf ich die Entscheidung, die wohl wichtigste in meinem Leben: Selbstständigkeit und Eigenverantwortung statt Fremdbestimmung. Als promovierter Ökochemiker kündigte ich meine Anstellung im Ostberliner Umweltinstitut. Ein ungeheurer Vorgang, denn im DDR-Sozialismus waren freie Naturwissenschaftler nicht vorgesehen. Statt weiter fleißig Umweltdaten zu ermitteln und darüber strengstes Stillschweigen wahren zu müssen, wollte ich an der misslichen Umweltsituation ganz real etwas verbessern – durch öffentliche Aufklärung, durch Wissensvermittlung. Ich wollte auf die Bedrohungen unserer Lebensgrundlagen aufmerksam machen und Menschen die Natur nahebringen.

Schon drei Jahre vor meinem Ausstieg aus dem geregelten Berufsleben unterlag ich der »operativen Personenkontrolle« durch das Ministerium für Staatssicherheit. Meine Vorträge in kirchlichen Kreisen über die Gefährdung unserer Umwelt blieben dem allgegenwärtigen Schnüffelstaat nicht unbemerkt. Die später zugänglichen Protokolle der »Sicherheitsorgane« zeigen, dass ich mich als »Umweltschützer« verdächtig gemacht hatte. Es bestanden, so der verbriefte Wortlaut, der Verdacht des »Zusammenschlusses zur Verfolgung gesetzwidriger Ziele gem. § 218 StGB« sowie der Verdacht der »ungesetzlichen Kontaktaufnahme zu Einrichtungen des westlichen Auslandes gem. § 219 StGB«. Über mein Tun wurde penibel Tagebuch geführt: Von »5.30 Uhr: In der Wohnung noch keine Bewegung« bis »22.30 Uhr hat noch Licht in der Wohnung gebrannt«. Der Notizen wert waren den aufmerksamen Genossen auch Informationen wie: »Küchenfenster spaltbreit geöffnet, Briefkasten leer.« Fand sich hingegen Briefpost, wurde sie vorübergehend eingezogen, um eine Kopie der Korrespondenz anzufertigen, alles klammheimlich.

Auch wenn ich die Überwachung nicht direkt bemerkte, die Angst vor Repression und Freiheitsentzug war doch mein täglicher Begleiter. Ich überlegte zwar immer sehr genau, was ich wann und zu wem sagte und was ich verschwieg. Nach so mancher heißen Diskussion befürchtete ich das Klicken der Handschellen draußen vor der Tür. Im Knast zu landen, das war für mich eine unerträgliche Vorstellung. In der Tat galt in der DDR das Sammeln und Verbreiten von Umweltinformationen als Straftatbestand. Das Strafmaß war nach oben offen, das Gesetz selbst unterlag der Geheimhaltung, es wurde aber durch Gerüchte gezielt gestreut. Dabei war es auch ohne Kenntnis irgendwelcher Daten für jede Nase spürbar, für jedes Auge sichtbar, dass etwas faul war zwischen Buna und Bitterfeld. Doch die Medien schwiegen beharrlich.

Wie sollte man unter diesen Bedingungen öffentliche Umweltaufklärung betreiben? Ich bevorzugte zunächst die mündliche Variante. Auch Märchen wurden bekanntlich mündlich überliefert und blieben in den Köpfen hängen. Naturexkursionen erschienen mir eine gute Methode, Menschen zu erreichen und mitzunehmen. Ich lud im Juni 1982 über die Presse zur »Ökologischen Sonntagswanderung« ein. Es kamen über 80 Personen, um durch die Magdeburger Elbauen zu streifen. Wir trafen östlich der Elbe auf futtersuchende Störche und Reiher, auf kreisende Milane sowie auf eine Kuh, die gerade ihr Kälbchen geboren hatte. Vögel und Kälbchen sind politisch unverdächtig, doch auf der anderen Elbseite rauchten die Schlote der Pestizid-Fabrik von VEB Fahlberg-List, einem Hersteller von Insektiziden. Ein brisantes Thema, waren doch gerade diverse Vogelarten durch das berüchtigte DDT an den Rand des Aussterbens geraten. Auch darüber wurde gesprochen. Unter den Teilnehmern befanden sich mehrere Berichterstatter, allerdings nicht von Tageszeitungen, wie ich es mir gewünscht hätte, vielmehr waren es drei Inoffizielle Mitarbeiter (IM) mit den Decknamen Peter Paul, Ernst und Richard Wagner. Diese wussten voneinander nichts, und ich wusste nichts von ihrer Mission. Die gesammelten Berichte über die zweistündige Führung umfassen zwölf Seiten.

Nach dieser überraschend großen Resonanz plante ich weitere Naturführungen. Doch die lokale Zeitung, in der ich dazu eingeladen hatte, spielte nicht mehr mit. Die Einladungen wurden entweder gar nicht oder mit falschen oder fehlenden Zeit- und Ortsangaben angekündigt. Reiner Zufall? Ein Aktenvermerk der Staatssicherheit sagt aus, dass »Presseartikel des D. unter Kontrolle zu halten« sind. Sollte ein Journalist diese Vorschrift umgehen, drohte ihm die »fristlose Entlassung«. Mein Experiment war zum Scheitern verurteilt.

Alle diese Hintergründe blieben für mich damals im Nebel. Ich rechnete zwar mit der Möglichkeit des Überwachtwerdens, aber den Umfang ahnte ich nicht. Für jeden Lebensbereich standen »Wächter« in Bereitschaft. So gelang es einem IM, mir meinen Terminkalender vorübergehend zu entwenden, um alle Namen, Adressen, Telefonnummern und Termine abzuschreiben. Egal, wo ich auftauchte, wartete schon ein verdeckter Ermittler auf mich. Trotz aller Anstrengungen – die gesammelten Informationen genügten den Organen der Staatssicherheit nicht, um meine Person umfassend »aufzuklären«. Dann folgte etwas, das ich kaum für möglich hielt: Sowohl in meiner Hauptwohnung als auch in meiner Nebenwohnung wurden Abhöranlagen eingebaut. Private Gespräche wurden abgehört und seitenweise schriftlich zu Protokoll gebracht.

Der Einbau der Abhörtechnik, der einem staatlichen Wohnungseinbruch gleichkam, erforderte ein generalstabsmäßiges Vorgehen. Am 14.12.1982 mussten acht Familien unseres Wohnblockes evakuiert werden, ohne dass es irgendjemandem auffiel, selbst den Betroffenen nicht! Alle Bewohner waren an diesem Tag andernorts »zu binden«. Ich selbst wurde zusammen mit meiner Frau zum Chef des Urania Verlages nach Leipzig zitiert, um über das eingereichte Buchmanuskript *Zurück zur Natur?* zu sprechen. Die Staatssicherheit war bereits im Besitz der Textfassung. Auf konspirativem Wege wurde der Verlagsleiter aufgefordert, »dem Dr. D. die Absage zu seinem Buch« mitzuteilen. Selbst der Termin der Absage – eben der 14.12.1982 –wurde mit den Sicherheitsorganen abgestimmt, um »die Reaktion des D. festzustellen«. Doch Stunden vorher meldete sich der Verlagschef krank. Sein Stellvertreter war nicht eingeweiht, so fand ein Gespräch ohne Inhalt statt.

Der Verlag hatte ein Gutachten zum geplanten Buch erstellen lassen. Dies fiel derart positiv aus, dass die Verlagsleitung misstrauisch wurde und ein zweites Gutachten in Auftrag gab. Unterdessen hatte auch die Staatssicherheit ein Geheimgutachten erstellen lassen. Die zwölfseitige Beurteilung ist vernichtend: Das Verhältnis zwischen Mensch und Natur sei »subjektivistisch«, »polemisch« und »gefährlich« dargestellt, die konkreten Erfolge der DDR und der UdSSR fehlten, der Text nähre Zweifel und Angstgefühle und stelle »als Buch keine Bereicherung« dar. Ohne Ansage wurde das Buchprojekt eingefroren. Es folgten drei Jahre der Ungewissheit.

In der Zeit zog ich mit meiner jungen Familie aus der Großstadt in ein altes, leer stehendes Haus in einem 300-Seelen-Dorf mitten in einem der ältesten und inzwischen auch größten Schutzgebiete Deutschlands an der Mittelelbe. Dort pflanzte ich als Erstes Obstbäume, Weinstöcke, Beerensträucher, gefolgt vom Anbau von Gemüse und Kartoffeln. Alles ohne Chemie, dafür mit viel Handarbeit und Kreativität. Nicht nur Ökologie predigen, sondern auch leben, genau das verschaffte mir eine tiefe innere Zufriedenheit, Glaubwürdigkeit und Überzeugungskraft. Ich wurde zum Aussteiger, aber nur scheinbar, denn ich wollte mich weiter einmischen, nur eben als unabhängige Institution. So gut ich konnte, verdrängte ich die Risiken, vermied offene Provokationen und Reizworte, gab mich vielmehr freundlich-optimistisch und versuchte, Lösungswege und Handlungsmöglichkeiten aufzuzeigen, um der ökologischen Misere, die es offiziell ja nicht geben durfte, entgegenzutreten. Feinfühlige Satire und subversiver Humor erlebten eine Blütezeit. Botschaften wurden zwischen den Zeilen transportiert – und sie kamen mit einem Schmunzeln an, wo sie ankommen sollten.

Ende 1986 erschien dann doch noch das Buch *Zurück zur Natur?*. Das Erscheinen war ein Glücksfall und ist dem Lektor des Urania Verlags Leipzig zu verdanken. Er hatte es mit seiner Kreativität, mit Risikobereitschaft und Ausdauer im Laufe von drei Jahren geschafft, alle für die Druckgenehmigung zuständigen Ministerien zu überlisten – drei Jahre vor der politischen Wende. Sein raffinierter Plan: »Wir brauchen zwei Manuskriptfassungen: eine genehme und damit genehmigungsfähige und eine exportfähige Variante.« Ein neues offizielles Gutachten wurde eingeholt. Nach der Erteilung der Druckgenehmigung riskierte der Lektor Kopf und Kragen und tauschte die Fassungen kurzerhand aus. So wurde nach langem Anlauf *Zurück zur Natur?* zu einer Art Kultbuch der ostdeutschen Umweltbewegung, die neben der Friedens- und Menschenrechtsbewegung eine entscheidende Triebkraft zur friedlichen Revolution 1989 war.

Nachdem der Überwachungsstaat zusammengebrochen war, waren meine Ideen plötzlich gefragt. Ich wurde 1990 Abgeordneter in der erstmals frei gewählten Volkskammer und leitete den Ausschuss für Umwelt, Naturschutz und Reaktorsicherheit. Noch in den letzten Tagen der DDR gelang es, einmalige Naturlandschaften durch ein Nationalparkprogramm unter dauerhaften Schutz zu stellen, darunter Teile der Ostseeküste, der Seenplatte in Mecklenburg, der Elbe und der Oder. Diese neuen Großschutzgebiete wurden als »Tafelsilber der Deutschen Einheit« gefeiert.

Doch sehr bald wurde mir klar: Zwar gab es jede Menge Stilllegungen in Industrie und Landwirtschaft, doch eine konsequente Energie- und Agrarwende, eine nachhaltige Wirt-

schaftspolitik, ein sparsamer Umgang mit den Naturressourcen
und ein ökologisch bewusstes Verbraucherverhalten störten
bei der Gewinnmaximierung. Ich stieß an neue Grenzen. Alte
wie neue ökologische Probleme wurden mehrheitlich in Politik
und Gesellschaft verdrängt. Das Leben als eine Abfolge von
»bewegungslosen Sitzungen« frustrierte mich. Ich fühlte mich
wie ein Vogel im Käfig, vermisste das Erleben der Jahreszeiten.
Nach einem Jahr Parlamentarismus schaffte ich den Absprung.
Nun hatte ich sie wieder – meine geliebte Natur.

Und die atmete gerade auf. Die schlimmsten Verschmut-
zer waren innerhalb weniger Monate außer Betrieb. Das Wasser der Elbe erreichte einen Gütezustand, von dem ich vorher
nicht zu träumen gewagt hatte. Auch die Schornsteine rauchten
nicht mehr. In den Kaufhäusern duftete es verführerisch. Doch
woher kamen all die vielen bunt verpackten Produkte? Vieles
stammte aus exotischer Ferne. Es fühlte sich an wie ein warmer
Regen. Im Paradies angekommen? Nicht wirklich! Arbeit und
Umweltverschmutzung wurden lediglich verlagert, exportiert:
aus den Augen, aus dem Sinn.

Die fortgesetzte Plünderung des Planeten Erde erreicht inzwischen neue Höchstwerte und hinterlässt tiefe Spuren. Die
Produktion von schnelllebigen Gütern nimmt Ausmaße an,
die noch vor 30 Jahren unvorstellbar gewesen wären. Mit dem
ständig wachsenden Verbrauch wächst auch unser ökologischer Fußabdruck. Leben wir auf zu großem Fuß?

Das Zeitalter des menschlichen Wirkens gräbt sich immer
tiefer in die Geschichte des Planeten ein. Kaum vorstellbar:
Im Umfeld meiner Kindheit gab es nicht einmal eine Müll-
tonne, womit hätte man sie füllen sollen? Inzwischen findet

man in den Weltmeeren bald mehr Müll als Fische. Die Mägen von Fischen und Vögeln werden zu Sammelstellen von Plastik. Selbst entfernteste Inseln im Pazifik werden zu Abfalldeponien. Die natürlichen Lebensräume schrumpfen, Tier- und Pflanzenarten verlassen uns. Die Vögel verstummen auf den Feldern und Wiesen, es wird stiller in den Konzertsälen der Natur. Über die Hälfte unserer Vögel ist in den letzten 30 Jahren verschwunden, so lautet eine Antwort der Bundesregierung zum Zustand der Vogelwelt im Jahr 2017.

Gleichzeitig wächst unsere Selbstausbeutung, der Leistungsdruck holt das Letzte aus uns heraus. Wir machen nicht nur die Natur, wir machen auch uns selbst kaputt. Es wird höchste Zeit aufzuhorchen, unsere äußere wie innere Welt wieder wahrzunehmen. Alles haben und mitmachen zu wollen, macht nicht glücklicher und nicht gesünder. Produktion und Verbrauch können nicht endlos wachsen. Das Leben in seiner faszinierenden Vielfalt droht unter die Räder zu geraten, immer mehr Zwänge engen auch uns ein. Wir verlieren im doppelten Sinne den Boden unter unseren Füßen. Eine neue Wende ist fällig. Aber von wem können wir lernen, das nötige Rüstzeug zu erwerben?

## Warum Vögel die besseren Menschen sind

Es war so schön einfach, klar zwischen Menschen und Tieren trennen zu können. Menschen sind intelligent, sie können denken und haben ein Bewusstsein, betreiben Kultur, Wissenschaft und Forschung, sie sind Träger des Fortschritts. Tiere werden hingegen von immer gleichen Instinkten und Trieben gesteuert, ihr Verhalten von simplen Reflexen gelenkt. Menschen stehen oben, Tiere unten, wie Herren und Sklaven. Die einen sind sprachbegabte Persönlichkeiten, haben Gefühle und pflegen Beziehungen, bei den anderen laufen emotionslose, stumme Programme ab, die einen sind Subjekte mit Charakter und Würde, die anderen Objekte und werden juristisch als Sachen behandelt, werden ausgenutzt und ökonomisch verwertet.

Die Forschungen der letzten Jahre haben diese Denkschablone erheblich ins Wanken gebracht. Viele Merkmale teilen wir Menschen nicht nur mit uns nah verwandten Säugern wie Affen, sondern auch mit scheinbar so entfernten Wesen wie den Vögeln. Niemand bestreitet, dass wir Menschen in Fragen der Intelligenz überlegen sind. Aber in manchen anderen Disziplinen stellen uns die Tiere klar in den Schatten.

Ist es nicht bewundernswert, wie sich Vögel auf unserem Planeten ohne weitere Hilfsmittel über Tausende von Kilometern zurechtfinden? Neue Forschungsergebnisse zeigen, dass Vögel uns Menschen in sensorischen Wahrnehmungen haushoch überlegen sind. Sie verfügen nicht nur über exzellente Seh- und Hörqualitäten, sondern auch über beinahe mystische Sinne. Sie können die Magnetfeldlinien der Erde erkennen und so manche Naturkatastrophen vor ihrem Eintritt erspüren.

Die moderne Verhaltensforschung eröffnet uns neue Einblicke in die geheimnisvollen Seiten der Vögel. Lange waren wir auf mehr oder weniger zufällige Beobachtungen angewiesen. Es war ein ungelöstes Rätsel, was Vögel so alles treiben, wenn wir sie gerade nicht zu Gesicht bekommen. Inzwischen ermöglichen solarbetriebene Minisender, Geolokatoren oder Datenlogger als kleiner Rucksack am Vogelkörper eine tierschutzgerechte Rundumbeobachtung der Vögel und geben detaillierte Auskünfte über ihr Verhalten, über Aufenthaltsorte und Zugwege, ja, selbst über ihre Herzschläge, eine Observation im Dienste der Wissenschaft. So konnte beispielsweise durch die gleichzeitige Messung der Flugkoordinaten und der Bewegungsintensität nachgewiesen werden, dass Jungstörche ganze vier Wochen benötigen, um nutzloses Flattern abzulegen und energetisch ebenso effizient fliegen zu können wie gestandene Altvögel. Auch der Einsatz von Kameras kann Geheimnisse lüften helfen. Sie verschaffen uns nicht nur Einblicke in dunkle Bruthöhlen von Meisen, Spechten und Eulen, sondern auch in Storchen- und Adlerhorste und geben uns Auskunft über das Familienleben. Eine Kamera kann schnell ablaufende Vorgänge entschleunigen und beispielsweise die Rüttelflugtechnik erklären helfen oder Verborgenes sichtbar machen. So betreiben Vögel täglich eine intensive Körperpflege, indem sie sich Feder um Feder vornehmen, diese gründlich einfetten und ihre Verschlüsse reparieren.

Mindestens ebenso spannend ist die Erforschung des »Innenlebens« der Vögel. Durch genetische Analysen erfahren wir Details über Beziehungen, Partnertreue und Verwandtschaften. So werden die Biografien und Lebensweisen der Vögel nach und nach durchschaubar. Was wir inzwischen wissen: Vögel sind unterscheidbare Individuen, Persönlichkeiten wie du und ich. Kein Vogel gleicht dem anderen – nicht nur im Aussehen. Jeder Vogel hat seine eigene Stimme, sein originelles

Liedgut, sein typisches Verhalten, seinen besonderen Charakter und sogar seinen ganz persönlichen Körperduft.

Lange Zeit für ausgeschlossen gehalten, ist es inzwischen anerkannt: Vögel können kreativ sein, sie können planvoll handeln und an das Morgen denken. Ihr Erfindungsreichtum zeigt sich ganz besonders in ihren raffinierten Verführungskünsten. Keine andere Tierklasse vermag zudem eine derartige Vielzahl von Beziehungsmodellen einzugehen und erfolgreich zu pflegen wie die Vögel. Es gibt kaum ein denkbares Partnerschaftsmodell, das sie nicht erprobt haben.

Ausgesprochen friedfertig und fürsorglich gehen die Partner miteinander um. Fairness ist in aller Regel oberstes Gebot im Verhalten der Geschlechter zueinander. Arbeitsteilung und Gleichberechtigung sind bewährte Erfolgsrezepte. Verlässliche Beziehungen in Ehe und Familie stehen viel höher im Kurs als üblicherweise bei den Säugetieren. Voller Hingabe kümmern sich oft beide Vogeleltern um ihren Nachwuchs – bis hin zur Selbstaufopferung. Dennoch leben sie ihre Freiheit und Unabhängigkeit und nicht zuletzt auch ihre Muße – alles zu seiner Zeit.

Ein beispielhafter Lichtblick in unserer gewaltlastigen Welt: Vögel halten nicht viel von Gewaltanwendung. Im Umgang mit ihren Artgenossen kommen zwar immer wieder Zwistigkeiten vor, jedoch gehören Körperverletzung oder gar Tötung nicht zu ihren Verhaltensmustern. Stattdessen singen sie um die Wette, eine bewundernswerte Methode, Dissonanzen auszufechten. Viele Vögel leben in Gesellschaften oder in engen Familienbanden. Dabei sorgen klare Regeln für die Stabilität der Gemeinschaft. Die erfahrenen Mitglieder stehen in der Rangordnung oben, andere haben sich unterzuordnen. Doch hält sich der Unterschied zwischen Oberschicht und Unterschicht sehr in Grenzen. Ja, es gibt sogar so etwas wie Solidarität und Empathie, und nicht selten helfen sie sich untereinander, sei es bei der Körperpflege, bei der Nahrungsbeschaffung oder der Feindabwehr. Ihre Fähigkeit zur Kooperation hat sie erfolgreich gemacht. Die Ökologie als Wissenschaft vom Haushalt der Natur haben wir Menschen erfunden. Dennoch müssen wir uns eingestehen, dass Vögel in praxi offenbar die besseren ökologischen Kompetenzen besitzen. Die Ausbeutung der Natur ist ihnen ebenso fremd wie die Ausrottung von Pflanzen und Tieren. Sie nehmen sich, was sie zum Leben brauchen, mehr nicht. Sie könnten uns zum Vorbild im Umgang mit den natürlichen Ressourcen werden, denn ihr Know-how hat sich über Jahrmillionen bewährt. Als absolut vorbildlich ist etwa der Energieverbrauch der Vögel einzustufen. Ihre enormen Leistungen werden mit geringstem Energieaufwand realisiert, gleichgültig, ob es sich um Fliegen, Bauen oder Wärmen handelt. Vögel fliegen klimaneutral. Sie nutzen ausschließlich erneuerbare Energiequellen und nachwachsende Rohstoffe, sie setzen diese sparsam und höchst effizient ein. Das Prinzip der Wärmedämmung haben sie längst erfunden und perfektioniert. Kälte macht ihnen nichts aus, ihr Gefieder funktioniert als Klimaanlage ohne Stromverbrauch, und in ihrem Nest ist es mollig warm. Die Kreislaufwirtschaft ist Realität, Nachhaltigkeit Normalität; Abfall- und Schadstoffprobleme entstehen erst gar nicht. Anders hätten die Vögel nicht viele Millionen Jahre überleben können.

Haben Sie schon einmal einen übergewichtigen Vogel in

freier Natur erlebt? Ganz sicher nicht, er wäre todgeweiht. Vögel können Maß halten – eine aus menschlicher Sicht bewundernswerte Fähigkeit. Selbst Geier, die man im Althochdeutschen »Gīr« nannte, wovon der Begriff »gierig« abgeleitet ist, sind maßvoll. »Wie die Geier« stürzen sie sich zwar auf ein verendetes Tier, und binnen weniger Stunden ist es entsorgt, restlos verwertet. Nach der Völlerei folgt das Fasten. Sogenannte »Wohlstandskrankheiten« kommen nicht vor.

Unsere vergleichsweise junge menschliche Intelligenz hat uns viele Vorteile verschafft, aber auch enorme Probleme. Der Mensch ist offenbar in der Lage, seine eigene Umwelt, seinen Lebensraum zu ruinieren und unbewohnbar zu machen. Der exorbitante Rohstoffverbrauch und der damit verbundene Abfall der Industrie- und Konsumgesellschaft sind nicht kompatibel mit einem intakten Naturhaushalt und einem überlebensfähigen Planeten. Jeder Bewohner der reichen Industriestaaten besitzt im Durchschnitt 10 000 Dinge, die seine Wohnstätte füllen. Je mehr Besitz wir anhäufen, umso mehr müssen wir uns verausgaben, körperlich wie finanziell. Das reale Leben reduziert sich zunehmend auf Schuften und Shoppen. Nach dem Aneignen und Anhäufen drängen sich das Wegwerfen und das Entrümpeln auf. Die Zyklen zwischen Erwerb und Abstoßen verkürzen sich mehr und mehr. Zunehmend erkennen Menschen: Besitz kann zum Ballast werden – Schwere statt Leichtigkeit zeichnet das Leben aus. Die Last wirkt zunehmend erdrückend – auf Mensch und Natur. Ist dieser Konflikt überhaupt lösbar? Kann ein gutes Leben nicht auch einfach sein? Nach welchen Prinzipien leben Vögel? Haben sie die Leichtigkeit des Seins entdeckt?

## Auch Vögel haben Gefühle

Wenn sie im späten Winter über unseren Köpfen nordwärts ziehen und ihre sehnsuchtsvollen Rufe erklingen lassen, blicken wir mit ähnlich sehnsuchtsvollem Blick zu ihnen hinauf: Die Kraniche sind wieder zurück. Sie verheißen uns Menschen den Frühling. Wohl deshalb nennt man sie seit dem Altertum in vielen Kulturen von Europa bis Asien »Vögel des Glücks«.

Zwei dieser Glücksbringer beziehen im März jeden Jahres ihren ausgesuchten Lebensraum, eine sumpfige Wiese unweit meines Dorfes. Schon in einer Entfernung von über einem Kilometer höre ich sie im Duett rufen. Das Weibchen mit hoher Stimme, das Männchen eine Terz tiefer. Wenn ich am frühen Morgen aus sicherer Deckung heraus die Vögel beobachten kann, halte ich inne und wage kaum zu atmen. Flügelschlagend machen sie im Wechsel Luftsprünge, die Trompetenrufe steigern sich. Dann duckt sich das Weibchen ein wenig ab und hebt seine Flügel an. Das ist die Einladung zur Begattung. Das Männchen springt auf dessen Rücken, balanciert gut aus, um das Gleichgewicht nicht zu verlieren, und vollzieht die Kopulation. Nach einigen Sekunden packt das Männchen mit seinem Schnabel kurz das Kopfgefieder seiner Angetrauten und macht den Absprung. Das Paar wendet sich wieder einander zu. Jubelnd trompeten sie erneut im Duett und schließen einen rituellen Tanz mit Verneigungen, Drehungen und Sprüngen an. Es fällt schwer zu glauben, dass diese graziösen Vögel dabei kein Gefühl von Freude empfinden. Man könnte meinen, sie hüpfen vor Euphorie und Beglückung.

Moment mal! Freude? Glück? Können Vögel sich freuen und glücklich sein? Fast sieht es so aus. Dennoch: Es ist eine Streitfrage. Nicht wenige Menschen hüten sich davor, Vögeln Gefühle dieser Art zuzubilligen. Ich selbst habe früher noch gelernt: Tiere handeln nach Instinkten. Diese stecken in ihren Erbanlagen, ein festgelegtes Verhaltensprogramm. Also programmierte, lebende Roboter? Oder haben sie doch Gefühle? Gefühle, wie auch wir sie empfinden, Freude und Leid, Glück und Unglück, Stress und Entspannung?

Das sind Fragen, denen Wissenschaftler lange Zeit aus dem Wege gingen. Wie soll man das subjektive Empfinden nachweisen und die Ergebnisse statistisch absichern? Vögel kann man nicht befragen. Schön wäre es, man schlüpfte in die Haut eines Vogels, tauschte sein Haar- gegen ein Federkleid aus, um investigativ zu recherchieren – wenn es nur so leicht ginge.

Nach einer meiner Buchvorstellungen kam einmal ein Professor auf mich zu und gab mir fast flüsternd, aber eindringlich und besorgt zu verstehen: »Das dürfen Sie nicht tun! Das ist Vermenschlichung!« Ich antwortete, dass es bloß »menschelte«; weder würden die Tiere bei mir sprechen, noch hätten sie Vornamen. Für das Beschreiben des realen Verhaltens würde ich lediglich Alltags- statt Wissenschaftssprache verwenden. Auf die Sprache der Wissenschaft zu verzichten, bedeute aber nicht, das wissenschaftliche Denken aufzugeben.

Diese Begegnung hat mich lange beschäftigt. Zugegeben, wenn ich das Verhalten von Tieren schildere, schmilzt der gefühlte Abstand zwischen Mensch und Tier. Dann bemerkt man sehr bald, dass wir doch ähnlich ticken. Unsere lebensnotwendigen Grundbedürfnisse sind sogar identisch. Ob Mensch oder Tier – wir alle benötigen Luft zum Atmen, brauchen Nahrung und Wasser, Lebensraum und Schutz vor Feinden und Widrigkeiten. Und wir brauchen die sexuelle Fortpflanzung, um unsere Art zu erhalten.

Dennoch, bei all diesen Gemeinsamkeiten: Begriffe wie Bewusstsein, Denken und Charakter, Gefühle wie Angst oder gar Liebe waren lange Zeit ausschließlich für den Menschen reserviert, für Tiere galt diesbezüglich ein rigoroses Tabu. Und wenn sich doch jemand mit diesen heiklen Fragen beschäftigte, bekam er oder sie oft das Etikett der Unwissenschaftlichkeit verpasst. Es ist völlig richtig: Gefühle kann man nicht messen. Es gibt keine Maßeinheit für Freude und Glück, für Zuneigung, für Lust und Liebe. Deshalb ist dieses Terrain für die sogenannten »exakten Wissenschaften« das pure Glatteis, auf dem man nicht nur ausrutschen, sondern auch einbrechen und seinen akademischen Ruf verlieren kann.

Noch im 19. Jahrhundert ging man davon aus, dass Vögel aus Lebensfreude singen, so wie es Menschen tun. Mit der Etablierung der naturwissenschaftlichen Forschung wurde dann die »wahre Bedeutung« des Vogelgesangs aufgedeckt: Es war Bernard Altum, der in seinem Buch *Der Vogel und sein Leben* (1868) als Erster eine Theorie zur Revierbildung bei Vögeln entwickelte und dabei auch die Rolle des Vogelgesangs erklärte: Vögel singen zur Revierabgrenzung. Im 20. Jahrhundert wurden mehr und mehr Details über das Leben der Vögel erforscht, ein riesiges Datenvolumen sammelte sich an. Ermittelt wurden vor allem äußere Merkmale. Innere Prozesse blieben zumeist unbeachtet. Vor allem die schwierige Frage nach den Gefühlen der Vögel blieb außen vor.

Unterdessen hielt die »Tierproduktion«, die Massentierhaltung Einzug. Hähnchen, Enten und Puten werden auf engstem Raum zusammengepfercht und gemästet, Gänse in manchen Ländern zwangsernährt, damit sie eine übergroße Leber für Pastete liefern. Hühner wurden zu Legemaschinen.

Aus früheren Zeiten kenne ich noch den Spruch: »Quäle nie ein Tier zum Scherz, denn es fühlt wie du den Schmerz.« Diese Volksweisheit wurde immer dann verdrängt, wenn es um wirtschaftliche Gewinne ging. Von der Außenwelt abgeschirmt, werden Tiere auf qualvolle Art und Weise gehalten, um maximale Leistungen zu erbringen. Was zählt, sind Legeleistung und Fleischzuwachs. Jahrzehntelang wurden diese Missstände weggeschwiegen. Die Annahme, dass Tiere keinen Schmerz kennen, ist schon deshalb abwegig, weil Tierärzte seit Jahrzehnten Schmerzmedikamente verabreichen. Inzwischen wächst das öffentliche Bewusstsein, dass Tiere Angst, Stress, Schmerz und

Leid empfinden können. Nicht ohne Grund gibt es eine immer lauter werdende öffentliche Debatte um das Tierwohl.

Die Fragen, wie es Tieren geht, wie sie fühlen und ob sie eine Würde haben, werden im 21. Jahrhundert immer lauter gestellt. Jeder Hunde- und Katzenhalter weiß, dass sein Schützling durchaus Empfindungen hat. Sicher ist auch, dass viele Tiere in freier Natur ohne das Gefühl von Angst, ohne den Impuls zur Feindabwehr oder zur Flucht nicht überlebensfähig wären. Nach und nach scheint man den Tieren Gefühle wie Stress, Angst und Schmerz zuzugestehen. Schwerer tut man sich mit positiven Emotionen wie Freude, Glück oder Liebe. Gönnt der Mensch den Tieren zwar die unangenehmen, nicht aber die guten Gefühle?

Empfindungen zeichnen das Leben aus. Mehr noch: Sie sind seine unabdingbare Voraussetzung. Ohne die Gefühle von Hunger und Durst, von Wärme und Kälte fehlten lebensnotwendige Signale zur Verhaltenssteuerung. Ohne die sexuellen Gefühle gäbe es keinen Nachwuchs. Nach allem, was wir wissen, besitzen Mensch und Vogel gleichermaßen ein limbisches System, ein Gefühlszentrum im Inneren des Gehirns. Es steuert sämtliche Emotionen, seien es Hungergefühl oder sexuelles Verlangen, seien es Angst, Wut oder Aggression, Freude, Frust oder Schmerz. Sowohl die Struktur dieses Systems als auch die Informationsverarbeitung sind bei Vögeln und Säugern sehr ähnlich. Wir wissen noch nicht viel Genaues über das Gefühlsleben der Vögel. Immerhin fand die biochemische Spurensuche heraus, dass im Blut der Vögel die gleichen Hormone wie im Blut der Menschen kreisen. Es sind die gleichen Sexualhormone, die dazu auffordern, einen Partner zu suchen und sich um Nachwuchs zu kümmern. Auch das Bindungs- und Kuschelhormon Oxytocin sowie die für Sehnsucht und Glücksgefühl zuständigen Hormone Dopamin und Serotonin finden sich in Mensch und Vogel gleichermaßen. Damit ist die materielle Basis der Gefühle bei Mensch und Vogel durchaus vergleichbar. Bei so vielen biochemischen Gemeinsamkeiten dürften auch die Verhaltensparallelen nicht verwundern, die sich bei näherer Betrachtung offenbaren, sei es bei der Partnersuche oder bei der Fürsorge für den Nachwuchs. Allerdings wissen wir nicht wirklich, wie sich Glück und Freude für einen Vogel anfühlen. Sicher ist hingegen, dass Vögel Glücksgefühle in uns Menschen auslösen können, allein durch ihre Anwesenheit.

Liegt der Frühling in der Luft, steigen die allzu menschlichen Lustgefühle. Die Hormone sprudeln nur so. Jahr für Jahr bekommen wir diese Geschichte erzählt und glauben sogar daran. Doch ein Faktencheck beweist das Gegenteil: Das wichtige Sexualhormon, das Testosteron, befindet sich in der schönsten Jahreszeit im Keller. Real ist hingegen die Frühjahrsmüdigkeit. Erst im Herbst erreicht das Testosteron seine Höchstwerte, und die geburtenstärksten Monate liegen logischerweise im Sommer – neun Monate später. So sinnvoll hat es die Natur eingerichtet.

Absolut falsch ist die Theorie der Frühlingsgefühle jedoch nicht, denn sie trifft voll und ganz auf die Vögel zu. Im Frühling schießen deren Sexualhormone in die Höhe. Bei den Vogelmännchen ist es das Testosteron, das Imponiergehabe, Spermienproduktion und Begattungsdrang auslöst. Da Testosteron auch die Aggressivität steigert, hebt es den Fortpflanzungserfolg. Bekommt ein Vogelmännchen Konkurrenz durch einen singenden Nachbarn, wird die Hormonproduktion zusätzlich angekurbelt. Doch nicht nur die Männchen, auch die Weibchen werden von den Gesängen innerlich stimuliert. Hinreißender männlicher Gesang beeinflusst den Hormonspiegel der Weibchen und beschleunigt das Wachstum der Eierstöcke. Die Anziehungskräfte zwischen den Geschlechtern wachsen. Und das soll alles ohne jede Gefühlsregung ablaufen? Manche Wissenschaftler, wie Richard Prum von der Yale University in Connecticut, einer der weltweit führenden Vogelforscher, scheuen sich nicht zu sagen, dass die Beziehungen, die zwischen Vögeln ablaufen, unserer Liebe ähneln. Doch eines können die Vögel nicht: ihren freudigen Gefühlen durch Lächeln oder Lachen Ausdruck zu verleihen. Die dazu nötige Gesichtsmuskulatur, die Mimik, ist nur dem Menschen und seinen engsten Verwandten geschenkt.

Zuwendungen und Zärtlichkeiten als Liebesbeweise kennt man hingegen sowohl beim Menschen als auch bei vielen Vogelarten. Bei den Waldkäuzen zum Beispiel erreicht die Balz im März ihren Höhepunkt. Fast allabendlich kann ich sie im Auenwald hören, wenn sie im Wechsel rufen. Haben sich die Partner an einem gemeinsamen Treffpunkt gefunden, wird es still. In den ersten Tagen meiden die Käuze noch eine gegenseitige Berührung und wehren den Partner mit kreischenden Lauten und Fauchen ab. Zunehmend aber dulden sie dessen Nähe und kraulen gelegentlich einander das Kopf- und Halsgefieder. Kommt uns ein solches Liebeswerben nicht bekannt vor? Gesteuert wird es, wie oben ausgeführt, durch jene Hormone, die auch im menschlichen Körper ihre bekannten Wirkungen entfalten.

Glück und Leid liegen dicht beieinander. Können Tiere auch Trauer empfinden? Elstern und Dohlen, Gänse und Schwäne, aber auch kleine Singvögel sind untröstlich, wenn sie ihren Partner verlieren. Ihre Bindungen sind so eng, dass sich bei einem Partnerverlust so etwas wie Trauer einstellen kann, wovon die folgenden Anekdoten Zeugnis ablegen:

Es war Juni. Auf der Straße verharrte eine Schwalbe. Sie stand und wollte nicht weichen. Warum? Am Straßenrand kauerte eine zweite Schwalbe. Sie sah krank aus. Ich sah sie mir an, ihr Flügel war gebrochen, Folge eines Autounfalls? Ich konnte ihr nicht mehr helfen. Aber ich nahm Anteil an ihrem Schicksal, genauso wie die gesunde Schwalbe. Vielleicht waren sie ein Paar. Wenn mitten in der Brutsaison ein Partner ausfällt, leidet auch der Nachwuchs. Ein ähnliches Erlebnis: Ein Trupp Spatzen hüpfte aufgeregt um einen einzelnen Spatzen herum, der leblos am Boden lag. Der Verlust eines Artgenossen, vielleicht eines Familienmitgliedes, schien dem Spatzenvolk keineswegs gleichgültig zu sein.

Während eines harten Winters hatte ein Eisregen einige Tauben flugunfähig gemacht, ihre Flügel waren von einer Eisschicht überzogen. Sie wurden in menschliche Obhut genommen. Alle Tiere überlebten – mit einer Ausnahme. Die gesunden Tauben wurden alsbald wieder in die Freiheit entlassen. Doch eine Taube verblieb noch lange ganz dicht an der Seite der Verstorbenen, es war wohl die Partnerin oder der Partner.

Was im Inneren des Überlebenden vor sich geht, bleibt uns verborgen. Aber ist es vollkommen abwegig, von einer Art Schmerz, Trauer und Mitleid auszugehen? Eine Art Empathie und Verantwortung für Mitgeschöpfe, die wir Menschen gerne vergessen: So werden Tiere nach der gültigen Rechtslage als Sache behandelt. Noch bis vor wenigen Jahren konnte man ihnen Leid antun und den Tod herbeiführen, selbst wenn es keinen Sinn machte. Inzwischen gibt es eine neue Rechtslage, die den Tierschutz höher bewertet. Doch bis zu einem Recht auf ein würdiges Dasein scheint es noch ein weiter Weg zu sein. Wagen wir einen Blick zurück. Der Vergleich mag krass erscheinen, doch noch vor zwei Jahrhunderten galten weder Frauen noch Kinder als Personen, sie hatten keinerlei Rechte. Ich glaube fest daran, dass auch Tieren künftig mehr Würde und mehr Rechte zustehen werden, als es heute der Fall ist.

# Was Vögel können
# (und wir nicht)

Das Fliegen ist ein uralter Traum des Menschen. Mit aufwendiger Technik und hohem Einsatz an Fremdenergie ist es ihm gelungen, die besungene »Freiheit über den Wolken« zu erlangen. Vögel haben sich diesen Traum schon längst erfüllt. Sie sind uns in dieser Disziplin haushoch überlegen. Wie haben sie es geschafft, aus eigener Kraft fliegen zu können, ganz ohne Absturzgefahr?

Das Vogelskelett ist äußerst leicht und in sich beweglich, ganz besonders der Halswirbelbereich. Die Knochen und selbst der Schnabel sind innen hohl, oft gefüllt mit den Ausstülpungen der Luftsäcke, die mit den Lungen in Verbindung stehen. Die Luftsäcke sorgen für Leichtigkeit und Kühlung zugleich und machen den Druckausgleich in dünner Höhenluft möglich. Die relativ kleinen Lungen arbeiten zehnmal effektiver als bei gleichgroßen Säugetieren, sodass auch in größerer Höhe noch genug Sauerstoff aus der Atmosphäre entnommen werden kann. Das eigentliche Gewicht eines Vogels machen die Flug- und Beinmuskeln aus, es sind die arbeitenden Körperteile. Vor allem die Flugmuskeln weisen einen hocheffizienten Stoffwechsel auf, denn während des Fliegens muss der

Vogel 15-mal mehr Kalorien verbrennen als im Ruhezustand. Mit ihren Flügeln bilden die Vögel Tragflächen, die in einer bestimmten Winkelhaltung und durch Ablenkung des Luftstroms den eigentlichen Flug ermöglichen.

## Guinnessbuch der Flugrekorde

Das Fliegenkönnen hat viele Vorteile. Es ist eine geniale Erfindung, um Feinden zu entkommen. Vor allem Bodenfeinde haben das Nachsehen, wenn die angepeilte Beute flugs entschwinden kann. Umgekehrt können Flieger auf kürzestem Wege – auf dem Luftweg eben – zu ihrem Ziel gelangen, sei es um Beute zu machen oder um einen sicheren Rast- oder Ruheplatz aufzusuchen. Es ist unstrittig die Domäne der Vögel. Keine andere Tiergruppe – von Fledermäusen abgesehen – hat das Fliegen zu einer derartigen Perfektion entwickelt. Das schnellste Lebewesen der Erde gehört dem Vogelreich an. Champion ist der Wanderfalke, der sich einem Düsenjäger gleich mit angelegten Flügeln und bis zu gemessenen 332 km/h auf seine Beute stürzt. Knapp dahinter schafft es der Steinadler mit 320 km/h im Steilflug. Diese Werte werden auf ähnliche Weise ermittelt wie im Straßenverkehr: mit Radarfallen. Die höchsten Geschwindigkeiten werden entweder bei der Jagd oder auf der Flucht erzielt.

Um seine tägliche Nahrung zu erlangen, ist der Wanderfalke auf fliegende Beute wie Tauben oder Amseln aus. Er hat die Technik des Sturzflugs perfektioniert. Dabei helfen ihm seine

gedrungene, stromlinienförmige Körperform, sein stabiles
Knochenskelett und seine sehr harten Federn. Hat er eine passende Beute von oben aus der Luft erspäht, schießt er mit ein
paar kräftigen Flügelschlägen und dann eng an seinen Körper
gepressten Flügeln wie ein Pfeil in die Tiefe. Raffiniert nutzt er
die Erdanziehung, die seinen Körper immer mehr beschleunigt. Kurz vor der flüchtenden Beute bremst der Falke mit den
Flügeln ab, streckt seine Fänge nach vorn und greift den anvi-
sierten Vogel in der Luft. Im normalen, horizontalen Strecken-
flug erreicht der Wanderfalke bis zu 100 km/h. Er ist an seinen
langen, spitzen Flügeln und dem kurzen Schwanz zu erkennen.
Als deutliches Merkmal sticht auch der breite, schwarze Bart-
streif hervor.

Zum absoluten Rekordhalter im Dauerflug hat sich der
Mauersegler hochgearbeitet. Wenn ein junger Mauersegler sein
Nest verlässt, bleibt er für über 20 Monate ununterbrochen in
der Luft. In dieser Zeit erlebt er »Afrika von oben«, bis er geschlechtsreif ist und eine Bruthöhle in unseren Breiten aufsucht.
Als Felsenbrüter fühlt er sich auch in Städten zu Hause, jagt mit
typischem Geschrei durch die Häuserschluchten und bringt es
dort auf eine Spitzengeschwindigkeit von 200 km/h. Während
seines Lebens legt ein Mauersegler eine Flugstrecke zurück, die
fünfmal bis zum Mond und zurück reicht. Die Weltrekordler
im Langstreckenflug sind die taubengroßen Küstenseeschwal-
ben. Sie pendeln jährlich zwischen der Nordpol- und der Süd-
polregion – das sind 30 000 Kilometer für den Hin- und Rückflug. Damit sind sie die Zugvögel mit dem längsten Zugweg
überhaupt. Diese Vögel verbringen ihr Leben fast ausschließlich unter der Sonne. Ohne zu stören, können wir den Küs-

tenseeschwalben an der Nordsee nahekommen, an einem ihrer Brutplätze am Eider-Sperrwerk in Nordfriesland. Hier ziehen mehrere hundert Brutpaare direkt neben dem Parkplatz ihren Nachwuchs groß. Mit ihren schwarzen Kappen und den knallroten Schnäbeln bieten sie ein freundliches Bild. Vorsicht ist aber geboten: Wird eine Mindestdistanz unterschritten, kann es blutende Wunden am Kopf geben.

Der erfolgreichste Nonstop-Flieger ist die windschnittige Pfuhlschnepfe, die von Alaska bis Neuseeland nachweislich ohne Zwischenlandung 11 000 Kilometer zurücklegt. Acht Tage und acht Nächte dauert die Reise. Vögel überfliegen höchste Gebirgszüge. Die Alpen sind für viele Zugvögel kein Hindernis, selbst die Himalaja-Gebirgskette wird in einer Höhe von über 8000 Metern von Gänsen überwunden. Dies entspricht der Flughöhe von Passagiermaschinen. Geier bringen es sogar auf über 10 000 Meter Höhe.

Eulen hingegen sind unübertroffene Experten im lautlosen Flug. Sie fliegen durch die nächtliche Stille, ohne dass man ein Fluggeräusch zu Gehör bekommt. Flugzeugingenieure könnten ebenso neidisch werden wie durch Lärm geplagte Anwohner von Flughäfen. Der Grund für den lautlosen Flug ist die Konstruktionsweise der Tragflächen. Die Flügeldecke ist samtartig-flaumig, die Hinterseite der Flügel stark ausgefranst, dadurch entstehen beim Fliegen kaum Wirbel. Der Schall wird komplett geschluckt, sodass wir ebenso vom plötzlichen Auftauchen der Eule überrascht sind wie eine Maus, die zur Beute wird.

Menschen wie Vögel nehmen ihre Umwelt über Sinnesreize wahr. Von verschiedenen Organen aufgenommen, werden diese Impulse an das Gehirn weitergeleitet und dort verarbeitet, um Reaktionen auszulösen. Wer von beiden hat die besseren Sinne – Mensch oder Vogel?

## Augen mit eingebautem Fernglas

Das Sehen gilt als unsere wichtigste Sinnesleistung, von der unser Überleben ganz entscheidend abhängt. Gleiches gilt für Vögel. Doch je mehr wir über deren Sehvermögen erfahren, umso deutlicher wird, dass eigentlich wir Menschen die »blinden Hühner« sind. Nicht zufällig spricht man vom »wachsamen Adlerauge« und vom »Falkenblick«. Diese Greifvögel haben in ihrem Auge ein »eingebautes Fernglas«. Das Auflösungsvermögen ihrer Netzhaut ist drei- bis viermal größer als beim Menschen und erlaubt eine deutlich schärfere Wahrnehmung. Zusätzlich verfügt die Netzhaut der Vögel über »Sehgruben« mit besonders vielen Sehzellen, die das Auflösungsvermögen nochmals auf das Achtfache verdoppeln. Vom Wanderfalken weiß man, dass er auf eine Entfernung von drei Kilometern seine Beutetiere scharf im Blick haben kann. Der Bienenfresser erkennt eine Biene immerhin schon auf 60 Meter. Der Scharfsehbereich, der beim Menschen mit 2,5 Grad angegeben wird, liegt bei Vögeln bei respektablen 20 Grad. Auch vermögen die Vögel mehr Bilder pro Sekunde wahrzunehmen. Möglich macht es ein zusätzlicher Rezeptor, der speziell Bewegungen registriert und uns Menschen fehlt. Eine besondere Herausforderung ist das Sehen unter Wasser. Wie lösen Wasservögel dieses Problem? Schwäne und Enten beispielsweise haben eine lichtdurchlässige Nickhaut unter dem Augenlid. Diese Haut schließt sich unter Wasser von unten nach oben, schützt die Hornhaut des Auges und sorgt für einen klaren Blick.

Viele Vogelarten können mit einer perfekten Rundumsicht von 360 Grad aufwarten. Es sind jene Arten, die unter einem hohen Verfolgungsdruck durch Raubtiere stehen. Schnepfen gehören zu diesen sogenannten Fluchtvögeln. Ohne ihren Kopf bewegen zu müssen, haben sie ihre Umgebung wie eine 360-Grad-Kamera ständig im Blick und können so die Annäherung von Feinden frühzeitig erkennen. Möglich ist diese Fähigkeit durch die seitliche Anordnung der Augen. Fast genauso umsichtig sind die Singvögel, sie haben immerhin ohne Kopfdrehung ein Gesichtsfeld von über 300 Grad zur Verfügung. Anders die gefiederten Jäger, sie haben ihre Augen nicht seitlich, sondern in mittiger Anordnung und verfügen dadurch über ein gutes räumliches Sehen. Dazu gehören die Eulen mit ihrem starren Blick. Sie erweitern ihren eingeschränkten Sehwinkel durch Drehbewegungen des Kopfes, mit denen sie 270 Grad abdecken können. Hilfreich ist dabei die extrem flexible Halswirbelsäule, die wie bei den meisten anderen Vögeln mit 14 statt mit nur sieben Halswirbeln ausgestattet ist. Vögel sind wahre Wendehälse mit vergleichsweise riesigen Augen. Die Eulenaugen nehmen fast ein Drittel des Kopfes ein. Auf uns Menschen übertragen müssten wir Augen mit Apfelgröße haben. Den groß dimensionierten Augen – sie entsprechen lichtstarken Objektiven – genügt das Licht des Nachthimmels. Sie fangen auch kleinste Lichtmengen ein und steigern die Lichtausbeute. In ihrer Netzhaut finden sich sehr viel mehr

Stäbchen als beim Menschen, also Sehzellen für die Hell-Dunkel-Unterscheidung. Dafür ist den Eulen das Farbensehen verwehrt. Im Gegensatz zu den nachtaktiven Eulen haben die tagaktiven Vogelarten eine hervorragende Farbwahrnehmung. Im Vergleich schneiden wir Menschen eher schlecht ab, unser sichtbares Spektrum erstreckt sich von rot über gelb und grün bis zu blau und violett. Darüber hinaus sind wir blind. Doch Vögel sehen weiter. Für sie ist auch der ultraviolette Bereich gut sichtbar. Dadurch sind ihnen Informationen zugänglich, die uns verborgen bleiben. Zur Flugorientierung ist es hilfreich, ultraviolett zu erkennen, denn ein Teil der UV-Strahlen gelangt auch bei bedecktem Himmel zur Erde. So sehen Vögel die Sonne selbst dann, wenn sie uns an trüben Tagen verborgen bleibt. Die UV-Wahrnehmung macht es den Vögeln auch möglich, reife, genussfähige Früchte zwischen unreifen herauszufinden. Verblüffend ist die Männchen-Weibchen-Unterscheidungsmöglichkeit durch UV-Licht. In unseren Augen sehen die Geschlechter bei Blaumeisen und Staren gleich aus. Aber der Schein trügt. Bei den Blaumeisen zum Beispiel strahlen die Köpfe der Männchen im schönsten Ultraviolett – ein wichtiges Erkennungsmerkmal bei der Partnersuche. Turmfalken und Mäusebussarde profitieren auf ganz andere Art von ihrem UV-Sehvermögen. Mäuse-Urin leuchtet im UV-Bereich. Dadurch können die Vögel besser beurteilen, wo sich die Jagd auf die Nagetiere lohnen könnte.

## Absolute Hörexperten

Wenn wir Menschen schon beim Sehtest vergleichsweise alt aussehen, so sollten wir doch wenigstens beim Hören besser abschneiden. Aber haben Vögel überhaupt Ohren? Am ehesten fallen uns dazu die »Federohren« des Uhus und der Waldohreule ein. Aber diese Art von Ohren sind eher Kopfschmuck als Gehörorgan. Ohrmuscheln aus Knorpel, wie sie der Mensch vorweisen kann, fehlen den Vögeln. Dennoch haben Vögel Ohren, ihre schlitzartige Gehöröffnung ist dezent von einem Kranz kleiner Federn umgeben und hat ihren Sitz hinter den Augen.

Was nur wenigen Menschen geschenkt ist, besitzen Vögel standardmäßig: ein absolutes Gehör. Die Hörgenauigkeit ist bei Singvögeln so stark ausgeprägt, dass sie Töne unterscheiden können, die nur um 0,3 % in der Höhe voneinander abweichen. Das zeitliche Auflösungsvermögen für Töne übertrifft jenes des Menschen. Extrem schnelle Tonfolgen können Singvögel erfassen und im Gedächtnis speichern, um sie zu einem späteren Zeitpunkt exakt wiedergeben zu können. Zu außerordentlich hellhörigen Spezialisten haben sich die nachtaktiven Eulen entwickelt. Je geringer das Lichtangebot, umso wichtiger die Hörorgane. Wenn sich Eulen in stockdunkler Nacht auf Beutejagd befinden, lassen sie sich von den leisesten Geräuschen leiten. Viele Eulen tragen einen Gesichtsschleier. Dieser dient nicht der Verschleierung, sondern vielmehr der Aufklärung. Der Schleier wirkt als Schalltrichter, der Schallwellen bündelt und dem Hörorgan zuleitet. Mit dieser Raffinesse hören sie das

Piepsen der Mäuse und deren Rascheln im Laub. Ist die Beute einmal geortet, entscheidet nur noch die Geschwindigkeit. Wer ist schneller: Eule oder Maus? Die Chancen sind fair verteilt.

Manche Eulen, wie die Schleiereule, besitzen sogar Ohrmuscheln – die, wie wir aus eigener Erfahrung wissen, als Verstärker wirken –, andere wiederum nicht. Dem Waldkauz, unsere häufigste Eule, fehlen diese Ohrmuscheln. Sein Gehör ist dennoch extrem gut ausgebildet. So ist bekannt, dass er Regenwürmer nach Gehör ortet und in dem Moment mit seinem Schnabel zugreift, wenn sich der Wurm anschickt, seinen unterirdischen Gang zu verlassen, genauso wie bei Amsel und Drossel.

Wie bei allen Eulenvögeln sitzen auch beim Waldkauz die Ohröffnungen asymmetrisch am Kopf. Das eine Ohr ist höher platziert als das andere. Man stelle sich eine solche Anordnung bei uns Menschen vor! Doch die Vorteile liegen auf der Hand.

Die Schallwellen kommen dadurch mit einer kleinen Zeitdifferenz an. Diese Differenz wird genutzt, um in einer blitzschnellen Berechnung die Geräuschquelle millimetergenau zu lokalisieren. So entgehen selbst kleine Käfer dem Eulenschnabel nicht.

Ein exzellenter Hörsinn hat nicht nur Vorteile, er kann auch Probleme bereiten. Über 100 Millionen Euro lassen sich die Deutschen Jahr für Jahr ihr Silvester-Feuerwerk kosten, sonstige übers Jahr verteilte Feuerwerke nicht mitgerechnet. Der Lärm der Knallkörper und Raketen versetzt gerade Vögel mit ihren empfindlichen Hörorganen in Panik. Sie werden in einer Zeit aufgeschreckt, in der ihre Nahrungsbasis dünn ist. Die Flucht vor dem ungewohnten Lärm zehrt an Energiereserven, die in einer kalten Winternacht überlebenswichtig sind.

Lärmeinwirkungen können bei uns Menschen Schwerhörigkeit verursachen. Hinzu kommen Alterungsprozesse, die dazu beitragen, dass Hörsinneszellen (Haarzellen) ihren Dienst versagen. Vögel sind in dieser Beziehung begnadete Geschöpfe. Bei ihnen wachsen geschädigte Hörsinneszellen selbstständig und kontinuierlich nach – eine beneidenswerte Selbstheilung.

## Liebe geht durchs rechte Nasenloch

Vögel haben keine hervorstehende Nase. Auch sind Nasenöffnungen an vielen Vögeln kaum zu erkennen. So nahm man lange Zeit an, dass der Geruchssinn bei ihnen wenig entwickelt ist. Doch wie so oft, haben neue Erkenntnisse dazu geführt, alte Auffassungen über Bord zu werfen. Die Ausprägung des Geruchssinnes ist von Art zu Art verschieden. Zu den guten »Riechern« gehören Tauben. Sie finden ihren heimatlichen Taubenschlag und somit den geliebten Partner auf den letzten Kilometern auch mithilfe ihres Geruchssinnes, vor allem durch das rechte Nasenloch. Ist es verstopft, irrt die Taube länger umher. Auch Singvögel nutzen ihren Riechkolben. In Experimenten mit Zebrafinken an der Universität Bielefeld konnten Wissenschaftler nachweisen, dass die Vögel ihr eigenes Nest am Geruch erkennen.

Eine entscheidende Rolle spielen Düfte bei Aasfressern. Tierkadaver verströmen einen für unsere Nasen abstoßenden Gestank. Für Geier ist der Geruch verdorbenen Fleisches hingegen extrem verlockend, ihre Nasen gieren förmlich danach. An amerikanischen Truthahngeiern und Königsgeiern wurde nachgewiesen, dass sie verwesende Tierleichen über Kilometer hinweg am Geruch wahrnehmen: In Freilandexperimenten wurde Fleisch im tropischen Regenwald gut versteckt, dennoch spürten es Aasfresser mit ihrem hochsensiblen Geruchssinn auf – immer der Nase nach. Die fliegenden Spürnasen könnten sogar bei der polizeilichen Leichensuche behilflich sein, denn sie arbeiten vom Luftraum aus effizienter als Spürhunde, die nur zu Fuß unterwegs sein können. Das Landeskriminalamt Niedersachsen ermittelt bereits die Einsatzmöglichkeiten.

Zu den »Nasenexperten« in der Vogelwelt zählen nicht zuletzt auch Seevögel. Sturmtaucher, die nur im Schutze der Nacht zu ihren Nestjungen in den Felsklippen zurückkehren, um ihnen Futter zu überbringen, lassen sich von ihrer Nase leiten, um innerhalb der Brutkolonie ihren eigenen Nachwuchs

ausfindig zu machen. Albatrosse, Sturmvögel und Sturm-
schwalben gehören zu den sogenannten »Röhrennasen«. Es
sind durchweg Hochseevögel, die nur zum Brüten an Land
kommen. Ihren Namen haben sie nach ihrem eigentümlichen
Schnabel, auf dem zwei Röhren sitzen, die zum Ausscheiden
des aufgenommenen Meersalzes dienen. Ihr Geruchssinn ist
extrem gut entwickelt, sodass sie ihren Nistplatz und ihren
Partner am Geruch erkennen können. Auch bei ihrer Nahrungssuche lassen sie sich von ihrer Nase leiten. Es ist der Duft
von Dimethylsulfid, der den Vögeln signalisiert: Hier gibt es
Futter! Es ist ein Duftstoff, der vom Plankton abgegeben wird.
Viel Plankton bedeutet viele Krebse und Fische. Da jedoch
auch Plastikmüll im Meer nach drei Wochen die gleichen ge-
ruchsintensiven Stoffe abgibt, geraten Seevögel immer häufiger
in eine Duftfalle und fressen die Plastikabfälle. Viele Seevögel
sterben daran. Jedes Jahr kommen acht Millionen Tonnen Plastik hinzu. Die von den Plastikteilen abgegebenen Duftreize
sind sogar stärker als die vom Plankton. Es ist fatal: Seevögel
werden geradezu verleitet, das Falsche zu fressen.

Dass die Nase auch bei der Partnerwahl eine entscheidende
Rolle spielt, wurde erstmals durch eine Wissenschaftlergruppe
aus Wien und Toulouse an Möwen nachgewiesen. Der Körpergeruch eines Vogels hat seine Quelle in der Bürzeldrüse, mit
deren Sekret, bestehend aus 68 Duftkomponenten, das Gefieder täglich eingefettet wird. Durch einen individuell variablen Komponenten-Mix sowie durch verschiedene Bakterien an
den Federn erhält der Vogel seine endgültige, ganz persönliche
Duftnote. Der Körpergeruch ist in den Genen verankert und
damit erblich. Je verschiedener der Körpergeruch, desto unter-

schiedlicher die Gene, und darauf kommt es bei der Fartner-
wahl an. Ohne Geruchsprobe wird kein Jawort erteilt; die Vögel
wollen ihren Partner »riechen können«. Dann und nur dann
entschließen sie sich für eine enge Partnerschaft.

In diesem Punkt offenbart sich erneut die Verwandtschaft
zwischen Mensch und Vogel. Auch die menschliche Nase bestimmt nämlich entscheidend mit, wenn es um die Fartner-
wahl geht, häufig unbewusst. Über den Körpergeruch, der vor
allem an den Haaren bestimmter Körperpartien haftet, erfassen wir Menschen auch die Immunabwehr eines potenziellen
Paarungspartners. Wie Manfred Milinski von der Max-Planck-
Gesellschaft in seinen Untersuchungen ermittelte, bevorzugen
weibliche Testpersonen die T-Shirts mit dem Körpergeruch jener Männer, deren Immungene sich deutlich von den eigenen
unterscheiden. Der Körpergeruch spielt für die Anziehungskraft somit eine entscheidende Rolle. Und die Bevorzugung
fremder Gerüche bei der Partnerwahl ist Menschen wie Vögeln
eigen. Der tiefere Grund: Eine große genetische Verschieden-
heit ist für den Nachwuchs und dessen Abwehrkräfte von im-
mensem Vorteil.

## Der Magnetsinn – ein biologischer Kompass

Menschen wie Vögel brauchen Orientierung, um Nahrung zu
finden oder um einfach wieder nach Hause zu gelangen. Die
Fähigkeit, sich gut orientieren zu können, ist für die Vögel mit
ihrem mobilen Lebensstil existenziell. Eine ihrer bewährten

Orientierungsmethoden ist uns Menschen vollkommen fremd. Es ist der biologische Kompass, der Magnetsinn. Nachgewiesen wurde er erstmals 1967 an einem Rotkehlchen, doch bis heute sind noch viele Fragen offen.

Vom magnetischen Nordpol bis zum magnetischen Südpol ist unsere Erde von Magnetfeldlinien umgeben. Dieses Feld kann ein Vogel erkennen. Erklärt wird diese Fähigkeit mit zwei Theorien: Zum einen sollen Cryptochrom-Moleküle in der Netzhaut der Augen daran beteiligt sein. Das Cryptochrom, ein magneto-sensorisches Molekül, könnte die magnetische Information in visuelle Signale übersetzen. Zum anderen spielen offenbar Magnetit-Kristalle eine Rolle, die in den Augen und im Oberschnabel ihren Sitz haben. Danach fliegt – salopp gesagt – ein Vogel »immer dem Schnabel nach«. Magnetit kommt in der Natur als stark magnetisches Mineral vor und ist chemisch eine Eisen-Sauerstoff-Verbindung mit der Formel $Fe_3O_4$. Wie stellt man sich nun die Funktionsweise dieses Kompasses vor? In den Augen könnten durch Licht und die Wirkung des Magnetfeldes Radikale entstehen, die Informationen über die Flugrichtung liefern. Die im Schnabel eingelagerten Magnetit-Teilchen richten sich nach dem Magnetfeld der Erde aus und können einen bestimmten Reiz auf angrenzende Nervenzellen weitergeben. Im Gegensatz zu unseren gebräuchlichen Kompassen mit Magnetnadel richtet sich ein Vogelkompass nicht nach der Polung des Erdmagnetfeldes aus, sondern erkennt den Neigungswinkel der Magnetfeldlinien. Diese für uns unsichtbaren Linien führen von Süd nach Nord und werden nach Norden hin immer steiler. Je nach Entfernung vom Magnetpol durchstoßen Magnetfeldlinien die Erdoberfläche in verschiedenen Winkeln. An den geomagnetischen Polen beträgt dieser Winkel 90 Grad, im deutschsprachigen Raum liegt er zwischen 62 und 70 Grad, und am Äquator tendiert er gegen null. Aus diesem Neigungswinkel der Magnetfeldlinien relativ zur Erdoberfläche kann ein Vogel seinen geografischen Standort ermitteln und außerdem zwischen »polwärts« und »äquatorwärts« unterscheiden.

Auch unsere menschliche Hirnhaut enthält mehr als 100 Millionen Magnetit-Kristalle in einer Größe von rund 50 Nanometer. Ob wir auch einen Magnetsinn besitzen, ist ebenso unklar wie unerforscht. Wenn ja, ist er wohl weitgehend verkümmert.

## Katastrophenvorhersage

Naturkatastrophen treten nachweislich immer häufiger auf. Um das Schlimmste zu vermeiden, sind Vorhersagen hilfreich. Während vor Fluten und Stürmen durch Meteorologen Stunden oder Tage vorher gewarnt werden kann, kommen Erdbeben aus heiterem Himmel – ohne Anzeichen, ohne Vorwarnung, nicht selten mitten in der Nacht. Zum Erkennen bevorstehender Beben fehlen uns verlässliche Methoden. Wir nehmen die Katastrophe erst wahr, wenn es für eine Vorsorge zu spät ist.

Was uns Menschen versagt ist, ist für Vögel möglicherweise kein Problem. Selbst das angeblich »dumme Huhn« scheint diesbezüglich eine feine Sinneswahrnehmung zu besitzen, die uns Menschen mystisch erscheinen mag. Es war Weihnachten 2004, als einer der verheerendsten Tsunamis Kurs auf die Küsten Südostasiens nahm, ausgelöst durch ein Seebeben. Über 240 000 Menschen kamen durch die Flutwelle ums Leben. Noch bevor die Menschen die leiseste Ahnung von der bevorstehenden Naturkatastrophe hatten, flohen Elefanten, Büffel und sogar Hühner ins Landesinnere. Sie scheinen auf geheimnisvolle Weise erspürt zu haben, welch gigantische Katastrophe sich anbahnte. Die meisten Menschen traf das Unheil unvorbereitet. Nur einige auf Inseln lebende Ureinwohner, die mit der Natur innig verbundenen Seenomaden vom Stamm der Moken, wussten das Verhalten der Tiere richtig zu deuten. Sie erinnerten sich an überlieferte Berichte ihrer Vorfahren. Als sich das Meer zurückzog und Felsen freilegte, die sonst ständig unter der Wasseroberfläche verborgen sind, brachten sie sich in Sicherheit, flüchteten ebenso wie Affen und Vögel in das höhere Hinterland und überlebten damit die anrollenden Flutwellen.

Dass sich Tiere vor einem Erdbeben oder einem Vulkanausbruch seltsam verhalten, panisch reagieren und Fluchtreaktionen zeigen, ist seit der Antike vielfach dokumentiert. Schon der römische Schriftsteller und Naturforscher Plinius der Ältere nannte unruhige Vögel als eines von vier Erdbeben-Vorzeichen. Auch Alexander von Humboldt hat auf seiner Forschungsreise durch Südamerika erlebt, wie Tiere verrücktspielten, bevor in Venezuela 1797 die Erde bebte.

Viele dieser Beobachtungen, die rund um den Erdball von China bis Amerika gemacht wurden, deuten darauf hin, dass Tiere ein besonderes Gespür für drohende Naturkatastrophen zu haben scheinen. Die Frage ist nur, wie genau sie diese erahnen.

Theorien zur Erklärung des eigenartigen Tierverhaltens gibt es gleich mehrere. So könnten durch feinste Gesteinsrisse elektrisch aufgeladene Aerosole aus dem Erdinneren aufsteigen, die von den Tieren wahrgenommen werden und Angst auslösen. Auf einen ähnlichen Mechanismus dürfte die bis in die 1950er Jahre im Bergbau übliche Mitnahme von Kanarienvögeln in die Schächte zurückzuführen sein. Diese kleinen Vögel vermochten die Bergmänner auf das Austreten lebensbedrohlicher Gase wie Kohlenmonoxid durch einen Warnlaut aufmerksam zu machen. Vögel können aber auch im Gegensatz zum Menschen ultraviolettes Licht sehen und auf diesem Wege womöglich Gase wahrnehmen, die vor einem Erdbeben aus den Mikrorissen im Boden entweichen und UV-Lichteffekte aussenden. Mit einem Erdbeben gehen auch Schwankungen des Erdmagnetfeldes einher. Mit ihrem Magnetsinn könnten Vögel solche Änderungen erfassen. Durch all diese denkbaren Sinneswahrnehmungen kann das Fluchtverhalten ausgelöst werden.

Erst in jüngerer Zeit wurden Ziegen um den aktiven italienischen Vulkan Ätna mit GPS-Halsbandsendern ausgestattet und ihr Verhalten im Dienste der Wissenschaft observiert. Verhaltensbiologen um Martin Wikelski studierten einen Sommer lang an den Vulkanhängen die Bewegungsmuster der Tiere. Im Untersuchungszeitraum gab es sieben Vulkanausbrüche, und in der Tat, in allen Fällen änderten die Ziegen vier bis sechs Stunden vor der Eruption ihr Verhalten, sie wurden unruhig und traten die Flucht an. Ihr Ziel: eine entfernte Stelle, die in den letzten 100 Jahren von keinem Lavastrom erreicht wurde.

Die Tiere verfügen demzufolge über eine Sinneswahrnehmung der Vorgänge im Erdinneren und ein Generationen übergreifendes Erinnerungsvermögen. Auch wenn die Art und Weise der Wahrnehmung noch rätselhaft erscheint, so könnten diese Fähigkeiten als Frühwarnindikator eingesetzt werden, um Leben zu retten. Martin Wikelski ist davon überzeugt, dass auch Vögel, die Millionen Jahre Entwicklungsgeschichte hinter sich haben, eine Sensorik besitzen, die den menschlichen wie auch den technischen Möglichkeiten überlegen ist.

Nicht nur um drohende Naturkatastrophen möglichst frühzeitig zu erkennen, sondern auch um globale Wanderungsbewegungen von Vögeln sowie Umweltveränderungen verfolgen zu können, wurde das deutsch-russische ICARUS-Projekt gestartet. So wurden bereits an Amseln und Turteltauben nur wenige Gramm leichte Sender mit Solarmodul und Akku angebracht, deren Signale von der Internationalen Raumstation ISS aufgefangen und anschließend ausgewertet werden. Der dramatische Rückgang der Turteltauben wäre dadurch aufklärbar. Die Besenderung von Störchen könnte dazu genutzt werden, um Schädlingskalamitäten frühzeitig zu erkennen, denn Störche rasten auf ihrem Zug durch Afrika oft inmitten großer Heuschreckenschwärme.

# Intelligenz und Persönlichkeit

Während wir weder an die Flug- noch an die Sinnesleistungen der Vögel heranreichen, sollte doch der Vergleich in Fragen der Intelligenz zweifellos zu unseren Gunsten ausfallen. Genauso ist es auch, wir Menschen sind unstrittig die »Intelligenzbestien«, doch Vögel sind schlauer als gedacht.

Träger eines Spatzenhirns zu sein, gilt allgemein als Beleidigung. Doch inzwischen wissen wir, dass dieser Annahme pure Ahnungslosigkeit zugrunde liegt. Ein Vogelhirn zu besitzen, könnte, nach allem, was inzwischen bekannt ist, durchaus als Kompliment aufgefasst werden.

Eine Gruppe von Wissenschaftlern hat die Gehirne von 28 Vogelarten unter die Lupe genommen. Das Resultat: Trotz ihres kleinen Gehirns besitzen Vögel – bezogen auf ihr Körpergewicht – deutlich mehr Nervenzellen als die uns biologisch näher stehenden Säugetiere. Bei manchen Vogelarten finden sich bei gleichem Volumen doppelt so viele Neuronen wie bei Primaten. Vogelhirne haben trotz ihrer Kleinheit eine viel höhere kognitive Leistungsfähigkeit als Gehirne von Säugetieren. Größe und Masse sind eben nicht alles. Die Evolution hat zur Optimierung der Flugfähigkeit eine Verringerung des Körpergewichtes bewirkt. Selbst Teile des Gehirns werden am Ende der Brutzeit »zurückgebaut«, um es im nächsten Frühling wieder wachsen zu lassen. Das Resultat ist ein leichteres, kompakteres und effizienteres Gehirn. Und dieses Gehirn sorgt auch dafür, hier gibt es keinen Zweifel mehr, dass Vögel lernfähig sind. Schon länger wissen wir es von Papageien und Wellensittichen, deren Nachahmen menschlicher Laute wir bewundern. Neben dieser nachahmenden Intelligenz öffnet sich das viel größere Feld der natürlichen Intelligenz, der Fähigkeit, Probleme selbstständig zu lösen und Zusammenhänge zu durchschauen.

In der freien Natur erweisen sich Vögel als kluge Geschöpfe. Sie lernen aus früheren Erfahrungen, aus Fehlern und Erfolgen, speichern sie in ihrem Gedächtnis ab und erinnern sich wieder daran. Dabei können sie völlig neue, kreative Lösungen entdecken. Sie wissen ganz genau, wann und wo sie Futter finden können, und entwickeln im täglichen Leben raffinierte Methoden, um sich Nahrung zu beschaffen, oder sie besiedeln neuartige Brutplätze, die einen hohen Sicherheitsstandard versprechen.

Besonders hoch entwickelt ist die Intelligenz bei jenen Vogelarten, die in Gruppen und Familienverbänden leben. Innerhalb von Gemeinschaften bieten sich zusätzliche Chancen zum Lernen und zum Weitergeben von Wissen. Die ständigen Herausforderungen im Umgang mit ihren Artgenossen und die Suche nach passenden Gefährten lassen den Erfahrungsschatz wachsen. Auch haben Vögel mit ausgedehnter Jugendphase mehr Zeit zum Lernen. Unter unseren heimischen Vögeln gelten die Rabenvögel, bei denen verhältnismäßig viele Neuronen im Vorderhirn angesiedelt sind, als besonders klug. Sie blei-

ben nach dem Schlüpfen ein halbes Jahr lang im elterlichen Revier und werden erst im dritten Lebensjahr geschlechtsreif. Bis dahin haben sie viel Zeit, sich von ihren Angehörigen oder anderen Schwarmmitgliedern Kenntnisse anzueignen. Zudem kommt ihnen ihre anhaltende Neugier dabei entgegen, den Verstand zu schulen. Aufgrund ihres hohen Intelligenzgrades werden sie auch als »Schimpansen der Lüfte« bezeichnet. Zur absoluten Elite unter den Rabenvögeln zählen die Elstern. Sie erkennen sich im Spiegelbild selbst und nicht etwa einen Konkurrenten. Sie betrachten sich gründlich und bringen dabei in eitler Manier ihr Federkleid in Ordnung. Zu derartigem selbstbezogenen Verhalten sind innerhalb der Tierwelt sonst nur Menschenaffen, Delfine und Elefanten in der Lage.

## Kalkulierende Krähen

Bevor ein Jäger auf Pirsch oder Ansitzjagd geht, prüft er die Erfolgschancen und trifft dann eine Entscheidung, wann, wo, wie und auf wen er schießen will. Steht bei Greifvögeln die Beutejagd an, kalkulieren diese recht ähnlich. Während der menschliche Jäger nicht existenziell von seinem Jagderfolg abhängig ist, geht es bei Vögeln um das pure Überleben. Sie sind zum Erfolg verdammt. Von ihrem ökonomischen Sachverstand hängt alles ab, und deshalb wird vor jedem Jagdangriff eine Art Kosten-Nutzen-Rechnung angestellt. Dabei geht es darum, mit möglichst wenig Aufwand einen höchstmöglichen Nutzen zu erzielen. Ist das Risiko des Scheiterns zu groß, wird der Angriff abgeblasen. Diesen Prozess des Abwägens habe ich des Öfteren bei einem Sperber beobachten können. Er ist auf Kleinvogeljagd spezialisiert und startet seine Überraschungsangriffe aus der Deckung heraus. Solange er auf den günstigsten Moment des Startens wartet, verlegt er sein Körpergewicht mal auf sein rechtes, mal auf sein linkes Bein. Dabei werden die Erfolgschancen kalkuliert: Ist die Aktion eher riskant, oder ist sie chancenreich? Fehlkalkulationen kann sich ein Vogel nicht allzu oft leisten, jeder Angriff kostet Energie.

Rabenvögel lieben Nüsse über alles. Zwar sind sie mit dem kräftigen Schnabel eines Allesfressers ausgerüstet, aber zum

Knacken einer Nuss ist dieser Schnabel unbrauchbar. Um dennoch an den begehrten Inhalt zu gelangen, schwingen sich die Vögel mit der Nuss zwischen beiden Schnabelhälften auf und lassen sie aus großer Höhe gezielt auf einen harten Untergrund fallen, sei es ein Felsen oder das Pflaster einer Straße. Oft klappt es nicht beim ersten Versuch. Raffinierte Krähen haben sich auf fahrende Autos als Nussknacker spezialisiert – eine besonders effiziente Methode. Wird die Nuss auch noch im Zebrastreifenbereich fallen gelassen, kann die Ernte gefahrlos eingeholt werden. Nach der Fall-Methode können auch Muscheln geknackt werden. Es geht aber auch ganz anders, um an das Seafood heranzukommen. Wie der Naturfotograf Gerhard Brodowski beobachten konnte, haben einfallsreiche Krähen entdeckt, dass auch die Sonne die Arbeit übernehmen kann. In unbeobachteten Momenten platziert die Krähe die Muschel an einem sonnigen Standort zwischen Steinen am Ufer und wartet ab, bis diese wegen der Überhitzung die Schalenhälften locker lässt und den Zugriff zum Inhalt freigibt. Und wenn eine Krähe Appetit auf Heuschrecken hat, dann treibt sie diese Hüpfer ins Wasser, um sie bequem einzusammeln.

Die größten aller Rabenvögel, die Kolkraben, bei Wilhelm Busch einfach als Raben bezeichnet, nehmen mitunter auch fremde Dienstleistungen in Anspruch. Während eines Winters erlebte ich ein Elbe-Hochwasser, gefolgt von einem Frosteinbruch. Die Auenwälder und Auenwiesen waren von einer Eisdecke überzogen. Gleich mehrere Tiere einer Wildschweinrotte brachen in das Eis ein und kamen ums Leben. Nachdem das Hochwasser abgeflossen war und die Eisdecke sich abgesenkt hatte, kamen die tiefgefrorenen Kadaver zum Vorschein und lockten hungrige Raben an. Doch die standen vor einer schier unlösbaren Aufgabe: Wie knackt man eine steinharte Schwarte, um an die weichen, nahrhaften Teile zu gelangen? Ihr Schnabel taugt dafür nicht. Listig, wie Raben nun einmal sind, nutzten sie ihr vielfältiges Lautrepertoire und riefen Raubtiere herbei, die mit ihren Reißzähnen über Nacht das Problem in Form der Schwarte knackten.

Krähen wie auch Möwen beobachten ihre Umgebung sehr genau, um mit minimalem Aufwand an eine Futterration zu gelangen. Auf der Insel Hiddensee hatte ich das zweifelhafte Vergnügen, mein Frühstück mit Möwen teilen zu dürfen, da ich meinen abgestellten Rucksack nicht gründlich genug verschlossen hatte. Die Vögel versprachen sich, vollkommen zu Recht, einen hohen Nutzen bei geringen Kosten. Meine Erkenntnis: Auch Möwen lieben belegte Käsebrote mit Gurke und Tomate.

## Die Klugheit der Eichelhäher

Können Vögel zählen? Ja, sie können! Schon wenige Tage alte Hühnerküken zählen mindestens bis sechs. Wenn vor ihren Augen jeweils zwei Verstecke mit einer unterschiedlichen Anzahl von Leckerbissen angereichert werden, laufen die Küken immer zu jenem Versteck mit der höheren Anzahl von Futterhappen. Schlussfolgerung: Die Vögel haben beim Befüllen der Verstecke mitgezählt.

Herausragende Leistungen bezüglich der Merkfähigkeit

beweisen die Eichelhäher in freier Natur. Sie sind Jäger und Sammler zugleich und gehören zum Club der klugen Rabenvögel. Ihre innere Uhr, ihr chronobiologischer Terminkalender gewissermaßen, signalisiert ihnen im Herbst, Vorräte für die Winterzeit anzulegen. Sie verstecken ihre Lieblingsspeise, Eicheln und Bucheckern, zu Tausenden im Waldboden, eine Art private Lebensversicherung. Stück für Stück legen sie Baumfrüchte in kleine Erdlöcher, die sie anschließend wieder verschließen. Wintervorräte in Einzelverstecken haben den Vorteil, dass sie nicht so leicht zu plündern sind wie ein zentrales Großlager. Doch wie finden die Eichelhäher Monate später zentimetergenau die einzelnen Früchte in den Erdverstecken wieder, selbst unter einer Schneedecke? Zum einen suchen sich die Vögel besonders markante Stellen für ihre Verstecke aus. Man kann zuschauen, wie der Häher den Ort begutachtet und sich die Bezugspunkte der Umgebung einprägt. Möglicherweise registriert er zum anderen auch Koordinaten über das erdmagnetische Feld, man kann jedenfalls vermuten, dass die Häher in ihrem Hirn eine Art Landkarte mit allen belegten Verstecken gespeichert haben. Das ist eine enorme Gedächtnisleistung, die wir Menschen mit unserer Hirnkapazität nicht annähernd erreichen. Vielleicht ist das Hähergedächtnis mit dem von Elefanten vergleichbar, deren Hirnmasse mit fünf Kilogramm allerdings die des Eichelhähers um das Tausendfache übersteigt.

Der Eichelhäher ist nur ein Fallbeispiel für eine kluge Vorratswirtschaft in unserer heimischen Vogelwelt. Manche Rabenvögel gehen dabei besonders raffiniert vor: Werden sie von Artgenossen beobachtet, legen sie zunächst provisorische Erstverstecke für Nahrungsvorräte an – um später in unbeobachteten Momenten die Futterhappen sicher zu verwahren. Mit dieser Strategie belügen sie ihre Artgenossen – ein klarer Beleg für Intelligenz.

Auch manche Singvögel, die den Winter bei uns verbringen, sorgen klugerweise für schlechte Zeiten vor. Kleiber und Sumpfmeisen holen sich mehr Rationen von der Futterstelle, als sie gerade verzehren können. Teile davon bevorraten sie in Baumhöhlen oder Ritzen. Spechte schauen zu, wie Eichhörnchen ihre Vorräte verstecken, und greifen in Hungerzeiten auf dieses Wissen zurück.

In Erstaunen versetzen uns immer wieder Brieftauben, die in kürzester Zeit über große Entfernungen ihren heimatlichen Schlag wiederfinden. Durch Besenderung wurde nachgewiesen, dass sie sich anhand ihrer im Hirn abgespeicherten Landkarte orientieren. Tauben lernen ihre Umgebung kennen, scannen die Luftbilder und erinnern sich auf ihren Flügen an das Gesehene.

Eine ganz andere Art von Schläue beweisen Vögel bei der Wahl ihrer Brutplätze in einer sich verändernden Umwelt. Auf dem Flachdach eines Hamburger Lagerhauses wurden 2012 über 500 Sturmmöwennester gezählt. Immer häufiger wird beobachtet, dass diverse Möwenarten und Seeschwalben auf Dächer mit Kieselbelag umziehen. Kiebitze, Austernfischer, ja sogar Grau- und Kanadagänse halten ebenfalls nach Dächern Ausschau, um dort ihren Nachwuchs großzuziehen. Die Vögel haben gelernt, dass sie als Brutplätze sicherer sind als Strände, Wiesen und Felder. So weichen sie Füchsen und Wildschweinen aus, die fast überall bis in die Städte hinein präsent sind –

aber eben nicht auf Dächern! Hinzu kommt, dass Dachflächen auch vor menschlichen Störungen geschützt sind. Weder Strandurlauber noch Traktoren oder Spritzmaschinen können das Brutgeschäft zunichtemachen.

Und was halten die Vögel von uns Menschen? Das oberste Vogelgebot lautet: Abstand halten. Der Mensch ist in Vogelaugen unberechenbar. Ein Maß für die Skepsis ist die Fluchtdistanz, also der Abstand, den ein Vogel zum Menschen einnimmt. Doch Hausspatzen und Stadttauben haben als Stadtbewohner gelernt, dass ein Abstand von wenigen Schritten zum Menschen bereits ausreichend Sicherheit verspricht. Auch Wasservögel in Parkteichen sind auffallend zutraulicher als ihre Artgenossen in freier Landschaft. Ihre Erfahrung lehrt: In den Städten erscheint der Mensch als Freund, außerhalb tritt er hingegen gelegentlich mit einer Schusswaffe in Erscheinung. Je größer ein Vogel, umso eher sucht er in freier Landschaft das Weite. Für Kraniche, Adler und Großtrappen gilt eine Fluchtdistanz von 500 Metern. An Kranichsammelplätzen wurde beobachtet, dass sich die Vögel je nach Menschenandrang unterschiedlich verhalten. An Wochenenden, wenn viele Besucher zu erwarten sind, ziehen sich die Kraniche weiter ins Land zurück. Sie misstrauen den Ausflüglern und stufen sie als Risikofaktor ein.

Störchen wird in Sachen Menschenkenntnis eine besonders sensible Antenne nachgesagt. Sie können offenbar je nach Erfahrung zwischen »guten« und »bösen« Menschen unterscheiden. In die feindliche Kategorie werden sogar professionelle Vogelschützer eingestuft, nämlich dann, wenn sie Jungvögel im Nest beringen. Das Eindringen in die Privatsphäre wird ihnen von den Vogeleltern sehr übel genommen. Egal ob Storch, Uhu oder Sperber, ein tätig gewordener Vogelberinger wird von den Altvögeln als gefährlicher Angreifer abgespeichert. Selbst nach Jahren wird ein solcher »Missetäter« wiedererkannt. Vögel können also durchaus nachtragend sein und sich die Gesichter auffällig gewordener Personen lange Zeit merken.

Doch nicht nur Feindbilder, auch neutrale oder freundliche Menschen können von Vögeln in ihr Merkregister aufgenommen werden. Wird ein Feld bearbeitet, gelangen jede Menge nahrhafter Happen an die Oberfläche, seien es Mäuse, Würmer oder Insektenlarven. Steigt der Bauer von seinem Traktor, wird er von den versammelten Störchen, Reihern, Milanen und Bussarden keineswegs als Gefahr eingestuft, sondern eher umringt, die Fluchtdistanz beträgt in solchen Fällen weniger als zehn Meter. Dieses scheinbar idyllische Bild hat allerdings einen traurigen Hintergrund – es ist der allgegenwärtige Nahrungsmangel. Die Vögel kommen viele Kilometer geflogen, um sich um ein paar Regenwürmer zu streiten, die ans Tageslicht befördert werden. Und wenn der Magen dermaßen knurrt, stört auch der Mensch nicht mehr beim Mahl.

## Sanfte und wagemutige Vögel

In den Augen flüchtiger Beobachter sehen Vögel der gleichen Art nicht nur alle gleich aus, sie verhalten sich auch gleich. Doch neben dem flüchtigen gibt es den zweiten, genaueren Blick. Achten wir mehr auf Details, erkennen wir Unterschiede zwischen den Erscheinungsbildern: Die Gefiedermusterung ist von Spatz zu Spatz verschieden. Bei den Kohlmeisen sind die dunklen Streifen über Brust und Bauch sehr variantenreich. Jeder Vogel hat sein individuelles Aussehen, ebenso sein ganz eigenes Rufrepertoire. Beim genauen Hinhören erkennen wir, dass manche Graugans in sehr hoher Stimmlage, eine andere eher tiefer, knarrend oder trompetend ruft. Auch innerhalb einer Krähenkolonie sind die Rufe von Vogel zu Vogel verschieden – gerade so, wie die Stimme eines jeden Menschen anders klingt. Doch nicht nur in Stimme und Aussehen, auch im Verhalten können wir bei genauerer Beobachtung individuelle Eigenheiten feststellen. Vögel sind Persönlichkeiten mit eigenem Charakter. Sowohl bei Meisen als auch bei Störchen gibt es mutige Draufgänger wie zurückhaltende Beobachtertypen, es gibt sanftmütige wie auch streitsüchtige Exemplare. Manche Rotkehlchen sind zutraulicher als andere, Amseln verschieden sangesfreudig. Es sind feine Nuancen im Aussehen, in der Stimme, im musikalischen Repertoire und im Verhalten, die deutlich machen, dass wir es mit unterscheidbaren Persönlichkeiten zu tun haben.

# Das Sozialleben der Vögel

Soziales, gemeinschaftliches Leben ist ohne Kommunikation nicht vorstellbar. Ähnlich wie wir Menschen miteinander kommunizieren, so verständigen sich auch Vögel untereinander. Wir haben einen Wortschatz von durchschnittlich 70 000 Wörtern, haben Mimik und Gestik und teilen uns dadurch mit. Auch Vögel verfügen über diverse Kommunikationsmöglichkeiten und senden damit Signale aus. Spatzen tschilpen, Amseln flöten, Drosseln schlagen, Nachtigallen schluchzen, Eulen heulen, Kraniche trompeten, Milane pfeifen, Gänse schnattern ohne Ende. Neben den vokalen Lautäußerungen haben sich auch instrumentale Klänge etabliert: Spechte trommeln, Fasane burren und Bekassinen, auch Himmelsziegen genannt, meckern. Am bekanntesten ist wohl das Klappern der Störche. Wie die Storchenexperten Christoph und Michael Kaatz vom Storchenhof Loburg zu berichten wissen, gibt es neben dem immer paarweise vorgetragenen »Begrüßungsklappern« und dem »Begattungsklappern« auch das »Wohlfühlklappern« und das »Verteidigungsklappern«. Letzteres ist der lauteste und längste Klappereinsatz – ganz im Gegensatz zum eher unaufgeregten, gelassenen »Wohlfühlklappern«, das auch als Solovortrag zum Besten gegeben wird. Doch nicht nur akustisch, auch optisch verständigen sich Vögel in einer Art Körpersprache. Durch Flügelwinken und Gebärden, durch Körperhaltung oder bestimmte Bewegungsformen können sie Informationen übermitteln. Der Schwan hebt im Verteidigungsfall seine Flügel an, der Neuntöter zieht bei Erregung mit seinen Schwanzfedern weite Kreise, und die mit weit ausgestreckten Flügeln flach auf dem Bauch in der Sonne liegende Meise zeigt an, dass sie gerade relaxt.

Die stimmlichen Lautäußerungen der Vögel sind in Rufe und in Gesänge zu unterteilen. Die Rufe bestehen meist aus kurzen, einfachen Lauten. Je nach Situation variieren Lautstärke, Tonhöhe und Frequenz. Über derartige Ruftöne unterhalten sich die Vögel, es sind Kontaktrufe. Droht eine Gefahr, werden Warnrufe ausgestoßen, die dazu auffordern, sich in Sicherheit zu bringen. Im Wald häufig zu hören ist der Warnruf des Eichelhähers. Bei Singvögeln wird zwischen Luftalarm und Bodenalarm unterschieden, je nachdem, ob ein Sperber in Sichtweite ist oder sich eine Katze anpirscht. Kommunikation unter Vögeln kann auch artübergreifend sein. So werden Warn- und Alarmrufe von vielen Vogelarten verstanden. Mit Lockrufen werden Küken von ihren Eltern gelockt. Hühner teilen per Gackern mit, wenn sie einen Wurm oder ein Korn gefunden haben. Joy Ann Mench, Professorin an der University of California, entdeckte, dass Hühner je nach Futterart rund 20 verschiedene Töne gebrauchen. »Mais« klingt in der Hühnersprache anders als »Mischfutter«. Damit gelang ein erster Nachweis inhaltlicher Kommunikation bei Nichtprimaten.

Sehr eindringlich wirken Bettelrufe. Sie klingen bei vielen Jungvögeln sehr schrill und treffen damit den Nerv der Eltern.

Die jungen Haubentaucher bieten ein Paradebeispiel für lautes und bis in den Spätsommer anhaltendes Betteln. Ihre »vie-vie-vie«-Rufe schallen weit übers Wasser, sind die Jungvögel doch mindestens zehn Wochen von ihren Eltern abhängig, denn Fische fangen ist kein Kinderspiel. Bei jungen Falken werden die verlangenden Rufe auch als »Lahnen« bezeichnet. In ihrer Wirkung weisen diese fordernden Lautäußerungen von Vogelküken eine unverkennbare Ähnlichkeit mit denen von Säuglingen auf. Unsere menschliche Wahrnehmung scheint in dieser existenziellen Frage der Wahrnehmung der Vögel nahezukommen und ähnliche Gefühle und Antriebe auszulösen.

Im Frühjahr dominieren in der Kommunikation der Vögel eindeutig die Gesänge. Jede Vogelart hat ihren arteigenen Gesang. Darüber erfahren wir mehr im Kapitel »Die hohe Kunst des Minnesangs« (s. S. 91).

Die Lauterzeugung erfolgt bei Singvögeln über den Stimmkopf. Er befindet sich im unteren Kehlkopf, wo sich die Luftröhre in zwei Bronchien gabelt. Beim Ausatmen werden die angespannten Membranen in Schwingungen versetzt, und der Vogel singt aus voller Kehle. Manche Sänger, wie Lerchen und Schwirle, können minutenlang singen, scheinbar ohne Luft zu holen. Der Trick: Sie stoßen mit hoher Frequenz von 25 Hertz die Luft aus, und im gleichen Tempo atmen sie ein, das sind 25 Atemzüge pro Sekunde! Der Vorgang läuft so rasch ab, dass unsere Ohren diese kurzen Unterbrechungen im Gesang nicht wahrnehmen können. Ein Vogel kann sogar im Duett mit sich selber singen, indem er seine beiden Membranen wechselseitig in Schwingungen versetzt.

Die Sprache der Vögel ist für uns Menschen immer noch

ein geheimnisvolles Idiom, für das es weder einen Überset-
zer noch ein Lehrbuch gibt. Wir können zwar alle Äußerun-
gen eines Vogels mit technischen Hilfsmitteln detailgetreu auf-
zeichnen, sowohl akustisch als auch optisch und, wenn man
will, auch lautmalerisch, doch die genauen Botschaften bleiben
uns zumeist verborgen oder unserer Interpretation überlassen.

## Kooperation statt Konkurrenz

Kooperatives Arbeiten vervielfacht Kräfte und Kreativität. Erst
durch das Zusammenwirken vieler Individuen gelangte der
Mensch zu seinen Erfolgen und wurde zum beherrschenden
Lebewesen auf der Erde. Doch auch Vögel agieren gemeinschaftlich, um Großes zu leisten – und zwar schon seit Urzeiten.

Wenn Zugvögel, wie Gänse oder Kraniche, auf Reisen gehen,
fliegen sie bevorzugt in einer Keilformation, also in Gestalt
eines V. Das ergibt Sinn, denn nur der Vogel an der Spitze
muss mit 100 % Energieeinsatz fliegen. Die Nachfolger nutzen
den Aufwind der Wirbel um die Flügelspitzen des Vorausflie-
genden. Damit können sie mindestens 10 % Energie einsparen.
Doch die Führungsarbeit zu leisten, ist undankbar. Haben die
Vögel deshalb ein Gerechtigkeitsproblem? Evolutionsforscher
um Bernhard Völkl vom Institut für Theoretische Biologie der
Humboldt-Universität in Berlin haben diese Frage an einer
Gruppe junger Waldrappe genauer untersucht. Im Rahmen
eines Wiederansiedlungsprojektes überquerten diese urigen

Vögel mit dem roten Krummschnabel und dem kahlen Kopf – sie gehören zu den seltensten Vögeln der Erde – erstmals die Alpen und flogen bis in die Toskana, in ihr Winterquartier. Jeder Vogel des Trupps bekam einen GPS-Datensammler als Minirucksack umgebunden, um die Position innerhalb der Gruppe genau verfolgen zu können. Das Ergebnis überrascht: Die Führungsarbeit wurde gerecht aufgeteilt. Jeder Vogel hatte den gleichen Anteil an der kräftezehrenden Rolle, regelmäßig wurde gewechselt – ein durch und durch solidarisches Verhalten. Es ist rätselhaft, wie es zur Herausbildung derartiger Verhaltensweisen kommt, wo doch die Evolution nach bisherigen Annahmen egoistische Gene fördert und daher jeder Vogel an sich zuerst denken sollte. Doch wenn niemand die Führung übernehmen wollen würde, blieben die Vögel gänzlich auf der Strecke, oder jeder müsste sich allein durchkämpfen. Deshalb ist es für jeden einzelnen sinnvoll, mit anderen zu kooperieren, um zeitweilig in den Genuss des Energiesparens zu kommen.

Nicht nur beim Fliegen, auch bei der Nahrungsbeschaffung kann kooperatives Verhalten den Aufwand senken und den Erfolg steigern helfen, so beim Kormoran. Auch wenn sich an diesem Vogel mit dem metallisch schwarzen Gefieder die Geister scheiden, so hat er doch erstaunliche Fähigkeiten entwickelt, um sein Überleben zu sichern. Manchmal geht er allein auf Fischfang, doch effizienter geschieht es in der Gruppe. So konnte ich an der Elbe beobachten, wie ein Schwarm im Halbkreis schwimmend die Fische in Richtung Ufer vor sich hertrieb und die Vögel schließlich abwechselnd tauchten, um Beute zu machen – eine raffinierte Methode, die ohne Kommunikation zwischen den einzelnen Individuen nicht funktionieren würde. Besonders gern bedienen sich Kormorane dort mit Fisch, wo er in hoher Dichte, wie in Fischzuchtanlagen, vorkommt. Ist dieser bequeme Weg nicht auch allzu menschlich?

In Zeiten der Not ist Hilfe willkommen. Das gilt auch unter Vögeln, vor allem wenn die Nahrung knapp ist. Bei Schwanzmeisen konnten bis zu sechs Altvögel beim Füttern der Jungen eines einzigen Nestes beobachtet werden. Die Helfer sind nichtbrütende, ledige Vögel aus dem Umfeld. Ähnliches wurde bei den Wanderfalken festgestellt: Manche Väter erhalten Unterstützung durch männliche Jungvögel aus dem Vorjahr bei der Futterbeschaffung. Dienst an der Gemeinschaft im Ehrenamt ist also keine Erfindung der Menschheit. Nicht zuletzt wächst man mit seinen Aufgaben – egal, ob Mensch oder Vogel.

## Adoption und Patchwork

Es gibt zahlreiche Beispiele, die an hochsoziales Verhalten erinnern, an ein gemeinsames Agieren zum Wohle der Gemeinschaft. Graugänse brüten oft in Gruppen. Wie untereinander abgestimmt schreiten die Paare gleichzeitig zum Nestbau und zur Brut. In einem überschaubaren Umkreis können sich so ein Dutzend und mehr Gänsepaare zusammenfinden. Dabei hat jede Gans um ihr Nest in dichter Ufervegetation ein kleines, geschütztes Privatquartier. Die Gelege mit vier bis sechs Eiern werden in weiche Federn gebettet. Die Weibchen übernehmen vier Wochen lang das Brüten, die Ganter halten Wache. Die schlüpfenden kleinen Gössel sind Nestflüchter. Der Gang zum Bad erfolgt für alle Gänsefamilien im lockeren Verband gemeinsam, oft im Morgengrauen. Nahe beieinander, aber doch klar getrennt, schwimmen die Gänsefamilien über den See. Wie aufgereiht folgen die Jungen dem anführenden Elternteil, den Schluss bildet der zweite Altvogel. So wie mehrere Gänsefamilien gemeinsam ins Wasser steigen, so verlassen sie es auch wieder. Das gemeinschaftliche Leben hat viele Vorteile. Feinde werden früher erkannt und die Gefahren minimiert. Im folgenden Frühjahr müssen die jungen Gänse das Elternrevier verlassen. »Aus den Augen« heißt bei Gänsen aber nicht »aus dem Sinn«. Im Herbst finden sie erneut zueinander, und es gibt eine hörbare Wiedersehensfreude. Einander verwandte Gänse erkennen sich selbst nach längerer Trennungszeit an ihrer Stimme. Eine einzelne Graugans erkennt über einhundert Mitglieder ihres Familienclans. Sie weiß auch, wer mit wem gut kann und mit wem nicht. Die soziale Intelligenz der Gänse ist ähnlich hoch entwickelt wie bei Primaten.

Wenn es ans Futtern geht, haben sich aber auch die Gänse keineswegs immer lieb. Oft entscheidet die Rangordnung, wer die besten und sichersten Futterquellen für sich nutzen kann. Beim scheinbar friedlichen Grasen der Gänse habe ich eine Art von Mobbing feststellen können: Starke Elternpaare mit vielen Gösseln hielten schwache Eltern mit nur wenigen Gösseln sowie kinderlose Paare drohend und zischend mit vorgestrecktem Hals auf Abstand. Dadurch haben kinderreiche Familien mehr Vorrechte bei der Wahl der Weideplätze – alles in allem eine familienfreundliche Regelung. Manchmal kommt es vor, dass ein Gänsekind seinen Familienanschluss verloren hat, was vor allem auf Fließgewässern keine Seltenheit ist. Auf sich allein gestellt würde es nicht überleben können. Wie lösen Gänse dieses Problem? Es sind die Gänsekinder selbst, die sich eine passende Gänsefamilie aussuchen. Auf diese Weise sind schon »Kindergärten« mit über 25 Gösseln von verschiedenen Eltern hervorgegangen, dauerhaft betreut von einem starken Gänsepaar. Den Vogel aber schießen diesbezüglich die Gänsesäger ab. So kann ein erfahrenes Gänsesägerweibchen 30 bis 50 Küken wie an einer Schnur aufgefädelt im Schlepptau hinter sich herziehen und die Betreuung dieser pflegeleichten Kids übernehmen. Auf einem See in Minnesota wurden aber auch schon 76 Küken hinter einem Weibchen gezählt. Die leiblichen Mütter schauen nur ab und zu einmal vorbei und mausern derweil.

Derart zusammengewürfelte Gemeinschaften erinnern an das Patchwork-Modell, das als Alternative zur traditionellen Familie inzwischen in modernen Gesellschaften mehr und mehr um sich greift. Jede zehnte Familie mit Kindern ist inzwischen bunt zusammengesetzt.

## Hackende Hähne

Die sprichwörtliche »Hackordnung« kennen wir von den Hühnervögeln. In mehr oder weniger heftigem Hickhack wird bei ihnen geklärt, wer das Sagen hat. Dem Anführer haben sich alle anderen unterzuordnen, auch die Rangfolge wird festgelegt. Jener Vogel, der in der Rangordnung ganz oben steht, genießt Vorrechte: Am Futterplatz hat er Vortritt, und am Schlafplatz gebührt ihm die sicherste Schlafposition. Die ranghöheren Tiere haben auch die besseren Chancen, sich zu vermehren und damit ihre Gene weiterzugeben. Die Festlegung einer Rangordnung hat durchaus Vorteile. Sie hält die Gruppe zusammen und vermeidet ständige Kämpfe. Dennoch wird hin und wieder von jüngeren Mitgliedern versucht, die bestehende Ordnung infrage zu stellen, um selbst aufzusteigen. Eine grundlegende Voraussetzung dieser »Gesellschaftsordnung« ist, dass man sich persönlich kennt. Und genau das ist bei manchen Vogelarten der Fall: Wie die durchschnittliche Gans kann auch ein Huhn mehr als einhundert andere Hühner persönlich kennen und sich auch später an sie erinnern.

## Solidarität!

Meist gilt in der Natur wie bei der Hackordnung das Recht des Stärkeren. Der Starke verdrängt den Schwachen aus seinem Revier, dieser muss in ein schlechteres Revier ausweichen und ein eher kärgliches Dasein fristen. Aber werden in der Vogelwelt die Starken immer stärker und die Schwachen immer schwächer, wie in der Menschenwelt die Reichen immer reicher und die Armen immer ärmer werden? Durch Kognitionsbiologen um Lisa Horn von der Universität Wien wurden Blauelstern einer Art »Menschlichkeitstest« unterzogen. Im Allgemeinen gelten Elstern als diebisch, »klauen« sie doch angeblich alles, was funkelt und glitzert. Abgesehen davon, dass es sich dabei mehr um Neugier als um realen Diebstahl handelt, können diese Vögel aber auch ganz anders: Sie helfen anderen Elstern ganz bewusst uneigennützig. In einer Versuchsanordnung konnten Elstern durch ihr Landen auf einer Sitzstange einen Wippmechanismus auslösen. Dadurch gelangten andere Elstern an Futter. Wollte die Elster selbst an das Futter gelangen, hätte sie die Stange verlassen müssen – mit der Folge, dass ihre Artgenossen leer ausgegangen wären. In allen Experimenten verhielten sich die Elstern uneigennützig und solidarisch. Ohne selbst belohnt zu werden, sorgten sie für das Wohlergehen der anderen Vögel. Die Wippe wurde auch nicht aus purem Spaß bedient. Nur wenn andere Vögel dadurch an Futter gelangten, wurde gewippt. Die Elstern bewiesen damit eindeutig prosoziales Verhalten, ein Verhalten, das lange Zeit als Alleinstellungsmerkmal des Menschen angesehen wurde. Der tiefere Grund für prosoziales Verhalten wird im Erfolg des gemeinschaftlichen Wirkens vermutet. Diese Form des gemeinsamen Kümmerns über Mutter und Vater hinaus eint offenbar Menschen und manche Vogelarten.

## Spielfreude

Von kleinen Füchsen kennt man es, wie sie sich vor ihrer Höhle balgen. Die Freude am Spiel sieht man den kleinen Raubtieren an, sie ist den Säugetieren angeboren. Auch Frischlinge in einer Wildschweinrotte bereiten sich spielerisch tobend und quiekend auf das Leben mit seinen Rangordnungskämpfen vor.

Und was halten Vögel vom Spielen? Am ehesten kann man den Spieltrieb bei gesellig lebenden Vögeln entdecken, so bei Rabenvögeln. Oft ist der Wind ihr Spielkamerad. Am Ufer der Elbe erlebte ich einmal eine junge Nebelkrähe, die mit einem Spielzeug beschäftigt war. Es handelte sich um einen Trinkbecher aus Pappe. Die Krähe packte ihn mit dem Schnabel und warf ihn mit Schwung hoch in die Luft. Der Wind trug ihn einige Meter weiter, bis der Becher auf das sandige Ufer purzelte und noch ein wenig umhertanzte. Das schien der Krähe so sehr zu gefallen, dass sie dieses Spiel eine ganze Weile wiederholte. Die Szene erinnerte mich an das bekannte Katz-und-Maus-Spiel, bei dem die Maus von der Katze immer wieder freigelassen und mit einem großen Satz erneut eingefangen wird.

Spielfreude ist auch im Winter gefragt. Ebenso wie Menschenkinder benutzen Rabenvögel gern Eisflächen als Rutschbahn. Auch schräge Schneeflächen eignen sich für Rutschpartien. Einer der Vögel fand, dass ein schneebedecktes Dach dafür gute Dienste leisten kann, und rutschte auf seinem »Raben-Hosenboden« die Dachschräge vom First bis zur Traufe hinunter. Das schien ihm derart viel Spaß zu machen, dass er es noch mal und noch mal wiederholte.

Wenn sich die meisten Vögel bei Sturm in Sicherheit bringen, wagen sich die Rabenvögel erst recht hoch hinaus und vollführen in geselligen Trupps lustig anzuschauende Flugspiele. Überschwang und Vergnügen lassen auch junge Greifvögel bei ihren Ausflügen erkennen, wenn sie die Aufwinde an einem Hang nutzen, um nach oben getragen zu werden und anschließend gemeinsam segelnd zu kreisen. Ob es sich dabei nun um Spiel oder Training der Flugmuskulatur handelt, lässt sich schwer sagen, aber warum sollte es nicht auch beides sein?

Wer als Tierkind einer sozial lebenden Art nicht spielen gelernt hat, hat im späteren Lebensalter weniger Chancen, einen Partner zu gewinnen, soziale Beziehungen zu pflegen und emotionale Bindungen aufzubauen. Stattdessen wird das Tier scheu und ängstlich.

Spielen erfüllt soziale Funktionen, es wird geübt, die eigenen Grenzen und die Grenzen anderer zu erkennen, und es hilft bei der Integration in das Leben der Gruppe. Das übermütige Herumtollen trainiert Muskeln und Sinne und hilft, später schwierige Situationen besser zu meistern. Das alles sind Lernübungen und Indizien dafür, dass Tiere nicht ausschließlich von simplen Instinkten gesteuert werden. Und warum sollten nicht auch Tiere Freude und positive Gefühle am Spiel haben dürfen, die sie dazu ermuntern?

## Irrungen und Wirrungen

Manche Vögel verhalten sich in unseren Augen verrückt. Oft stecken Hormone dahinter, die vor allem Vogelmännchen in die Irre führen.

Wenn im Frühling die Sexualhormone in reichlichen Mengen durch die Blutbahnen schießen, neigen Männchen zu maßlosen Übertreibungen. Meisen- und Finkenmännchen, aber auch Rotkehlchen greifen alle möglichen Konkurrenten und Scheinkonkurrenten an, wenn es um den Alleinanspruch auf ein Revier und ein Weibchen geht. Entdecken die liebestollen Männchen zufällig ihr Spiegelbild in einem Fenster oder an einer Autoscheibe, wird bis zur Erschöpfung dagegen angegangen und eingehackt. Der Kampf endet meist mit einem Remis. Erst das Abdecken der Scheibe kann Abhilfe schaffen – oder ein Abfallen des Hormonspiegels. Nach wenigen Wochen, nämlich dann, wenn die Brut beginnt, ist das Drama vorbei.

Schon mehrfach wurde ich im Frühjahr zu Hilfe gerufen, wenn sich ein Specht an einer Hausfassade zu schaffen machte. Verzweifelte Hauseigentümer mussten zusehen, wie ihr sorgfältig wärmegedämmtes Haus Löcher bekam. Das ist alles andere als Spielerei und nicht im Sinne energiesparenden Bauens. Warum tut ein Specht so etwas? Im Herbst sucht mancher Jungspecht nach einem freien Revier und nach Futterquellen.

Beim Aufpicken von Insekten von der Hauswand nimmt er einen Klang wahr, der an einen hohlen Baum erinnert – für den Vogel ein untrügliches Zeichen, dass sich unter der Oberfläche jede Menge leckerer Käferlarven aufhalten müssten, quasi eine Einladung zu einem Festmahl. Und so arbeitet sich der Specht voran, immer tiefer und immer größer wird das Loch. Stellt sich kein Erfolg in Form fressbarer Happen ein, wird an anderer Stelle ein erneuter Versuch der Tiefenbohrung unternommen – und so weiter. Manch ein Specht findet im Frühjahr gar Gefallen daran, in einer Dämmwand eine Bruthöhle einzurichten, was aus der Perspektive des Spechts gar kein so dummes Verhalten darstellt, für den Hausbesitzer allerdings schon. Der sorgt sich um die Wärmedämmung seines Heims. Was also tun? Eine dickere und vor allem glatte Putzschicht könnte Abhilfe schaffen, erfordert aber einen hohen Aufwand. Einfacher wäre das Anbringen eines straff gespannten, feinmaschigen Drahtnetzes oder eine Fassadenbegrünung, die zum Wachsen allerdings viele Jahre benötigt.

## Singen statt kämpfen

Wem ist es schon aufgefallen? Männliche Säugetiere tragen »Waffen«, Vogelmännchen schmücken sich hingegen mit Ornamenten. An diesen Äußerlichkeiten macht sich ein fundamentaler Unterschied zwischen den beiden Tierklassen bemerkbar. Als sich in der Entwicklungsgeschichte die Wege zwischen Säugetieren und Vögeln trennten, bildeten sich nach und nach unterschiedliche Eigenarten und Verhaltensweisen heraus. Bemerkenswert ist der Umgang mit der eigenen Art. Bei vielen männlichen Säugetieren spielt der Kampf, die Anwendung von Gewalt gegen die eigenen Artgenossen, eine herausragende Rolle. Zu ihrem Waffenarsenal gehören Hörner und Geweihe, Klauen, Krallen und Zähne. Auch die hervorstehenden Eckzähne des frühen Menschen männlichen Geschlechts können dazu gezählt werden. Alle diese Waffen dienen der Machtdemonstration, dem Signalisieren der Kampfbereitschaft. Legendär sind die Kämpfe der Rothirsche zum Herbstanfang in unseren Wäldern. Die Hengste der Wildpferde schlagen mit ihren Hufen aus. Blutige, ja, nicht selten tödliche Wunden fügen sich Wölfe zu, wenn es um die Vorherrschaft im Rudel geht. Alle diese Kämpfe dienen letztlich dazu, andere Männchen von der Fortpflanzung auszuschließen und selbst möglichst viele Weibchen zu befruchten. Es geht um das Recht zur Paarung und die maximale Verbreitung der eigenen Gene. Die Körperkraft ist dabei entscheidend. Die aggressivsten und stärksten Männchen haben die größten Chancen, als Gewinner hervorzugehen. Oft enden diese Kämpfe mit schweren Verletzungen oder gar mit dem Tod der Unterlegenen. Zur extremen Gewaltanwendung sind die Schimpansen fähig, deren Gene zu 98 % mit denen von uns Menschen identisch sind. Sie erobern fremdes Schimpansen-Territorium, indem sie dessen Bewohner ausrotten. Sie beherrschen Methoden der Kriegführung. Nur der Mensch übertrifft die Schimpansen in dieser Disziplin. Völkermord hat es in der Menschheitsgeschichte unzählige Male gegeben. Dabei hätte zuallererst der Mensch die geistige Fähigkeit, Gewaltanwendung zu vermeiden. Insgesamt scheint die

friedliche Koexistenz bei den meisten männlichen Säugetieren keinen festen Platz im biologischen Verhaltensprogramm zu haben. Im Reich der Vögel sind brutale, tödlich endende Auseinandersetzungen weitestgehend tabu. Es ist sicher kein Zufall, dass die Taube zum Symbol des Friedens wurde. Taubenpaare leben zumeist einträchtig miteinander. Wie alle Vögel streiten auch Tauben zwar gelegentlich um Besitzrechte, um Reviere und Weibchen. Allerdings läuft dieses Gerangel eher harmlos und ohne Blutvergießen ab.

Vergleichsweise friedlich geht es auch bei den Singvögeln zu. Ihre wichtigste »Streitaxt« ist der Gesang. Der beste und kräftigste Sänger wird als Sieger respektiert, daran gibt es nichts zu rütteln. Bei gleichstarken Sängern wird der Erstbesetzer des Reviers als Gewinner anerkannt. Doch wie immer in der Natur gibt es Ausnahmefälle: Des Öfteren kann man beobachten, wie unerbittlich Spatzenmänner miteinander streiten. Bei Störchen kann es manchmal zu schweren Verletzungen kommen, wenn ein sogenannter »Kampfstorch« ein Storchenpaar angreift, um den Horst zu erobern. Auch der Nachwuchs kann in solchen Fällen aus dem Nest geworfen werden. Zu den härtesten Gefechten in der Vogelwelt zählen aber die Hahnenkämpfe. Nicht von ungefähr spricht man von Streithähnen. In manchen asiatischen Ländern ist Aggressivität und Kampfeslust der Hähne sogar ein Zuchtziel. In einer Art von »Gladiatorenkämpfen« wird dadurch Nervenkitzel auf Kosten der Vögel geboten. In freier Natur aber hat der schwächere Hahn immer die Möglichkeit zum Rückzug. Doch wie verhalten sich Kampfläufer, jene bei uns äußerst selten gewordenen Vögel nasser Wiesen, die den »Kampf« schon in ihrem Namen tragen? Selbst ihr wissenschaftlicher Name *Philomachus pugnax* lässt erwarten, dass wir es mit besonders kriegerischen Burschen zu tun haben.

*Philomachus* ist griechischen Ursprungs und bedeutet: »Jemand, der gerne kämpft«, *pugnax* aus dem Lateinischen heißt »kampfeslustig«. Tatsächlich handelt es sich bei den Kämpfen der Kampfläufer aber lediglich um Schaukämpfe. Wenn im Frühjahr die Männchen in den Wettbewerb um die Weibchen treten, richten sie die bunten Federn ihrer Halskrausen auf und stellen ihre ganz individuell gefärbten Prachtkleider in ausgefeilten Ritualen quasi auf dem Laufsteg auffällig zur Schau. Warum sind gewaltsame, ja brutale Zweikämpfe bei Säugetieren an der Tagesordnung, bei Vögeln hingegen nicht? Ein entscheidender Grund liegt in den Männchen-Weibchen-Beziehungen. Nur wenige Säugetierarten leben in monogamen Beziehungen. Zumeist beherrscht ein männlicher Anführer ein ganzes Rudel beziehungsweise eine Herde von Weibchen. Unter

diesen polygamen Verhältnissen ist die Konkurrenz zwangs-
läufig um ein Vielfaches härter. Um sich als stärkstes Männchen zu behaupten, muss es mehrere andere Männchen aus-
schalten oder zumindest vertreiben. Anders bei den Vögeln. Sie
bevorzugen die monogame Paarbeziehung. Kämpfe auf Leben
und Tod erübrigen sich. Im Idealfall gibt es bei der Monogamie
keine Verlierer, sondern nur Gewinner, da die Wahrscheinlichkeit, einen Partner zu finden, um ein Vielfaches größer ist. Bei
der Polygamie hingegen stehen dem Gewinner immer mehrere
Verlierer gegenüber.


## Einvernehmlicher Sex

Es ist kaum zu glauben, aber wahr: Noch bis 1999 war in der
Bundesrepublik Deutschland sexuelle Gewalt in der Ehe völlig
legal, also straffrei. Die Frauen waren in dieser Frage rechtlos.
Möglich war dieser Zustand nur durch die männliche Übermacht in Politik und Gesellschaft. Noch bis in die heutige Zeit
sind sexuelle Übergriffe in vielen Bereichen des öffentlichen
Lebens trotz aller Debatten traurige Realität.

Und wie steht es im Tierreich um diese Frage? Man mag es
bedauern, aber es ist leider so: Bei den uns nahestehenden Säugetieren hat die Paarung häufig nichts mit Zärtlichkeit zu tun.
Nicht nur zwischen Rivalen, auch zwischen Partner und Partnerin wird oft mit harten Bandagen gekämpft. Ein im Tierreich relativ weitverbreiteter Brauch ist der Sex gegen den Wil-
len der Partnerin. Die niedlichen Hasen und Kaninchen sind

zum Beispiel brutale Liebhaber. Nicht zufällig spricht man von Rammlern. Egal ob Maus oder Schimpanse: Es geht den Männchen nur um das eine: die größtmögliche Streuung der eigenen Gene.

Auffallend behutsamer geht es in der Vogelwelt zu. Der Umgang der Männchen mit den Weibchen scheint von einer Art Respekt geprägt zu sein. Erzwungener Sex ist unter Vögeln nahezu ausgeschlossen. Die Weibchen sind die Einladenden. Sie dirigieren und bestimmen, was wann passiert. Die Männchen fügen sich. Die Natur hat den Vogelmännchen keine Allmacht geschenkt. Eine bewundernswerte Tatsache!

Doch es gibt seltene Ausnahmen. Es sind die Männchen der Enten, die Erpel, die aus der Rolle fallen und nicht vor rabiaten Methoden zurückschrecken. Wenn im Frühling die meisten weiblichen Enten ihr Gelege bebrüten, stehen die beschäftigungslosen Erpel immer noch unter einer hohen Testosteron-Dosis. Schon mehrfach musste ich einer Hetzjagd hilflos zusehen, wie mehrere Erpel eine einzelne Ente bis zu ihrer Erschöpfung verfolgten, zu Wasser, zu Lande oder in der Luft. In diesem Fortpflanzungseifer stürzen sich mehrere Erpel oft gleichzeitig auf ein Weibchen. Dieses unter Vögeln krasse Ausnahmeverhalten korreliert merkwürdigerweise mit einem anderen Sonderfall: Ausgerechnet die Erpel sind im Besitz eines Penis – ganz im Gegensatz zu den anderen Vogelarten, denen lediglich Höckerchen am Kloakenausgang zu eigen sind, um die Befruchtung zu vollziehen. Ein Zusammenhang zwischen dem rüden Verhalten und dem Penisbesitz der Erpel scheint naheliegend. Ohne Penis ist eine Spermaübertragung nur mit Einwilligung und aktiver Mitwirkung des

Vogelweibchens möglich, indem die Kloakenausgänge beiderseits aneinandergepresst werden. Der zehn Zentimeter lange Entenpenis hingegen kann als eine Art sexuelle Waffe eigenmächtig zur Penetration eingesetzt werden. Doch die Evolution hat den Entenweibchen eine Gegenwaffe geschenkt, um eine erfolgreiche Befruchtung durch unwillkommene Entenmänner zu blockieren. Der spiralförmige Entenpenis trifft auf eine Vagina, die zwar auch spiralig gewunden ist, aber in gegenläufiger Richtung. Diese Art von Barriere wird zusätzlich durch Sackgassen ergänzt, in denen unerwünschte Spermien hängen bleiben.

Ein bemerkenswertes Paarungsverhalten zeigen die Spechte. Sie haben einen eigenen Weg zum Gewaltverzicht gefunden. Zum Frühlingsbeginn verhalten sie sich zwar aggressiv, jagen und drohen mit gespreizten Flügeln einander, legen aber ihre Aggressivität bei näherem Kennenlernen ab. Aus den feindseligen Verhaltensweisen entwickeln sich Beschwichtigungs- und Begrüßungsformen. Abrüstung auf Vogelart!

# Aufs Marketing kommt's an

Werbung zielt auf Wahrnehmung. Sie übermittelt eine Botschaft. Aus der Masse soll das Besondere herausstechen. Mit Bildern und Musik werden Gefühle angesprochen, mit Worten der Verstand, um gezielt Begehrlichkeiten und Bedürfnisse zu wecken. Eine ganze Industrie lebt davon.

Auch jeder einzelne Mensch bedient sich der Werbung. Er wirbt mehr oder weniger für sich selbst. Er wirbt um Anerkennung, Zuneigung, Liebe. Als Mensch schaut man sich die Mitbewerber an und will ein bisschen besser sein als die Konkurrenz.

So mancher Homo sapiens möchte gern der Öffentlichkeit zeigen, wie tüchtig und wichtig und wie vermögend er ist: rotes Cabrio, Villa im Grünen, Yacht oder Finca am Mittelmeer. Man zeigt, was man hat, damit schafft man Aufmerksamkeit und Bewunderung. Es dient dem Aufstieg in der Rangordnung, der Steigerung des eigenen Marktwertes.

Werbung ist allgegenwärtig. Sie findet rund um die Uhr und rund ums Jahr statt, und das Rad dreht sich immer schneller. In immer kürzeren Zeitabständen werden neue Produkte und Dienstleistungen beworben. Neue, zuvor unbekannte Bedürfnisse werden geweckt. Immer mehr Verlockungen zehren am

Geldbeutel. Je mehr man ausgibt, umso mehr muss man einnehmen. Mehr Leistung ist gefordert, mehr Lohn muss her, vielleicht ein Zweitjob. So generiert sich Wachstum – mit allen Risiken und Nebenwirkungen.

Vögel halten nichts vom Wachstumswahn, vom Schaffen ohne Ende. Im Schnitt sind sie zu einem Drittel ihrer Lebenszeit aktiv, darüber hinaus ist Ruhezeit angesagt. Ihr Lebenstempo wie auch ihre Bedürfnisse sind seit jeher konstant. Dennoch betreiben sie Werbung, gut dosiert, und zwar immer dann, wenn eine Wahl ansteht, die Partnerwahl. Die ersten Wahltermine liegen schon im Spätwinter, die meisten aber im Frühling. Danach wird die Werbung zurückgefahren, nach der Anspannung dominiert die Entspannung.

Hauptakteure sind die Männchen. Sie müssen auf die Bühne, sie haben es nötig, sich anzupreisen. Bei bescheidenem Inhalt müssen sie zumindest für eine beeindruckende Verpackung sorgen. Die Zielgruppe ihrer Werbung ist das weibliche Geschlecht, genauer die verfügbaren Weibchen im geschlechtsreifen Alter.

Mit welchen Methoden buhlen die Männchen um die Gunst der Weibchen? Bevorzugt wird die plakative Werbung. Die auf den Punkt gebrachte, möglichst bildhafte, einprägsame Ansprache. Sie sollte unter die Haut gehen und hängen bleiben, am besten in Kopf und Bauch gleichzeitig.

# Roter Kamm und schwarzer Schnabel

Auch Vögel bedienen sich der Statussymbole, um im Wettbewerb zu punkten. Das rote Cabrio findet bei den Hähnen seine Entsprechung in der Größe und der Farbkraft des roten Kammes auf dem Haupt. Er zeigt an, wie es um die Stellung des Hahnes bestellt ist. Der Hahnenkamm ist ein Spiegelbild seiner Abwehrkraft – der inneren wie der äußeren.

Schon in meiner Kindheit habe ich erfahren können, wonach der beste Hahn für die Zucht ausgewählt wird. Meine Mutter hielt immer wieder Ausschau nach dem kräftigsten roten Kamm. Ich hatte, ehrlich gesagt, Zweifel an diesem Auswahlkriterium. Mir taten die Wahlverlierer leid, die in meinen Augen auch ihre Vorzüge hatten, aber im Kochtopf landen sollten. Offenbar haben unsere Vorfahren aber sehr genau beobachtet, wer sich bei den Hahnenkämpfen durchsetzt und die Hühnerschar am sichersten beschützt. Die alte überlieferte Erkenntnis wurde inzwischen durch die Messung der Immunabwehrkräfte bestätigt.

Wo Hühner freien Auslauf haben, dort finden sich auch Spatzen ein – als »Mitesser« gewissermaßen. Sie profitieren vom Futter der Hühner. Wie die Hähne stellen auch die Spatzenmännchen ihre Statussymbole heraus, man muss sie nur kennen! Den Spatzen selbst sind sie bekannt – und das ist mitunter ganz zweckmäßig, denn Spatzenmänner liegen fast das ganze Jahr über miteinander im Clinch. Es ist eine Art Dauerstreit. Da ist es hilfreich, seinem Gegenüber auf den ersten Blick anzusehen, mit wem man es zu tun hat und was in ihm steckt. Für eine solche Einschätzung sind Statussymbole gut geeignet. Da in der Vogelwelt keine Kredite gewährt werden, gelten deren Statussymbole tatsächlich als »ehrliche Signale« und nicht als Bluff. Ein solches Signal ist neben der Größe des schwarzen Spatzenlatzes der Farbton des Spatzenschnabels. Je schwärzer der Schnabel, desto höher steht der Spatz in der Rangordnung des Spatzentrupps. Schwarzschnäbel sind dominant gegenüber Blassschnäbeln. Die Färbung variiert im Jahresverlauf. Vor und während der Brutzeit ist die Schwarzfärbung am intensivsten, zur Mauserzeit ist sie am wenigsten ausgeprägt. Im gleichen Rhythmus ändert sich die Testosteronkonzentration im Blut der Vögel. Der Schnabel macht also durch seine Färbung die hormonelle Verfassung seines Trägers sichtbar. Das haben Forscher vom Max-Planck-Institut für Ornithologie in Seewiesen in langen Versuchsreihen an über einhundert Spatzenmännchen nachgewiesen. Damit ist klar, dass die Ausprägung dieses Ornamentes »dunkler Schnabel« hormonell gesteuert wird und hohe sexuelle Relevanz hat. Testosteron fördert dominantes und aggressives Verhalten. Allerdings schwächt es auch das Immunsystem und die Stressresistenz. Viel Testosteron im Blut hat also nicht nur Vorteile. Es sind nur die bestgenährten und fittesten Vögel, die sich die schwarzen Schnäbel auch leisten können.

## Angeben mit Immobilien

Bei anderen Vogelarten geht es weniger um Schnabel und Latz. Ihre Statussymbole sind eine Nummer größer: Es geht um Immobilienbesitz. Die Größe, die Ausstattung sowie die Anzahl der präsentierten Nester informieren über Fähigkeiten der bauenden Männchen und ihre Investitionsbereitschaft. Mit einem besonders großen Nest in möglichst hoher Qualität, und wenn machbar gleich zwei oder drei davon zur Auswahl, macht das Männchen der Beutelmeise Werbung für sich – immer darauf bedacht, die eigene Attraktivität gegenüber Weibchen zu steigern. Baumeln besonders voluminöse Rohbauten als Aushängeschild an den Weidenzweigen, erregt das unter den Beutelmeisenweibchen tatsächlich ein größeres Interesse an dem jeweiligen Baumeister. Der Zusammenhang ist naheliegend: Wer in der Lage ist, exklusiv zu bauen, sollte auch als Gatte gut taugen und hohe Vater-Qualitäten besitzen. Es sind die erfahrensten Weibchen, die das Nest eines solchen Bauherrn in Besitz nehmen. Großvolumige Nester sind, das scheint den Weibchen klar zu sein, komfortabler und bezüglich Wärmedämmung deutlich vorteilhafter. Gerade bei Kaltlufteinbrüchen und Dauerregen wissen die Vögel ein kuschelig warmes Heim sehr zu schätzen.

Mit einer ganzen Serie von Nestern protzt der Zaunkönig (so etwas wie der Immobilienhai der Vogelwelt). Bis zu acht gut versteckte Bauwerke können es in einer Brutsaison sein, die das kleine, braune Männchen mit dem gestelzten Schwanz feilbietet. Es sind Wahlnester für interessierte Weibchen, auch als Schaunester bezeichnet. Für die Zaunköniginnen ist das

Immobilienangebot ein wichtiges Auswahlkriterium bei der Suche nach einem geeigneten Partner. Dem fleißigsten Bauherrn fliegen deshalb auch gleich mehrere Weibchen zu, auch um den Preis, als Zweit- oder Drittweibchen auf den Eiern sitzen zu bleiben und auf väterlichen Beistand verzichten zu müssen. Dafür sollten aber zumindest die erworbenen männlichen Königsgene erstklassig ausfallen.

Mit der Ausstattung ihrer Wohnung experimentieren manche Starenmännchen. Sie schmücken ihre Nisthöhle mit diversen Pflanzen und Blüten aus. Nicht nur die exotischen Laubenvögel, die ihre Laube farbenprächtig dekorieren und damit

Weibchen beeindrucken, sind also qualifizierte Verführer, auch unser heimischer Star weiß, was Frauen wünschen. Mit Blumen erfreut der Mann das Herz der Frau. Strahlende Blüten und aromatische Kräuterdüfte sind auch bei der Verführung von Starenweibchen hilfreich, sie erweisen sich als doppelt und dreifach nützlich: Sie wirken sich positiv auf das weibliche Engagement in der Brutpflege und förderlich auf die Entwicklung des Nachwuchses aus. Die so inspirierten Starenweibchen reichern die Nestwand mit Federn an, man könnte meinen, sie verschönern ihr Heim. Tatsächlich reagieren die Männchen in solchen Fällen wiederum mit höherem Einsatz. Aus einer derart stimulierten Beziehung gehen größere Gelege und mehr Nachwuchs hervor. An den Statussymbolen können also auch die Weibchen kräftig mitwirken.

Die Größe des Eigenheimes scheint eine weitreichende Wirkung zu entfalten. Sie entscheidet sogar über die Gesundheit der Kinderschar. In auffallend bescheidenen Nestern von Elstern kommt weniger Nachwuchs hoch. Wenn aber beide Partner tüchtig beim Nestbau zupacken und ein stattliches Heim zimmern, dann profitieren auch die Jungen. Ihnen wird eine bessere Versorgung zuteil, und ihr Immunsystem ist nachweislich wehrhafter. In der Vogelwelt scheint es einen Zusammenhang zu geben, der uns nicht vollkommen unbekannt sein dürfte: Wer in ärmlichen Verhältnissen aufwachsen muss, ist auch künftig arm dran.

## Eindruck schinden mit Plastikfetzen

Eine recht eigenwillige Strategie zur Steigerung des eigenen Status haben Schwarze Milane entwickelt, imposante Greifvögel aus der Familie der Habichtartigen. Wie bei den Elstern sind es auch hier Männchen und Weibchen, die in dieser Beziehung gemeinsam agieren: Milane sammeln Müll. Besonders beliebt sind Fetzen weißer Plastikfolien. Damit kleiden beide gemeinsam ihr Nest aus. Je mehr Plastikmüll sie in ihrer Residenz anhäufen, desto höher stehen sie in der allgemeinen Rangordnung und damit im Ansehen gegenüber den Artgenossen. Zur Erinnerung: Als die Getränkedosen in unserer Konsumgesellschaft Einzug hielten, gab es nicht wenige Sammler, die ganze Serien von Bierdosen in Vitrinen als Zierde und als Demonstration von Stärke und Trinkfestigkeit zur Schau stellten. Etwas Ähnliches tun auch die Milane, vor allem im mittleren Lebensalter, also auf dem Höhepunkt ihrer Vitalität. Viel Plastikmüll im Horst dokumentiert eine erfolgreiche Karriere. Wie prächtige Villen in der menschlichen Gesellschaft stärker geachtet werden, so respektieren andere Milane die reichen »Müllbesitzer«. In einem Geschenk-Experiment an spanischen Milanen wurden plastikarme Horste mit Plastikmüll angereichert. Das gefiel den Inhabern jedoch nicht, und sie warfen die »wertvollen« Fetzen wieder aus ihrem Nest. Milane wollen sich offenbar nicht unverdient befördern lassen und stehen ehrlicherweise zu ihrem realen Status. Mitunter kann es auch vorteilhaft sein, nicht ganz oben in der Hierarchie zu stehen. Je höher der Status, desto tiefer ein möglicher Absturz.

# Kleider machen Vögel

Das Tragen von Markenklamotten gilt in unserer Gesellschaft als Statussymbol, sie spiegeln die Kaufkraft des Trägers wider. Häufig entscheidet das äußere Erscheinungsbild, ob es zu einer Kontaktaufnahme zwischen zwei Menschen kommt. Doch die Sache hat einen Haken: Jenes äußere Bild, welches wir abgeben, ist keineswegs echt. Die Hülle ist gekauft, sie gehört nicht wirklich zum Körper, sie verhüllt ihn vielmehr, wir verkleiden uns im wahrsten Sinne des Wortes. Unsere Kleidung ist eher Täuschung als ehrliches Signal.

Fundamental anders verhält es sich mit dem Outfit der Vögel. Deren Federkleid ist Teil des Körpers, es ist aus ihm erwachsen. Es sagt mehr über die wahre Verfassung des Trägers aus, kein Vogel schmückt sich mit fremden Federn, Menschen schon.

Das Federkleid hat für Vögel vielfältige Funktionen. Die äußere Hülle kann für einen Vogel lebensrettend sein, wenn es darum geht, in der freien Wildbahn gut getarnt zu sein. Weil dies vor allem für brütende Weibchen wichtig ist, tragen sie meist ein schlichtes Kleid. Anders bei den Männchen, bei ihnen kommt es darauf an, gesehen zu werden und dabei aufzufallen. Das Aussehen gilt als ein entscheidendes Kriterium bei der Partnerwahl. Es sind die Weibchen, die einen scharfen Blick auf die Ausstattung werfen. Die Gepflegtheit der Federn, die Brillanz der Farben, aber auch originelle Zeichnungen und Muster geben Auskunft über die inneren Werte der Männchen. Wer als Männchen mit kräftigen Signalfarben ins Weibchenauge sticht, verspricht auch ein guter Familienvater zu werden.

Rote und gelbe Farbpigmente zeigen nachweislich ein hohes Maß an Abwehrkräften an. Bei diesen farbgebenden Komponenten handelt es sich um Substanzen aus Karotin, einer Vorstufe des Vitamins A, das gegen allgemeine Anfälligkeit wirksam ist. Tiere wie Menschen können diese Substanzen nicht selbst erzeugen, sie müssen mit der Nahrung aufgenommen werden. Fehlt den Vögeln die nötige Farbe im Federkleid, kann es zum Totalausfall der Verpaarung kommen. Flamingoweibchen haben dies auf eindrucksvolle Weise bestätigt. Für sie ist die leuchtend rosarote Färbung des Männchens der Schlüsselreiz zur Partnerwahl. In verschiedenen Zoos glückte die Nachzucht nicht, weil die männlichen Bewerber farblos blieben. Der Grund: In ihren natürlichen Lebensräumen filtern Flamingos mit ihrem Seihschnabel feines Plankton aus dem Wasser. Darin enthalten sind die Carotinoide, die mithilfe von Enzymen in der Leber zu farbgebenden Pigmenten umgewandelt und schließlich in den Federn eingelagert werden. Nur so kommt die für Weibchen verlockende Rosafärbung des Gefieders zustande. Wer als Vogelmännchen mit diesen farbgebenden Stoffen reichlich gesegnet ist, kann im wahrsten Sinne des Wortes vor den Weibchen glänzen. In der Menschenwelt genügt es gleichwohl nicht, reichlich Karotten zu verspeisen.

Nicht alle Gefiederfarben sind stofflicher Natur. Auch wenn sie manchmal täuschend echt aussehen, so sind sie doch nur Illusion. Farben können auch durch Lichtbrechung an besonderen Gefiederstrukturen sichtbar werden. Beim Pfau sind es die schillernden Augen in den Schwanzfedern bei geschlagenem Rad, beim Stockerpel der flaschengrüne Kopf, denen keine echten Farbstoffe zugrunde liegen, nur das gebrochene

Licht zaubert die Farbe. Dieser Farbenzauber braucht eine aufwendige, tägliche Gefiederpflege. Schönheit ist eben nicht umsonst zu haben, egal, ob farbecht oder nicht. Schon im Januar legt der Pfau sein Federkleid an, das man zunächst als puren Luxus empfinden kann. Mit seinem Schweif, der über einen Meter Länge misst, kann er kaum mehr fliegen. Mit dieser hohen Investition in Sachen Material, Farben und Muster gelingt ihm jedoch gegenüber den Pfauenweibchen der Nachweis, dass er ein vitales Männchen ist und sich Luxus leisten kann. Er beeindruckt sie mit seinem faszinierend bunten Rad und zusätzlich mit einem Rasseln seines Federkleides.

Nur wenn es darauf ankommt, geben Vogelmännchen mit ihrem Federkleid an. Wenn die Brutzeit dem Ende entgegengeht, ist die einst so prachtvolle Garderobe, das Prachtkleid, verschlissen und verblichen. Auch der Pfau verliert seine Schleppe. Dann ist es Zeit zur Mauser, zum Federwechsel. Mauser kommt von dem lateinischen Wort »mutare«, was so viel wie »ändern« oder »tauschen« bedeutet. Die Mauser ist also ein Kleidertausch. Alt gegen neu. Der Zeitpunkt zum Kleiderwechsel wird hormonell gesteuert. Auslöser können kürzer oder länger werdende Tage oder eine Nahrungsumstellung sein. Manche Vogelarten, wie Enten, wechseln zweimal im Jahr ihr komplettes Gefieder, vom Schlichtkleid zum Prachtkleid und wieder zum Schlichtkleid. Ganz anders verläuft die Einkleidung bei Singvögeln, wie bei Star und Buchfink. Deren Prachtkleid entsteht – kaum zu glauben – aus dem dezenten Schlichtkleid durch Abnutzung der Federspitzen. So verwandelt sich das abgetragene Schlichtkleid zur rechten Zeit zu einem bewunderten Prachtkleid. Das farbenprächtige Gefieder für die besonderen Anlässe ist also nur gebrauchte Secondhand-Ware. Erst, wenn die Vogelhochzeit gelaufen ist, werden die Federn abgeworfen. Das nachgewachsene Schlichtkleid kann auch als Alltagskleid bezeichnet werden, so wie noch vor 100 Jahren die Garderobe vieler Menschen in Alltags- und Sonntagskleidung unterschieden wurde. Doch diese Epoche ist längst vorbei. Inzwischen, so schreibt die SZ, legt sich der Deutsche Jahr für Jahr im Durchschnitt 60 neue Kleidungsstücke zu, viele davon werden niemals oder nur selten getragen.

Damit die Vögel ihre Flugfähigkeit und damit ihre Fluchtfähigkeit nicht verlieren, wechseln sie ihre Hand- und Armschwingen nach und nach, Feder um Feder. Einen radikalen Wechsel hingegen nehmen Wasservögel vor. Schwäne, Gänse, Enten, Taucher und Rallen werfen ihre Schwungfedern mit einem Schlag ab, wodurch sie einen ganzen Monat lang flugunfähig sind. In dieser Zeit leben sie versteckt im Schilf und auf Inseln. Eine öffentliche Mauser-Großversammlung veranstalten die Brandgänse im Sommer auf den Sandbänken vor der Elbmündung. Nach der Sommer-Mauser herrscht kleidungsmäßige Uniformität. Erpel und Ente, sonst gut zu unterscheiden, scheinen vom Gefieder her identisch. Lediglich der Schnabel des Erpels schimmert gelblich.

Erst wenn nach Monaten des sexuellen Ruhestandes die erneute Partnersuche ansteht, erfolgt der Wechsel vom Schlichtkleid ins Prachtkleid. Bei vielen Vögeln findet er im Winterquartier statt. Der jährlich zweimalige Kleiderwechsel ist keineswegs umsonst zu haben. Er verursacht hohe Kosten, da er eine erhebliche energetische Belastung bedeutet und mächtig an den Kraftreserven zehrt.

# Die hohe Kunst des Minnesangs

Der Gesang, eine uralte musikalische Ausdrucksform des Menschen, gehört zur Kultur aller Zeiten und Völker. Im Mittelalter haben die legendären Minnesänger mit dem Vortragen von Liedern ihr Begehren ausgedrückt. Der bedeutendste deutschsprachige Dichter und Sänger des Mittelalters war Walther von der Vogelweide. Um 1170 geboren, blieb sein genauer Geburtsort bis heute unbekannt, denn Vogelweiden hat es in jener Zeit zuhauf gegeben. Er brach als Erster mit der hohen Minne, der ritterlich vorgetragenen, gesungenen Liebeslyrik, die an eine verehrte, hochgestellte, unerreichbare Dame des Adels gerichtet war, ohne diese ernsthaft zu begehren. Er war es, der das sogenannte Mädchenlied einführte, auch niedere, erreichbare Minne genannt. Seine Lieder der »Herzeliebe« und des »liebevollen Gedenkens« künden von der »gleichberechtigten Liebe«. Zumeist eröffnen Naturbilder oder jahreszeitliche Stimmungen das Minnelied, um dann zum Thema zu kommen. Heute würde man Walther von der Vogelweide einen Popstar nennen. Berühmte Sänger sind gefragte und hoch dotierte Stars, die Millionen Herzen erobern. Warum hat gerade der Gesang eine so große Anziehungskraft? Gesang ist in erster Linie gefühlsbetont, er weckt Emotionen und wirkt über den »Bauch«. In der Tierwelt ist das nicht anders.

Den wohl schönsten Gesang aller natürlichen Geschöpfe haben die Vögel zu bieten. Vogelkonzerte gehören zu den großartigsten und berührendsten Aufführungen, die die Natur hervorgebracht hat. Jede Vogelart trägt ihre ganz eigenen

Lieder vor. Für die Singvögel wurde ihr Gesang sogar namensgebend. Ihr Konzertprogramm läuft zwischen März und Juni. Die ersten »Ständchen« im Jahresverlauf geben die Standvögel, jene Vögel, die nicht fortziehen. Darunter finden sich die vielen Meisenarten. Es folgen jene Sänger, die den Winter im Mittelmeerraum verbracht haben. Erst später, Anfang Mai, wenn auch die Fernreisenden aus dem tropischen Süden zurückgekehrt sind, ist das Orchester komplett.

Bei den Singvögeln singen meist nur die Männchen. Nur bei wenigen Arten trällern auch die Weibchen, darunter Rotkehlchen, Schwalben und Gimpel. Die Botschaften der Lieder, soweit sie durch den menschlichen Forschergeist überhaupt entschlüsselt wurden, sind recht unterschiedlich. Sie können zur Revieranzeige eingesetzt werden, zur Vertreibung von Konkurrenten und um Gefallen bei den Weibchen zu finden. Doch ist das schon die ganze Wahrheit?

Die Gesänge der Vögel sind wie unsere Lieder in Strophen aufgebaut. Dabei wechseln nicht nur die Strophentypen, es variieren auch das Tempo, die Lautstärke, der Rhythmus und die Betonung, auch die Tonhöhe, die Tonfolge sowie die Anzahl und der Abstand von Wiederholungen. Viele Variationen erfolgen in extrem hohem Tempo, sodass sie für unser Ohr nicht mehr wahrnehmbar sind. Je nach geografischer Lage kommen noch Dialekte hinzu, vergleichbar mit unseren regionalen Mundarten. Die weniger begabten Sänger wie die Sperlinge beherrschen nur wenige Strophen. Zu den Meistersängern der heimischen Vogelwelt zählen Amsel, Singdrossel und Rotkehlchen, die Grasmücken- und Rohrsängerarten und erst recht die Nachtigall. Warum eine Vogelart gut und eine andere weniger gut singen kann, ist unbekannt. Eine Hypothese besagt, dass die Zugvögel die besseren Sänger sind, weil sie in kürzerer Zeit auf sich aufmerksam machen müssen als die Standvögel. Die begabtesten Sänger sind äußerlich oft weniger auffällig, dafür legen sie besonderen Wert auf ein großes Revier und sind bereit, dieses Territorium entschlossen zu verteidigen: Top-Stars der Gesangskunst sind eher unverträgliche Individualisten, die einen großen Freiraum beanspruchen. Singvögel mit einfachen Gesängen, wie die Spatzen und Mehlschwalben, verhalten sich dagegen gesellig und weniger aggressiv, sie nisten auch gern in engen Nachbarschaften. Diese Verhaltensunterschiede kommen auch während der Zugzeit zum Tragen. Die großen Sangestalente fliegen einzeln oder in weniger auffälligen, kleinen Trupps und zumeist auch im Schutze der Dunkelheit.

Vogelmännchen sind, wie oben ausgeführt, oft tolle Sänger, Weibchen in jedem Falle tolle Zuhörerinnen. Wenn ein Vogelmännchen erstklassig singt, löst es bei den Weibchen Glücksgefühle aus. Das mag vermenschlichend klingen, ist es aber nicht. Die substanzielle Basis dieser Gefühlsregungen ist analytisch nachweisbar. Es sind Glückshormone wie Endorphine, die verstärkt im Körper ausgeschüttet werden und Hochgefühle erzeugen. Ergeht es uns anders, wenn wir unserer Lieblingssängerin oder unserem Lieblingssänger lauschen und dabei Gänsehaut bekommen?

Intensiver, leidenschaftlicher Gesang geht nicht nur unter die Haut, er liefert auch Informationen über die inneren Werte. Dafür interessieren sich ganz besonders die Weibchen, um die Männchen in ihrer Vitalität einschätzen zu können. Welche Gesangskriterien sind für ein Vogelweibchen wichtig? In erster Linie ist die Lautstärke des Männchens entscheidend, die ganz maßgeblich durch das Sexualhormon Testosteron bestimmt wird. Zu Beginn der Konzertsaison ist der Hormonspiegel niedrig, der Gesang wirkt lustlos, die Strophen sind unvollständig. Mit zunehmender Tageslichtlänge und steigender Hormonkonzentration wird häufiger und kraftvoller gesungen. Wird hingegen einem Vogel Dunkelheit vorgetäuscht, kommt kein Gesang zustande.

Nicht alle Vögel ein und derselben Art singen gleich laut. Es gibt laute und leise Sänger. Sie unterscheiden sich immerhin um zehn bis 15 Dezibel, das ist mehr als das Zehnfache! Wie kommt es zu diesen Unterschieden? Die Lautstärke hängt eindeutig mit der körperlichen Verfassung zusammen. Ein gut genährter Vogel singt lauter als ein schlecht versorgter. Wenn Weibchen laute Sänger gegenüber leisen Flüsterern bevorzugen, dann entscheiden sie sich für ein Männchen in guter Kondition. Der Aufbau einer guten körperlichen Verfassung ist also der Preis, den man für das laute Singen zu entrichten hat. Wer laut trällert, hat die besseren Chancen – aber auch höhere Risiken. Wer sich mit lautem Gesang hervortut, muss mit aggressiven Reaktionen anderer Männchen rechnen. Wer also nicht die Kraft aufbringt, sich mit einem Artgenossen anzulegen, hält lieber den Schnabel oder äußert sich bestenfalls leise.

Lautstärke ist wichtig, aber sie ist nicht alles. Es geht den Weibchen auch um Vielfalt und Virtuosität. Innerhalb einzelner Arten ist der Gesang von Vogel zu Vogel individuell verschieden. Jedes Männchen hat seinen eigenen Liedschatz, selbst wenn wir mit unserem vergleichsweise schwach entwickelten Gehör die Unterschiede von Sänger zu Sänger oft nicht wahrnehmen. Manche Vögel trällern schneller, höher und länger als andere. Die Weibchen achten vor allem auf schnelle Silben im hohen Frequenzbereich, die schwierig zu singen sind, quasi auf Männchen-Sopranstimmen, auch als »Sexy-Silben« bezeichnet. Manche Männchen treffen diese verführerischen Noten, andere nicht. Musikalische Vielfalt ist ebenso ein ehrliches Qualitätskriterium des Sängers wie die Lautstärke.

Weibchen werden durch besonders lauten und vielseitigen Gesang nicht nur angelockt, sondern auch sexuell stimuliert. Somit ist der Gesang auch ein Ergebnis der sexuellen Auslese. Die herausragenden Sänger haben die besten Chancen auf Verpaarung.

Und warum sind die Weibchen im Gesang so wenig talentiert? Man könnte meinen, dass die Weibchen diese Selbstinszenierung nicht nötig haben. Aber es gibt noch andere Erklärungen. Die Ursachen der Geschlechtsunterschiede liegen im Gehirn. Gesang und Sex werden durch die Hirnstruktur gesteuert. Im Gesangszentrum der Singvögel liegen die Schaltstellen für das Lernen und Produzieren von Gesang. Hier befinden sich die Nervenzellen mit den Rezeptoren, an denen Sexualhormone andocken können. Auf diesem Pfad steuern diese Wirkstoffe das Gesangssystem. Experimentell wurden frisch geschlüpfte weibliche Zebrafinken mit dem männlichen Hormon Testosteron behandelt. In der Folge begann sich das Gesangssystem zu entwickeln. Auch erwachsene Kanarienvogelweibchen lassen sich durch Testosterongaben vorübergehend zum Singen bringen. Diese Weibchengesänge ähneln denen der Männchen, es sind die sexuell attraktiven Gesangsmuster. Die Fähigkeit der Vögel zum Gesang hat also seine

Wurzeln im männlichen Sexualhormon. Es ist ein hoher Testosteronspiegel, der zum Singen anregt. Zum Glück gilt dieser Zusammenhang nicht bei uns Menschen. Oder leider?

## Tanz und Akrobatik

In einer wissenschaftlichen Tanzstudie, angefertigt von Forschern der Universität Göttingen und der Northumbria University in Newcastle, wurde untersucht, welche menschlichen Körperbewegungen als attraktiv wahrgenommen werden. Wenn Männer tanzen, schauen Frauen ganz genau hin. Umgekehrt richten sich Männeraugen auf tanzende Frauenkörper. Es sind offenbar ganz bestimmte Bewegungsmuster, die eine besondere Aufmerksamkeit beim jeweils anderen Geschlecht hervorrufen. Ein besonders flexibler, durchtrainierter Oberkörper mit der Fähigkeit zu vielfältigen Hals-, Schulter- und Rumpfbewegungen des Mannes kommt bei Frauen bemerkenswert gut an. Vor allem eine flinke linke Schulter zieht Blicke auf sich, ganz besonders dann, wenn die Bewegungen frei fließend bis ins Handgelenk ausstrahlen. Umgekehrt sind es schwungvolle Bewegungen im Becken- und Hüftbereich, die männliches Interesse wecken.

Tanzrituale gehören seit der Steinzeit zum menschlichen Sozialverhalten. Es ist anzunehmen, dass aus den Bewegungsmustern Erkenntnisse über die biologischen Qualitäten, vor allem über die Gesundheit und die Reproduktionsfähigkeit der Tänzerinnen und Tänzer gewonnen werden können. Die zwi-

schen Hals und Rumpf besonders wendigen Männer dürften
in Vorzeiten die besseren Kämpfer und Jäger und somit die ge-
eigneteren Beschützer und Versorger gewesen sein. Die typisch
weiblichen Bewegungsmuster deuten auf Fruchtbarkeit hin, die
für die erfolgreiche Weitergabe der männlichen Gene an die
Nachkommen von ausschlaggebender Bedeutung ist.

Die Balztänze in der Tierwelt sind deutlich älter als die der
Menschen. Bewegung und Tanz gelten auch bei vielen Tierarten als Teil des Werbens. Zu den professionellen Tänzern gehören ohne jeden Zweifel die Kraniche. Ihre Tanzstunden stehen
keineswegs nur im Frühling auf dem Plan. Außerhalb der Brutzeit wird auch auf Rastplätzen der Gesellschaftstanz in größeren Gruppen praktiziert, selbst Eis und Schnee bieten keinen
Grund, den Tanz ausfallen zu lassen. Zur Brutzeit hingegen ist
der Paartanz Pflicht.

Haben zwei Kraniche zueinandergefunden und ein Revier bezogen, beginnt die tanzende Zweisamkeit schon im Morgengrauen. Die Partner stehen sich gegenüber, verneigen sich anmutig voreinander, hüpfen im Wechsel und schlagen mit den Flügeln. Die Schleppe, jene über den kurzen Schwanz hängenden Federn, wird dann buschig aufgestellt. Mal fordert er zum Tanz auf, mal sie. Bis zu zwei Meter hoch können die großen Vögel aus dem Stand springen. Hin und wieder jagen sie sich gegenseitig, laufen im Zickzack oder im Kreis, zwischendurch schreiten sie bedächtig. Stimmungsvoll untermalt wird der Tanz mit wechselseitigen Rufen. Dieses werbende Tanzen hört selbst nach vielen Ehejahren nicht auf.

Unbedingt sehenswert sind die Tänze der Flamingos. Diese elegant schreitenden Vögel sind eher im südlichen Europa anzutreffen, doch erste Populationen haben sich in den letzten Jahren auch an der deutsch-holländischen Grenze angesiedelt. Die Balztänze gleichen einer choreografisch einstudierten Aufführung, einem anmutigen Ballett. Mehrere Hundert oder gar Tausend Tänzer können sich zum Gesellschaftstanz einfinden. Nach einem festen Ritual eröffnet ein dominantes Männchen den Reigen, indem es in gestreckter Pose mit seinen langen rosa Beinen im Flachwasser einer Lagune umherstelzt. Einer Polonaise gleich schließen sich dicht gedrängt weitere Männchen und Weibchen dem feierlich wirkenden Paradeschreiten mit aufwärts gerichtetem Schnabel an, *Marching* genannt. Der Kopf wird rhythmisch hin und her geschwenkt. Wie auf Kommando wird die Marschrichtung gewechselt. Je größer die Gruppe, umso mehr schaukelt sich die Stimmung hoch. Vor allem die Männchen demonstrieren dabei ihre schwarz-roten

Gefiedermuster durch synchronisierte, geschmeidig winkende Flügelbewegungen. Die Gebärden der Männchen liefern den Weibchen Anhaltspunkte, wer zu ihnen passen könnte. Hat ein Männchen das Gefallen eines Weibchens gefunden, folgen der Paartanz und die Absonderung von der Gruppe. Obwohl Flamingo-Paarbeziehungen oft ein Leben lang halten, braucht es immer wieder diesen Tanz, durch den sich die Vögel in Stimmung bringen.

Beim Paarungstanz der Schwäne ahmt das Männchen jede Art von Bewegung des Weibchens nach und verschafft sich damit Beachtung. Die Inszenierung synchroner Bewegungen stimuliert die Sinne und erleichtert die Kontaktaufnahme. Auch im zwischenmenschlichen Bereich ist das Imitieren von Bewegungen und Tönen des Gegenübers durchaus üblich, wenn es auch oft unbewusst abläuft. Durch synchrone Handlungen wird das Signal »Wir könnten zueinanderpassen« ausgesandt und Berührungsängste werden abgebaut.

Eine überaus sehenswerte Tanzschau liefern die etwa entengroßen Haubentaucher. Ihre Bühne ist die offene Wasserfläche, Eintritt frei, gute Sicht ist garantiert, eine rundum öffentliche Veranstaltung. Schon ab Dezember bis weit ins Frühjahr hinein schallen ihre »korr«-Balzrufe über unsere Seen in Stadt und Land. Damit signalisiert der Vogel, dass er einen Partner sucht. Diesen Rufen schließt sich die Entdeckungszeremonie an: Ein Vogel nähert sich tauchend einem möglichen Partner, um sich dann vor ihm in einer Geister-Pose emporzurecken. Das Gegenüber nimmt dabei eine zunächst abwehrende Katzenhaltung ein. Bei der folgenden Kopfschüttelzeremonie schwimmen beide aufeinander zu, richten sich Brust an Brust in einer Pinguin-Pose fast senkrecht voreinander unter heftigem Paddeln mit den Füßen auf, spreizen ihre Schmuckfedern von Schopf und Kragen und schütteln ihre Köpfe erst gleichzeitig, dann abwechselnd heftig hin und her. Zur Steigerung der Aufmerksamkeit werden im Schnabel Geschenke in Form von Wasserpflanzen präsentiert. Den Abschluss dieser Tanzzeremonie bildet ein demonstratives Scheinputzen des Gefieders.

Als Spezialdisziplin in der Vogelwelt gilt das »Tanzen im freien Luftraum«. Es ist der Balzflug, den große wie kleine Vögel zur Aufführung ihres Könnens pflegen. Schon an milden Januartagen kann man die ausschweifenden Balzflüge der ersten Vorboten des Frühlings, der Kolkraben, am Himmel bewundern. Es sind die größten Singvögel weltweit. Mit ihrem namensgebenden sonoren Ruf »kolk-kolk« und ihrem schwarzen, je nach Lichteinfall auch blau oder grün schimmernden Federkleid sind sie weder zu überhören noch zu übersehen. Ihr Schwanz ist keilförmig ausgebildet. Es macht Spaß, den turbulenten Aktionen dieser Flugakrobaten zuzuschauen, wie sie paarweise ihre weiten, feierlich anmutenden Runden drehen, zeitweilig kaum einmal ihre Flügel bewegen und dann urplötzlich zackige Wendemanöver einbauen. Auch zweisame Berg- und Talflüge erfreuen sich großer Beliebtheit. Rein äußerlich sind die Geschlechter der Rabenvögel nicht zu unterscheiden. Bei fehlendem Geschlechtsdimorphismus beteiligen sich Männchen und Weibchen gleichermaßen an den Balzvorstellungen. Beide wollen und müssen zeigen, was in ihnen steckt. Letztlich dienen die Synchronflüge dazu zu prüfen, ob beide Partner miteinander harmonieren. Dieser aufwendige Prozess der Annäherung erreicht bei den Kolkraben erst im März seinen Höhepunkt, bis es zur Paarung kommt. Die Partner bleiben dann ein Leben lang zusammen. Dennoch lassen sie es sich nicht nehmen, dieses Schauspiel in jedem Frühjahr immer wieder neu zu inszenieren, um die Beziehung aufzufrischen – im Idealfall 30 Jahre lang!

Auch die Greifvögel schwören auf den Erfolg von Balzflügen. Das gemeinsame Segeln und abwechselnde Rufen sind für das Zusammenwachsen unverzichtbar. So drehen Adler wie Bussarde ihre Runden am Vorfrühlingshimmel. Der in Mitteleuropa häufigste Greifvogel, der Mäusebussard, vollführt ab Februar paarweise Balzflüge über dem Brutrevier. Nach auf- und absteigenden Flugphasen folgt als Krönung der Absturz ins gemeinsame Nest. Manches Liebesspiel kann aber auch tragisch enden. So ist es schon vorgekommen, dass sich beim Balzflug von Seeadlern beide Partner mit ihren Fängen derart fest verhakten, dass sie sich nicht rechtzeitig voneinander lösen konnten und beim Aufprall zu Tode gekommen sind.

An vielen Orten und selbst mitten in unseren Städten ist der auffällige Balzflug der Ringeltauben gut zu beobachten. Die Männchen starten von einer hohen Warte aus mit kraftvollen Schlägen und häufigem Rufen rund 30 Meter steil nach oben. Auf dem Höhepunkt der sinusförmigen Flugbahn setzt der Täuber zur akustischen Aufwertung seines Auftrittes ein mehrfaches Flügelklatschen ein. Dabei schlagen die Flügel oberhalb vom Körper aneinander. Danach gleitet er mit waagerecht ausgestreckten Flügeln und gespreiztem Schwanz abwärts. Dieses Flugritual wird mehrfach wiederholt. Die Balz beginnt gewöhnlich im März, bei städtischen Ringeltauben jedoch oft schon im Winter. Da Tauben mehrfach im Jahr brüten, sind diese Balzflüge bis in den September hinein zu beobachten, denn vor jeder neuen Brut wird neu um den Partner geworben. Das Flügelklatschen ist übrigens auch bei Eulen beliebt, so bei der Sumpfohreule. Da ihre nächtlichen Balzflüge optisch weniger zur Geltung kommen, zelebriert sie zwischen den bedächtig erscheinenden, fast lautlosen Flügelschlägen eine akustische Einlage: Das Eulenmännchen schlägt die Flügel unterhalb vom Körper mehrfach aneinander.

Auf nassen Wiesen und Weiden, manchmal auch auf Feldern, vollführt ab März der populäre Kiebitz über seinem ausgesuchten Brutrevier eine sehenswerte Flugbalz. Besonders markant sind seine Federhaube und sein namensgebender »ki-witt«-Ruf. Mit wuchtigen Flügelschlägen und luftakrobatischen Wendemanövern versucht das Kiebitzmännchen, sein Können sowie seine Schönheit unter Beweis zu stellen. Bei den Kreuz- und Querflügen, auch als Gaukeln bezeichnet, lässt er immer wieder seine strahlend weißen Flügelfelder effektvoll hervorblitzen, die im Kontrast zu seinem dunklen Gefieder einen echten Hingucker darstellen.

Eine akustische wie optische Kostbarkeit bieten später im Mai die Bekassinen, die ebenso wie die Kiebitze zu den Watvögeln zählen. Zur Brutzeit besiedeln sie Moore und nasse Wiesen. Ihr Balzflug ist unverwechselbar, einmal live erlebt, wird man die Flugshow wohl nie vergessen. Der Vogel steigt dazu in große Höhen von rund 50 Metern auf und lässt sich von dort wie ein Stein fallen. Dabei erzeugt er eine Art »Wummern«, dass man als Beobachter die Vibration der Luft zu spüren glaubt. Dieses weithin hörbare Geräusch fällt eher in die Rubrik Instrumentalmusik, denn Geräuschquellen sind primär die beiden abgespreizten und besonders steifen äußeren Steuerfedern (Schwanzfedern), die im Luftstrom vibrieren und ein gleichförmiges Summen hervorrufen. Das ebenso zu hörende Tremolo – ein lautes an- und abschwellendes Geräusch – wird dadurch erzeugt, dass der Luftstrom von den abgespreizten Flügeln rhythmisch unterbrochen wird und so der Eindruck eines »Meckerns« entsteht. Es sind die Männchen der Bekassinen, die dieses Kunststück im zeitigen Frühling unermüdlich vorführen. Doch auch die Weibchen können gut meckern und tun dies sogar, wenn auch seltener.

Darbietungen mit künstlerischem wie athletischem Anspruch haben auch manche Singvögel zu bieten. Hoch hinaus führen ihre Singflüge, eine Kombination von Akrobatik und Akustik. Mit ihren minutenlangen, heiter klingenden Gesangsvorstellungen haben es die Feldlerchen zu großer Popularität gebracht. Konnte man früher oft mehrere Lerchen gleichzeitig im Sängerwettstreit am Himmel erleben, macht sich der einstige Allerweltsvogel zunehmend vom Acker, seine Lebensbedingungen verschlechtern sich rapide. Mit steigenden Ernteerträgen stürzen seine Bestände in den Keller. Ganz ähnlich ergeht es der Schwester, der Heidelerche. Sie braucht arme, schütter bewachsene, vor allem ungedüngte Lebensräume, die sie in früheren Heidelandschaften zur Genüge fand. Ihre melancholischen Lieder trägt sie ebenso im Singflug vor, steigt dabei aber nicht senkrecht wie die Feldlerche, sondern schräg in Spiralen bis in große Höhen auf. Nicht nur tagsüber, auch nachts sind ihre ergreifenden Strophen zu vernehmen.

# Partnersuche

Schon lange bevor der Mensch die Erde betrat, war Schönheit ein gefragtes Gut. Der ausgeprägte Sinn der Vögel für Ästhetik verhalf der Schönheit im Zuge der Evolution zu ihrem großen Durchbruch. Entscheidend dafür war das Festhalten der Vögel an der Wahlfreiheit bei der Partnersuche. So jedenfalls erklärt es der amerikanische Ornithologe Richard Prum. Wir Menschen sind erst viel später, dafür umso heftiger, auf den Schönheitstrip geraten. Besonders bei der Suche nach einem Wunschbild-Partner spielen Schönheitsfragen eine dominante Rolle, sei es bewusst oder unbewusst.

Die perfekte Partnerin, den perfekten Partner kann man auf zwei grundverschiedenen Wegen finden: *online* und *offline*. Durch die effizienzgesteigerte Online-Suche verlieben sich alle paar Sekunden zwei Menschen, so die Werbeversprechen. Über die Erfolgschancen traditioneller Offline-Methoden gibt es keine vergleichbaren Daten. Dennoch werden sie nach wie vor praktiziert. In der Vogelwelt sind sie sogar alternativlos. Sie finden ausschließlich Auge in Auge unter freiem Himmel statt.

Die Kontaktaufnahme zum anderen Geschlecht ist eine aufregende Sache. Klappt es, oder klappt es nicht? Da pocht das Herz bis zum Hals, das den Werbenden manchmal auch ganz und gar lahmlegt, so sehr überschlägt es sich. Ein tobendes Herz kann jede zielgerichtete Handlung blockieren, aber auch Energien freisetzen, je nachdem.

Damit es überhaupt zu einer Annäherung zwischen zwei Partnern kommen kann, bedarf es der Überwindung von Hemmungen. Wir Menschen kennen das. Schon instinktiv halten wir einen Abstand zu unserem Gegenüber ein. Diese Distanz zwischen zwei Menschen beträgt in Mitteleuropa normalerweise etwa 20–60 Zentimeter. Auch Vögel wahren einen Mindestabstand zueinander. Er entspricht etwa der doppelten Länge von Hals, Kopf und Schnabel. Menschen wie Vögel beanspruchen persönlichen Freiraum. Diese Individualdistanz bietet eine gewisse Sicherheit vor Angriffen. Wird diese Distanz unterschritten, werden Flucht oder Aggression ausgelöst. Die Einhaltung der Distanz ist angeboren, aber keine starre Größe. Sie kann sich durch Umstände oder Lerneffekte ändern. Soll es zur Paarbildung kommen, muss diese Individualdistanz sogar überwunden werden und zusammenschmelzen.

Bei manchen Vögeln, wie bei Gänsen und Möwen, hat es sich bewährt, den Kopf abzuwenden, wenn sie sich dem Partner nähern. So werden irritierende Signale und aggressive Impulse vermieden. Erste zärtliche Berührungen können ebenfalls hilfreich sein. Vor allem Schnabel, Kopf und Hals sind dafür empfänglich. So werden Vorbehalte nach und nach durch Vertrauen ersetzt. Ein hoher Einsatz, Einfallsreichtum und Ausdauer bei der Bewerbung können auf den begehrten Partner überzeugend wirken – oder auch nicht.

Ob Mensch, ob Vogel – hinter der treibenden Kraft zur Paarung stecken identische Hormone und vergleichbare Mechanismen. Die Hormonproduktion wird von zwei Drüsen im Stammhirn gesteuert: dem Hypothalamus und der Hypophyse. In Abhängigkeit von Temperatur, Licht und sozialen Einflüssen schüttet der Hypothalamus eine Substanz aus, die an die Hypophyse weitergeleitet wird. Diese Drüse bewirkt wiederum die Produktion von Hormonen, die für Leidenschaft und Lustgefühle verantwortlich sind. Die Hauptrolle in der Paarungszeit spielt das Testosteron, dessen Konzentration bei den Männchen auf das Hundertfache emporschnellen kann. Aber auch Adrenalin fließt dann in Strömen, es ist verantwortlich für die Angriffslust. Im Laufe der Kennenlernzeit ändert sich die Hormonlage, das Sehnsuchtshormon Dopamin sowie das Verliebtheitshormon Phenylethylamin breiten sich aus, sodass die Bereitschaft zur Paarung wachsen kann.

Liebe kann bekanntlich blind machen, und manches kann schieflaufen. In der Paarungszeit verhalten sich Vögel manchmal derart betört, dass sie jede Wachsamkeit außer Acht lassen. Zu keiner Jahreszeit gibt es so viele Kollisionen zwischen Auto und Vogel wie im Frühling: Liebe und Leid, Lust und Tod liegen dicht beieinander.

## Suchen und finden, prüfen und binden

Ganz nüchtern betrachtet, entspricht die Partnersuche einem Wahlakt, der einem hinlänglich bekannten Muster folgt: suchen und finden, prüfen und binden. Bei den meisten Vogelarten liegt das Wahlrecht auf der Seite jenes Geschlechts, das den höheren Elternaufwand betreibt. Das sind fast immer die Weibchen. Die Männchen dürfen sich aber immerhin zur Wahl stellen, sie sind die Wahlkandidaten, die ihre Eignung als Koalitionspartner durch Imponierverhalten zur Schau stellen. Sie sind es, die den Wahlkampf inszenieren und im gewissen Sinne auch finanzieren. Jeder Wahlkampf kostet Energie und erfordert eine solide Ausstattung. Wahlkampfhelfer wie auch Wahlkampfspenden sind unüblich, jeder kämpft für sich auf eigene Rechnung.

Wenn sich Männer in Gegenwart einer Frau im wahrsten Sinne des Wortes aufblasen, fällt häufig der in diesem Buch schon gebrauchte Begriff des Balzens. Das Wort Balz stammt aus dem 14. Jahrhundert. Damals bezeichnete man so das Paarungsvorspiel bei den zu jener Zeit sehr populären, aber inzwischen extrem seltenen Waldhühnern. Die Hähne der Birk- und Auerhühner liefern in der Tat mustergültige Balzvorstellungen. Auf einem Balzplatz, auch Arena genannt, laufen die Hähne im Morgengrauen auf und vollführen merkwürdige Bewegungen und Verrenkungen, untermalt von ungewöhnlichen Lautäußerungen. Die Federn werden effektvoll aufgestellt, um Blicke anzuziehen.

Nicht im Wald, sondern in freier Landschaft, aber nicht minder eindrucksvoll geben die Großtrappen ihre Balzvorstellung – ebenso im Gruppenmodus. Diese Vögel gehören zu den schwersten flugfähigen Vögeln der Welt und leben noch mitten in Deutschland. Die bis zu einem Meter großen Trapphähne blasen ihren Hals ballonartig auf und drehen ihr Gefieder so effektvoll um, dass die weiße Unterseite nach oben gekehrt wird. Der sonst braune Vogel leuchtet dann wie ein

riesiger Schneeball – eine großformatige Sichtwerbung in grüner Landschaft.

Das alles kostet Energie. Herz und Kreislauf arbeiten auf Hochtouren. Den unschlagbaren Beweis für die aufregenden Momente liefert die Herzfrequenz. Bei männlichen Großtrappen konnte nachgewiesen werden, dass sich bei der Suche nach dem großen Glück die Schlagfrequenz der Vogelherzen versechsfacht, von 100 auf 600 Schläge pro Minute! Durch Film-Nahaufnahmen wurden die Herzschläge sichtbar gemacht. Wir können nur erahnen, wie die Emotionen im Vogel hochkochen. Diese Kraftanstrengungen, die über Wochen laufen, bringen nur fitte Vögel zustande. Das scheinen auch die Weibchen zu ahnen. Sie finden sich zur Balzvorstellung ein und stimmen mit den Füßen ab. Am Ende fällen sie ihr Urteil und laufen dem schönsten und kräftigsten Trapphahn zu. Der Schönheitskönig ist in Weibchenaugen der perfekte Partner.

Bei den Singvögeln dominiert dagegen die Einzelbalz – eine

Solovorstellung. Die Konkurrenz erhält Platzverweis. Jedes Männchen beansprucht eine eigene Arena, der Revierbesitzer vertreibt andere Anwärter rigoros und nutzt die Bühne für die eigene Selbstdarstellung.

Singvogelmännchen demonstrieren ihre Qualitäten als potenzielle Partner überwiegend durch Schall und Schmuck. Daran orientieren sich die Weibchen bei ihrer Wahl. Ausschließlich auf ihr Hörvermögen verlässt sich die Nachtigall, quasi ein blindes Wahlverfahren. Dennoch stürzt sie sich nicht blind in das Liebesabenteuer. Während sich die Männchen als exzellente Sänger hervortun, sind die Weibchen höchst aufmerksame Zuhörerinnen. Die Liedstrophen der männlichen Bewerber erstrecken sich über sieben bis acht Oktaven – ein für menschliche Sänger unerreichbarer Stimmumfang. Allein in den Liedvorträgen der Nachtigallenmännchen stecken die wichtigsten Informationen für die Weibchen, aus ihnen können sie die Eignung des Sängers als Partner und Vater heraushören. Ältere Männchen beherrschen deutlich mehr Strophentypen als die Jungspunde vom Vorjahr. Zudem fallen hochrangige Kandidaten durch gedehnte, schluchzende Pfeifphasen auf, die vor allem in den nächtlichen Liedvorträgen in Lautstärke und Tempo crescendo ansteigen, gerade das mitternächtliche Schluchzen kommt bei den Weibchen gut an.

Bei den allermeisten Vögeln finden die Wahlvorgänge im Lichte der Öffentlichkeit statt – nach Sonnenaufgang. In der heißen Phase zeigen sich Vogelmännchen von ihrer besten Seite, zu keiner anderen Zeit im Jahr brillieren sie mit derart knallbunten Farbspielen, mit originellen Mustern und hervorstechenden Abzeichen. Auch mich verwundert jedes Frühjahr etwa die fröhliche Farbpalette der Buchfinkenmännchen aufs Neue. Bartmeisenmännchen lassen sich zur Steigerung ihres Ansehens einen schwarzen Federbart wachsen. Bei den Goldammerweibchen hingegen sind die goldigsten Männchen besonders beliebt.

Ins Extrem treiben es allerdings die Hühnervögel, speziell die Hähne mit ihrem aufwendig bunten Federkleid. Warum aber sind gerade sie Spitzenreiter in der kolorierten Angeberei? Der Grund liegt im gnadenlosen Konkurrenzkampf. Da Hähne sich gern einen Harem aus mehreren Hühnern zulegen, müssen sie einen erbitterten Kampf gegen viele Mitbewerber führen, denn neben einem Gewinner stehen oft mehrere Verlierer, die in harten Auseinandersetzungen, in Hahnenkämpfen, ausgeschaltet werden müssen. Nur die gesündesten und kräftigsten Hähne können diese Kämpfe siegreich durchstehen, jene Hähne mit den wertvollsten Genen, im besten Ernährungszustand mit der höchsten körperlichen Leistungsfähigkeit. Hähne erkämpfen sich die Gelegenheit, ihre Gene weiterzugeben. Im Laufe vieler Generationen kam es so zu dieser exorbitanten Prachtentfaltung, bei der die Stärke zunehmend mit Buntheit korreliert.

Bei der Suche nach dem perfekten Partner lassen sich die Weibchen mit ihrer Entscheidung oftmals mehr Zeit, als es den Bewerbern recht ist. Die Männchen wollen ihre Gene loswerden und drängeln, während die Weibchen eher fliehen, abwehren, zurückweisen und bremsen, solange sie sich nicht sicher sind. Warum sind Weibchen so wählerisch? Die Antwort ist klar: Sie bringen sich stärker in die Beziehung ein, sie haben mehr zu verlieren und wollen ihre Investitionen durch ein unfähiges Männchen nicht in den Sand setzen. Um Irrtümer auszuschließen, bedarf es ausreichend Zeit zur Prüfung. Nur wenn das Männchen Ausdauer und Durchhaltevermögen beweist, hat es eine Chance. Erst mit der weiblichen Zustimmung fällt die Entscheidung für den Antragsteller. Konkret äußert die sich darin, dass Nähe zugelassen wird. Das Ziel des aufwendigen Wahlverfahrens ist also die Maximierung der biologischen Fitness. Nur die besten Gene sollen Früchte tragen. Die Vogelweibchen haben im Laufe von Jahrmillionen dank ihres ausgeprägten Schönheitssinnes für Farben und Klänge immer wieder eine gute Wahl getroffen und nebenbei auch uns Menschen reich beschenkt.

## Der Akt

Es hat so viel Energie, so viel Zeit gekostet, das Suchen und das Finden, das Annähern, das Vertrauenaufbauen, und dann, endlich passiert es – in Bruchteilen von Sekunden.

Zwei Spatzen sitzen einträchtig nebeneinander auf einem waagerechten Ast. Das Männchen plustert sein Gefieder auf, es wirkt größer als das Weibchen, ist es aber nicht wirklich. Mit ein paar seitlichen Trippelschritten rückt das Männchen an das Weibchen heran, das Weibchen rückt ab. Der männliche Partner kommt wieder näher, putzt sich mit seinem Schnabel an Rücken, Bauch und Brust, macht sich hübsch und stellt sich zur Schau. Auch das Weibchen putzt sich ein wenig, dann senkt es seinen Kopf, duckt sich ab, hebt die Flügel ein wenig an und zittert. Auf dieses Signal hat das Männchen gewartet.

Mit einem Satz hüpft es auf den Rücken des Weibchens, das seinen Schwanz zur Seite schwenkt und damit den Kloakeneingang freimacht. Kopulation. Nach einem kurzen Picken auf das Kopfgefieder des Weibchens erfolgt der Absprung, nur wenige Zehntelsekunden dauert der ganze Akt.

Warum diese Eile? Kleine Vögel haben viele Feinde zu fürchten. Daher ist es beim Liebesspiel angesagt, sich kurzzufassen. Wer länger braucht, hat geringere Überlebenschancen. Anders bei größeren Vogelarten, die sich einen längeren Begattungsakt erlauben dürfen. Greifvögel, die sich dazu in den Baumkronen oder auf ihren Horsten niederlassen, haben kaum mit einer Störung zu rechnen. Sie können das intime Beisammensein ausdehnen – auf maximal zehn Sekunden.

Wie üblich gibt es auch bei diesem Thema Normbrecher. Der Seggenrohrsänger, ein kleiner, heimlicher Vogel, der in feuchten Röhricht-Lebensräumen heimisch ist, dehnt den Paarungsakt auf bis zu 45 Minuten aus. Das ist absolute Spitze, nicht nur in der Vogelwelt. Da die Lebens- und Liebesräume dieses in Deutschland schon ausgestorbenen Vogels auch für neugierige Menschen unzugänglich sind und die Begattungen auch noch in der Dämmerung stattfinden, wurde diese Erkenntnis nicht in freier Natur, sondern in einer Voliere gewonnen – beim ausdauernden Zuschauen, eine Art wissenschaftlicher Peepshow. In der Vogelwelt finden die Liebesakte keineswegs im *Chambre séparée* statt, vielmehr unter freiem Himmel. Singvögel und Greifvögel treibt es dazu auf Äste von Bäumen, Feld- und Wiesenvögel sind dagegen erdverbundener, Wasservögel wie Schwäne und Enten bevorzugen das Wasserbett. Eine exklusive Variante für die erfüllenden Momente entwickelten die Haubentaucher: Sie bauen zuvor gemeinsam nicht nur ihr schwimmendes, am wasserseitigen Schilfsaum verankertes Brutnest, sondern zusätzlich noch ein Floß aus trockenen Schilfhalmen, die sogenannte Paarungsplattform. Wenn die Zeit gekommen ist, legt sich das Weibchen mit vorgestrecktem Kopf und Hals demonstrativ auf das Begattungsfloß. Der Partner schwimmt eine Weile hin und her, klettert dann flügelschlagend auf die Empore und schließlich auf das Weibchen, um die Verpaarung zu vollenden.

Den Zeitpunkt der Begattung bestimmt im Allgemeinen das Weibchen. Das Männchen ist in dieser Frage machtlos, es kann lediglich die Antragstellung wiederholen. Spatzen tun dies, indem sie die Weibchen jagen. Doch erzwingen lässt sich nichts.

Vielen Vögeln genügt eine Kopulation pro Tag nicht. Wenn die Hemmungen erst einmal überwunden sind, dann geht es beim Spatzenvolk Schlag auf Schlag. Zwanzig Akte in kurzer Folge sind keine Seltenheit. Diesen enormen Begattungsfleiß beobachteten schon unsere Vorfahren. Im Mittelalter galten wohl deshalb die Spatzen als unkeusch. Vor dem Verzehr von Spatzenfleisch wurde gewarnt, um nicht von deren »Unzucht« angesteckt zu werden. Gegessen wurden sie dennoch.

Warum kopulieren Vögel so häufig? Einmal pro Tag müsste doch genügen? Schließlich wird pro Tag auch nur ein Ei gelegt. Eine denkbare Erklärung: Je länger ein Männchen sein Weibchen »besetzt«, umso höher ist die Wahrscheinlichkeit, dass kein anderes Männchen Zutritt erhält. Fremde Gene sind von den Männchen generell unerwünscht. Wer will schon Kinder von fremden Vätern füttern und großziehen? Eine andere Erklärung für die Sex-Häufigkeit: Vielleicht macht es den Vögeln einfach Spaß. Auch wenn die damit verbundenen Gefühle nicht nachweisbar sind, so ist es doch eher unwahrscheinlich, dass Kopulationen nicht auch durch die Ausschüttung von Glückshormonen belohnt werden.

»Ein guter Hahn wird selten fett«, so lautet ein gängiges Sprichwort. Warum wohl? Der Hahn muss alle Hühner seines Harems befruchten, möglichst täglich. Zehn Paarungsakte pro Tag und Hahn liegen durchaus im Rahmen. Das kostet Energie und zehrt an den Fettreserven. Ganz ähnlich läuft es bei den wild lebenden Hühnervögeln ab. In freier Natur sind allerdings die Kopulationen der Vögel auf einen engen Zeitraum im Jahr beschränkt, auf die Brutzeit, die restliche Zeit des Jahres herrscht sexueller Stillstand.

Um das Herz eines Vogelweibchens zu gewinnen, greifen manche Männchen in die Trickkiste. Bei Wachteln und anderen Hühnervögeln hat sich das Überreichen eines Brautgeschenkes als hilfreich erwiesen. Ein Wurm, vom Männchen im Schnabel präsentiert und anschließend dem Weibchen vor die Füße geworfen, kann kleine Wunder bewirken und die weibliche Zuneigung befördern. Vogelweibchen lassen sich von materiellen Geschenken durchaus beeindrucken und in ihrem Fortpflanzungswillen bestärken. Schließlich stellt der Geschenkgeber damit seine Fähigkeiten als Versorger unter Beweis. Genau deshalb überhäuft auch manches Eulenmännchen seine Partnerin förmlich mit Mäusen am Nestrand – Brautgeschenke auf Eulenart. Auch bei den Turmfalken erwartet das Weibchen Belohnung. Wenn es zur Paarung bereit ist, lässt es sich in unmittelbarer Nähe des Männchens nieder und sendet einen eindringlichen Bettelruf aus. Nach dem Vollzug der Begattung fliegt das Männchen zum Brutplatz und lockt das Weibchen zu sich. Als wollte das Männchen dem Weibchen Lust aufs Brüten machen, hockt es sich unter demonstrativen Rufen auf das Nest und scharrt dazu mit den Füßen. Anschließend richtet es sich wieder auf, wippt auf und ab und bietet mit seinem Schnabel ein im Nest liegendes Beutestück an. Die Botschaft ist leicht nachvollziehbar: Hier ist jetzt dein Platz.

Paarungen unter natürlichen Bedingungen verfolgen vor allem das Ziel, die biologische Fitness der Nachkommen zu maximieren. Die Methoden beschränken sich aber keineswegs nur auf die Partnerwahl. Die Auslese geht weiter. Hähne können die Anzahl ihrer Spermien pro Ejakulat dosieren und die Hennen unterschiedlich versorgen. Und auch die Hennen mischen mit: Sie beherrschen die Kunst, nur das Sperma von nicht verwandten Hähnen zur Befruchtung zuzulassen. Damit stärken sie das Immunsystem und die Überlebensfähigkeit der künftigen Küken.

## Ehe für eine Saison und nützliche Seitensprünge

Mit einem festen Partner ein Leben lang zusammenzubleiben, ist der Traum einer jeden jungen Liebe. Nicht selten wird aus dem Traum ein Albtraum. Verheiratete Paare trennen sich früher oder später mit einer Wahrscheinlichkeit von rund 50 %. Ist die konventionelle Ehe, eine auf Dauer angelegte Bindung, ein Auslaufmodell?

In der Natur jedenfalls ist es eher die Ausnahme als die Regel, an einem Partner dauerhaft festzuhalten. In der Klasse der Säugetiere sind es weniger als 5 % der Arten, bei denen sich Männchen und Weibchen überhaupt binden. Stabile, paarweise Beziehungen kennt man zum Beispiel von Bibern und Fischottern, sie gehören zum exklusiven Club der dauerhaften Monogamisten unter den Säugern.

Überraschend anders stellt sich das Bild in der Vogelwelt dar. 90 % der Vogelarten bevorzugen mehr oder weniger feste Partnerschaften. In dieser Frage stehen die Vögel uns Menschen eindeutig näher als die meisten Säugetiere. Die praktizierten Paarbeziehungen der Vögel sind jedoch alles andere als uniform. Jede Vogelart lebt ihr eigenes Modell und ihre eigene

Sexualität. Die variablen Größen sind zum einen die Dauer der Bindung und zum anderen die Anzahl oder auch das Geschlecht der Partner.

Die meisten Vogelarten halten zwar viel von Bindung, dehnen sie aber nicht unnötig aus. Für eine befristete Paarbindung bietet sich das Modell der Saisonehe an. Die Saison beginnt gewöhnlich im Frühjahr und endet mit einem Verfallsdatum im Sommer. So geht man sich nicht unnötig lange auf die Nerven. Dieses überschaubare Beziehungsmodell ist gerade für kleine, kurzlebige Arten maßgeschneidert, ganz besonders für die ziehenden Vogelarten mit begrenzter Rückkehrwahrscheinlichkeit. Vor diesem Hintergrund ist es geradezu folgerichtig, sich nicht zu fest zu binden, sondern alles offenzuhalten, man weiß ja nie, wie es kommt. Statt auf einen bestimmten Partner zu warten, von dem nicht klar ist, ob er überhaupt zurückkehrt, und dadurch wertvolle Zeit zu verlieren, orientiert sich der flexible Vogel besser an der aktuellen Marktlage. Vögel setzen nicht auf Hoffnung, sondern auf Realität.

Die von den meisten Vogelarten praktizierten saisonalen Paarbeziehungen entsprechen einer Ehe auf Zeit. Eine Dreimonatsbeziehung sollte in aller Verlässlichkeit durchzuhalten sein. Doch es ist anders, wie wir durch Vaterschaftsanalysen erfahren mussten. Bei den meisten Vogelarten lässt sich trotz eindeutiger Verpaarung eine hohe Beliebtheit von Seitensprüngen erkennen. Es gibt neben dem festen Partner auch Nebenbeziehungen. Das trifft gleichermaßen auf Männchen wie auf Weibchen zu. Die Saisonehe ist demzufolge nur in sozialer, aber nicht in sexueller Hinsicht wirklich monogam. Für dieses flexible Verhalten haben die Vögel gute Gründe, gegen die, naturwissenschaftlich betrachtet, nicht einmal etwas einzuwenden wäre. Und Moral haben die Vögel nicht erfunden. Eine fruchtbare Affäre mit dem Nachbarn oder der Nachbarin erhöht die genetische Vielfalt. Je mehr Geschlechtspartner durch Seitensprünge in die Fortpflanzung eingebunden werden, desto mehr Kombinationen des Erbgutes kommen zustande. Die Nachkommen sind dadurch sehr verschieden ausgestattet, sie haben unterschiedliche Stärken und Schwächen. Dieses breite Spektrum steigert die Anpassungsfähigkeit an sich verändernde Umweltbedingungen, seien es Klimaänderungen, eine neue Art von Fressfeinden oder veränderte Nahrungsquellen. Das Fazit: Untreue ist nützlich und steigert die Überlebenschancen der jeweiligen Art. Warum also nicht fremdfliegen?

Es gibt allerdings auch einige Abweichler. Das reine Gegenteil von Untreue praktizieren die Mauersegler. Diese Vögel sind zwar ausgesprochene Reisekader, sausen durch die Lüfte des Planeten, verlieren sich als Paar aus den Augen, und dennoch führen sie eine auch sexuell eindeutig monogame Beziehung. Drei Monate stehen sie als Elternpaar verlässlich zusammen, danach geht es für neun Monate auf Segeltour nach Afrika und zurück – allerdings strikt solo, bevor man Anfang Mai am bekannten Brutplatz mitten in Europa wieder zueinanderfindet. Diese Methode kann durchaus ein Leben lang gut funktionieren.

Ein elitärer Club, bestehend aus Schwänen, Gänsen und Kranichen, ergänzt durch Rabenvögel, Eulen und manche Greifvögel, hält besonders viel von festen, anhaltenden Beziehungen über Jahre hinaus, im Idealfall bis dass der Tod sie scheidet. Haben sie sich einmal füreinander entschieden, verbringen die Mitglieder dieses Clubs, im Gegensatz zu den meisten anderen Vogelarten, Tag für Tag und Jahr für Jahr miteinander, fast immer in Sichtweite zum jeweiligen Partner. Einen Ausflug allein zu unternehmen, ist unüblich. Ihr Interesse an Untreue hält sich in Grenzen. Sie stehen zur wahren Monogamie. Aber auch ihr Standpunkt ist nicht unerschütterlich, denn nicht immer ist eine Beziehung auf Dauer erfolgreich. Auch Vögel verändern sich im Laufe ihres Lebens, ob bezüglich ihrer Bedürfnisse oder ihrer körperlichen Fitness. So kommt es von Fall zu Fall selbst bei den treuen Schwänen und Gänsen zu einem Partnerwechsel. Ob eine monogame Dauerbeziehung in allen Fällen wirklich ideal ist, das entscheidet jeder Vogel für sich selbst. Die zunehmende Begeisterung menschlicher Forscher für intime Angelegenheiten der Vögel enthüllt immer neue Details. Je mehr geforscht wurde, umso mehr Fälle von Untreue wurden aufgedeckt. So wurde nach den Beobachtungen des Kranichexperten Eberhard Henne ein verletzter Kranich durch seine weibliche Partnerin verstoßen und durch ein gesundes Männchen ersetzt. Nach der Genesung wurde aber im Folgejahr der Ehestatus wiederhergestellt – alte Liebe rostet eben nicht. Bei einem Gänsepaar unter ähnlichen Umständen hielt jedoch die Gans durchweg an ihrem verletzten Partner fest und betreute unbeirrt und ganz allein die Jungen.

Dauerhafte Paarbeziehungen scheinen in der Regel auch für viele Greifvögel wichtig zu sein. Manche von ihnen überwintern in unseren Breiten, wie der Mäusebussard und der Seeadler. Ein funktionierendes eheliches Zusammenspiel kann dabei von Vorteil sein, wie ich bei einem Seeadlerpaar im Winter beobachten konnte, als es gemeinsam auf Jagd ging. Eine fluguntüchtige, aber noch wehrhafte Gans auf der Elbe wurde von den beiden Adlern im Wechsel immer wieder und über eine lange Zeit aus der Luft angegriffen, bis die Gans schließlich wegen Erschöpfung aufgab und zur Beute wurde.

Jene Greifvögel, wie der Fischadler und der Wespenbussard, die sich auf große Reise bis ins ferne Afrika begeben, verlieren sich als Paar aus den Augen. Doch die Bindung an ihren traditionellen Horst ist so stark, dass sich im Frühling beide Partner mit etwas Glück wieder zur rechten Zeit am rechten Ort einfinden, um es erneut zu versuchen. Die Reviertreue befördert die Partnertreue. Auch der Storch steht zu diesem Modell, das auch als Ortsehe umschrieben wird. Die Beziehung zum Horst, zur eigenen Immobilie also, ist dabei stärker als die Beziehung zum Partner. Der Ort bleibt konstant, der Partner kann notfalls wechseln. Doch wenn nichts schiefgeht, trifft man sich als Storchenpaar Frühling um Frühling am bekannten Platz, um die Ehe wie gewohnt fortzuführen.

Langjährige, monogame Paarbeziehungen haben sich auch bei den intelligentesten unserer Vögel herausgebildet – bei den Rabenvögeln. Es ist offenbar vorteilhaft, an einem bewährten Partner festzuhalten, zumal man im Leben noch viel vorhat. Rabenvögel können 20 Jahre und älter werden. Wenn die Beziehung gut läuft, gibt es keinen Grund, sie aufzukündigen, denn die Suche nach einem neuen passenden Partner mit all den nötigen Werberitualen ist aufwendig, kostet Zeit und zehrt an den Energiereserven. Nur wenn die Rabenbeziehung erfolglos bleibt und sich kein Nachwuchs einstellt, wird ein Partnerwechsel angestrebt. Dafür bieten sich Herbst und Winter an. Man trifft sich in großen Gesellschaften tagsüber bei der Futtersuche und nachts im Schlafbaum. Das sind gute Gelegenheiten zum Kennenlernen und bei gegenseitigem Gefallen auch für einen beziehungsmäßigen Neustart.

## Auf dem Schnepfenstrich

99 % der Säugetiere leben polygam. Diese Erkenntnis führte bei manchen Psychologen zu der Schlussfolgerung, dass Monogamie nicht natürlich sei. Auch bei den Menschenaffen kommen kaum exklusive Partnerbeziehungen vor. Verbreitet ist die Polygamie auch in der Welt der Vögel, allerdings nur bei etwa 10 % der Vogelarten. Oft sind es sesshafte Vogelarten, die konsequent polygam leben, wie die wenig auffällige Grauammer, die an abwechslungsreichen, breiten Feldrainen ihr Zuhause hat. Aber auch Zugvögel, wie der Drosselrohrsänger, praktizieren gelegentlich die Mehrehe. Vor allem haben die Hühnervögel das Haremsmodell für sich entdeckt. Ein Fasanenhahn schart mehrere Hennen um sich, mit denen er sich paart. Umgekehrt, allerdings viel seltener, gibt es auch Fälle, wo ein Weibchen sich mit zwei Männchen gleichzeitig paart. Das ist bei manchen Spechten beobachtet worden. Dabei liefert das Weibchen zwei Gelege, und die Männchen engagieren sich überdurchschnittlich beim Brüten und Füttern.

Scheinbar völlig ungeregelte, ja geradezu ungezügelte Beziehungen bevorzugen Schnepfenvögel. Es ist sicher kein Zufall, dass der umgangssprachliche Ausdruck »Schnepfe« früher auch als Bezeichnung für Prostituierte gebraucht wurde. Bei der Vogelfamilie der Schnepfen handelt es sich um Watvögel mit relativ langen Beinen und langen Schnäbeln. Die bekannteste Schnepfe hierzulande ist die taubengroße Waldschnepfe, die seit jeher ein begehrtes Federwild der Jäger war und mancherorts auch noch ist. Die Männchen fliegen zur Balzzeit morgens und abends immer die gleichen Linien ab und lassen dabei ihren charakteristischen Balzgesang ertönen. Es ist der sogenannte Schnepfenstrich, auf dem es zur Kontaktaufnahme zwischen Männchen und Weibchen kommt, sofern kein Jäger dazwischenfeuert. Reviergrenzen spielen bei den Schnepfen keine Rolle. Die Begattung findet auf dem Boden statt, danach trennen sich die beiden. Diese Art von flüchtigen Beziehungen – sie wird von Männchen und Weibchen gleichermaßen praktiziert – kommt der Promiskuität, dem Verkehr mit häufig wechselnden Partnern, sehr nahe. Die Brut und die Jungenaufzucht verbleiben meist bei den Weibchen.

# Ein Hoch auf den Rollentausch

Von der Norm total abweichende Beziehungsmodelle setzen auf den Rollentausch der Geschlechter. Für die Brutpflege ist dann nicht etwa das Weibchen, sondern das Männchen zuständig. Das Weibchen liefert lediglich den Rohstoff, die Eier. Dann flattert es zügig weiter, um weitere Männchen zu beliefern. So halten es einige Vogelarten, die durch Mitteleuropa nur durchziehen und im hohen Norden, in der baumlosen Tundra brüten: Odinshühnchen, Thorshühnchen und Mornellregenpfeifer heißen diese originellen Kandidaten. Warum sich gerade bei diesen Arten der Rollentausch bewährt hat, ist unklar. Möglicherweise bieten die unwirtlichen Bedingungen der Tundra nur geringe Bruterfolge und Überlebenschancen. Da ist es gut, wenn die stärksten Weibchen gleich mehrere Gelege nacheinander produzieren, sich also auf ihr Kerngeschäft konzentrieren und die sonstigen Tätigkeiten auslagern und den Männchen in Auftrag geben.

Dass Vögel auch gleichgeschlechtliche Beziehungen pflegen, dürfte uns nicht verwundern, schließlich konnten inzwischen bei fast 500 verschiedenen Tierarten derartige Neigungen nachgewiesen werden. Zumeist handelt es sich eher um homosoziale als um homosexuelle Beziehungen. Die Gründe für Partnerschaften gleichen Geschlechts sind sehr verschieden. Einmal können sie soziale Konflikte lösen helfen, den Zusammenhalt innerhalb einer Gruppe stärken oder einen vorhandenen Mangel an Geschlechtspartnern ausgleichen. Nicht zuletzt können sie auch einfach Ausdruck von Spielfreude sein oder einen Lustgewinn erzeugen.

Verbreitet sind weibliche Paare bei Albatrossen, ausgelöst durch ein zahlenmäßiges Ungleichgewicht der Geschlechter. Weibchen lassen sich von einem bereits verpaarten Männchen befruchten. Den Nachwuchs ziehen dann zwei Weibchen in Kooperation auf und tragen somit zum Erhalt der Vogelkolonie bei. Doch auch hierzulande nehmen manche Vögel die »Ehe für alle« schon längst in Anspruch. Es sind sowohl Enten als auch Gänse, die sich gelegentlich gleichgeschlechtlich angezogen fühlen und als Homopaare sogar für den Nachwuchs Verantwortung übernehmen. So wurde schon des Öfteren beschrieben, wie ein Ganterpaar sich im Frühling eine Gans suchte und eine Ehe zu dritt schloss. Beide Ganter begatteten das Weibchen, und gemeinsam wurden die jungen Gänse großgezogen. Waren diese dann flügge, zog sich das Männerpaar wieder diskret zurück. Umgekehrt können sich auch zwei Gänseweibchen oder zwei Entenweibchen zu einer Lebenspartnerschaft zusammenschließen. Befruchter lassen sich problemlos in der Männerwelt der Vögel finden.

# Frisches Blut

Die Verpaarung eng verwandter Individuen ist biologisch un-
vorteilhaft. Geflügelzüchter greifen regelmäßig auf fremde
Vögel aus einer anderen Zucht zurück, um so frisches Blut hi-
neinzubringen. Ansonsten wächst die Gefahr, dass sich durch
die Verpaarung von Verwandten Krankheiten ausbreiten. Auch
wirkt sich Inzucht auf die einzelnen Vögel lebensverkürzend
aus. Unter natürlichen Bedingungen wird Inzucht durch unterschiedliche Strategien weitgehend vermieden.

Bei den meisten Tierarten ziehen die jungen Männchen fort
und verlassen ihre Blutsverwandten. Bei den uns nahe verwandten Schimpansen und Gorillas sind es hingegen die Weibchen, die das Weite suchen. Genau diese Strategie scheinen
auch viele Vögel zu bevorzugen. Bei den Singvögeln sind in der
Regel die Männchen ortstreu, die jungen Weibchen schwärmen bevorzugt aus und vermindern so das Inzestrisiko. Bei
Fischadlern und Kranichen suchen ebenso die jungen Männchen in der Nähe ihres Geburtsortes nach einem freien Revier.
Die jungen Weibchen sind dagegen nicht so streng festgelegt.
Sie streifen in einem Umkreis von 100 Kilometern umher, um
einen Partner zu finden. Durch diese unterschiedlichen Akti-
onsradien gehen die Vögel der Verpaarung mit Verwandten aus
dem Wege. Bei Jungstörchen, die sich meist im Umkreis von
50 Kilometern zu ihrem Geburtsort ansiedeln, kommt es nach
den vorliegenden Erkenntnissen praktisch nicht zur Verpaarung von Geschwistern. Vermutlich existiert eine Erkennungs-
möglichkeit, die als Inzestschranke fungiert. Als besonders

hoch wurde das Inzestrisiko in Seevogelkolonien eingeschätzt, so bei Möwen. Doch inzwischen wissen wir, dass Seevögel durch ihren ausgeprägten Geruchssinn Blutsverwandte erkennen können und dadurch eine Verpaarung mit ihnen vermeiden. Ganz auszuschließen ist das Inzestrisiko allerdings nicht. Vor allem bei Standvögeln kommt die Verpaarung unter Verwandten gelegentlich vor, ohne aber, was die Arterhaltung angeht, ein wirkliches Problem darzustellen.

## Starke Frauen

Das weibliche Geschlecht wird benachteiligt. In vielen Kulturen wird der Frau weniger Wert zugesprochen als dem Mann. Sie bekommt auch in unserem Kulturraum für die gleiche Arbeit weniger Lohn, im Alter nur halb so viel Rente, sie hat im Berufsleben geringere Aufstiegschancen, und in Führungspositionen drängen sich Männer vor. Blickt man in andere Regionen der Erde, sieht es für das weibliche Geschlecht noch sehr viel schlimmer aus. In vielen Ländern dürfen Frauen kaum das Haus verlassen. Das Straßenbild wird von Männern beherrscht. Millionen junger Frauen werden auf brutale Weise beschnitten und verstümmelt. Sie werden verkauft, sind Dienerinnen, Haussklavinnen des Mannes. Schon ab der Bronzezeit, so Forschungsergebnisse aus China, bekamen die Frauen vor allem in Notzeiten weniger Nahrung als die Männer. Es ist sicher kein Naturgesetz, dass das weibliche Geschlecht zweitrangig behandelt wird.

Bei Vögeln gelten grundsätzlich andere Regeln. Die Weibchen sind keineswegs immer die Kleinen und Schwachen. Die Falkenweibchen bringen gar ein Drittel mehr auf die Waage als ihre männlichen Pendants. Aus diesem Grunde wird das Männchen auch Terzel genannt – eine Art sprachliche Verkleinerung der Terz. Doch nicht nur gewichts- und kräftemäßig halten sich die Geschlechter oftmals die Waage. Vogelweibchen leben selbstbestimmt. Sie haben ihren eigenen Tagesplan und ihren eigenen Flugplan. Bevormundung der Weibchen? Gewalt gegen Weibchen? Kaum vorstellbar! Weibchen sind meist tonangebend. Das hat auch ökonomische Gründe. Sie bringen die größeren Anteile in die Beziehung ein, um eine lebenstüchtige Nachkommenschaft in die Welt zu entlassen. Ihre Leistungen sind nicht ohne Weiteres ersetzbar. Die Befruchtungsleistung eines Männchens schon eher – durch ein Leihmännchen gewissermaßen.

Absolut unersetzlich sind die Weibchen beim Legen der Eier, dem Kapitalstock, auf dem sich jegliches Vogelleben aufbaut. Sie bergen die künftige Generation in sich. Eier hervorzubringen, ist ein enormer Kraftakt, der viele Ressourcen stofflicher und energetischer Art beansprucht, sehr viel mehr als die Spermaproduktion. Während die Männchen bezüglich der Spermavorräte verschwenderische Millionäre sind, hält sich die Eierzahl sehr in Grenzen. Diese Knappheit wirkt wertsteigernd. Je nach Vogelart werden pro Gelege ein bis 20 Eier produziert. Bei den meisten Arten liegen im Schnitt fünf bis acht Eier im Nest.

Vogelweibchen werden keineswegs nur als Eierlieferanten geschätzt. Sie haben auch sonst viel zu sagen. In Fragen der

Mitbestimmung und Mitwirkung spielen sie die erste Geige. Weibchen wählen oft den Nistplatz aus. Auch wenn das Männchen mehrere Plätze anbietet, die endgültige Entscheidung trifft das Weibchen. Die Weibchen wissen am besten, welcher Ort als Kinderstube geeignet ist. Auch das Brüten ist überwiegend, oft sogar komplett, eine Angelegenheit der Weibchen. Damit gehen sie auch das größere Risiko ein. In Gefahrensituationen haben sie oft nur die Möglichkeit zur Flucht im letzten Moment – verbunden mit dem Risiko des Scheiterns. Aus ebendiesem Grund sind Weibchen oftmals in der Minderzahl und daher besonders gefragt.

## Die Rolle der Väter

Erblickt der Nachwuchs das Licht der Welt, werden Weibchen zu Müttern und Männchen zu Vätern. Die meisten Männchen in der Tierwelt erkennen ihre Vaterschaft nicht an, ja, sie nehmen davon nicht einmal Notiz, wie bei den Säugetieren. Zumeist tragen die Weibchen die alleinige Last für die Aufzucht des Nachwuchses, die Männchen halten sich komplett heraus. Zu den wenigen Ausnahmen zählen der Löwe und der Wolf. Väter dieser Arten wachen über das Wohl ihres Nachwuchses, spielen mit den Jungen und schenken ihnen zärtliche Zuwendung. Auch der Bibervater kuschelt gerne mit seinen Jungbibern, betreibt Fellpflege und schleppt Futter herbei. Und unsere engsten Verwandten? Bei den Menschenaffen kümmern sich die Männchen nur selten um ihren Nachwuchs. Die

Paarbildung und die gemeinschaftliche Sorge um den Nachwuchs erfolgte im Zuge der Menschwerdung erst, als unsere Vorfahren vor rund 1 Million Jahren den Wald verließen. In der gefahrvolleren offenen Savanne war der paarweise Zusammenschluss von Mann und Frau für das eigene Überleben und das des Nachwuchses von Vorteil.

Bei den Vögeln bilden Weibchen und Männchen seit jeher in der Regel ein Team. Beide Geschlechter kümmern sich um das Wohl der Nachkommen. Gerade bei Familie Vogel gibt es viel zu tun. Der Bau des Nestes, das Legen der Eier, der Brutvorgang selbst bis zum Schlüpfen, das Wärmen, Beschützen und Großziehen der oft völlig hilflosen Jungvögel erfordern eine Menge Einsatz. Bei so vielen Pflichten ist es günstig, wenn beide Partner zupacken. Die vielen anstehenden Aufgaben sind mit Schwerstarbeit vergleichbar. Bei Greifvögeln und Eulen übernehmen anfangs die Männchen die Versorger- und die Weibchen die Beschützerrolle, nach geraumer Zeit gehen meist beide auf Jagd. Auch bei den Singvögeln schleppen beide Elternteile Futter heran. Es ist geradezu rührend, wie aufopferungsvoll ein Meisenpaar von früh bis spät im Minutentakt füttert. Meisenfamilien sind in der Regel kinderreich. Manchmal sind die Lasten ungleich verteilt. Des Öfteren sind die Weibchen der engagiertere und belastbarere Teil in der Vogel-Partnerschaft.

Nicht immer funktioniert das Ehemodell in idealer Weise. Unerwartete Ereignisse können einen Strich durch die Rechnung machen. Fällt einer der beiden Partner aus, sei es durch Tod, Verletzung oder Rückzug, wird es kompliziert. Wie sehen die Lösungen aus? 20 % der deutschen Familien mit mindestens einem Kind gelten als alleinerziehend, Tendenz steigend. Die Gründe für diese Entwicklung sind vielfältig: Nicht gewollte Bindung, wachsender beruflicher Stress und zunehmende Instabilität der Beziehungen führen zu höheren Trennungsraten. Zu über 80 % sind es Frauen, die die Rolle der Alleinerziehenden übernehmen. Männer bilden in dieser Rolle eine Minderheit. Aber immerhin: Es gibt sie, sie können und sie könnten die Arbeit auch leisten.

Und in der Vogelwelt? Kommt nach dem Schlüpfen der Jungen das Weibchen ums Leben, steht das Männchen vor schier unlösbaren Aufgaben. Es ist überfordert. Es kapituliert und verlässt in den meisten Fällen die Brut. Hernach sucht es sich eine neue Partnerin für einen Neustart. Ganz anders verläuft die Geschichte, wenn das Männchen während der Brut verloren geht. Mit großem Engagement übernimmt das Weibchen die anstehenden Aufgaben: füttern, wärmen, beschützen. In ergreifender Weise leistet es deutlich mehr als eine Vogelmutter in intakter Ehe. Auf Größe und Gewicht der Vogelkinder hat dies keinerlei messbare Auswirkungen, wie Experimente an Zebrafinken gezeigt haben, wohl aber auf die Attraktivität. Bei der späteren Partnerwahl waren die Söhne aus den Familien ohne sorgende Väter bevorzugte Kandidaten. Die Gründe dafür sind unbekannt, vermutlich sind es »innere Werte«. Die Tatsache, gefragte Söhne großgezogen zu haben, könnte auch als Belohnung für die aufgebrachte Zusatzmühe der alleinerziehenden Weibchen verstanden werden. Erstklassige Söhne sind nicht nur bei Bräuten, sie sind auch bei Müttern beliebt. Sie sind es, die mit hoher Wahrscheinlichkeit ihre Erbanlagen erfolgreich weitergeben.

# Frauen, die bauen

Wird ein Eigenheim projektiert, steht der »Bauherr« mit seinem Namen auf dem Plan. Die »Baufrau« ist auf den Vordrucken nicht vorgesehen und noch eine äußerst seltene Spezies.

Ganz anders ticken die Vögel. Reine Männersache ist Bauen in der Vogelwelt eher selten, und zwar nur dann, wenn das Bauwerk zum Anködern von Weibchen dienen soll, so beim Zaunkönig. Bei den meisten Vogelarten liegen die Baukompetenzen eindeutig auf weiblicher Seite, sie fallen als die fleißigeren Nestbauer auf und sind die eigentlichen »Bauherren«. Egal, ob Amsel, Drossel, Fink oder Meise – das Männchen ist zwar Grundstücksbesitzer, doch es sind die Weibchen, die von der Planung bis zur Bauausführung alles selbst in die Hand nehmen. Und die Männchen? Sie begleiten ihre Weibchen und kontrollieren den Baufortschritt, vor allem achten sie aber darauf, dass sich kein fremdes Männchen in ihre Nähe wagt. Dann nämlich wird der Revierinhaber aktiv und greift entschieden ein.

Bei unseren Spatzen übernimmt zumindest anfangs das Männchen die Bauarbeiten – und so sieht es am Ende auch aus: ein unordentlicher Haufen von zusammengetragenen Grashalmen, Federn und Tierhaaren, bar jedes ästhetischen Anspruchs, der aber seinen Zweck voll und ganz erfüllt: Ein warmes Nest unter einem Dach – das ist der ganze Spatzenluxus. Je mehr Federn das Männchen sammelt, umso mehr Eier legt das Weibchen. Im Gegensatz zu fast allen anderen Singvögeln baut der Spatz meist nicht neu, er bessert nur das alte Nest aus, Recycling hat Tradition. Beim Nistplatz handelt es sich um ein altes Erbstück, das über Spatzengenerationen weitergereicht wird und in kommunaler Hand liegt, denn Hausspatzen brüten in Gemeinschaften.

Ein Vogelnest wird in der Regel vor der Begattung, kurz vor der Eiablage fertiggestellt. »Sich ins gemachte Nest setzen« – diese Redewendung haben sich unsere Vorfahren von den Vögeln abgeschaut.

Man stelle sich vor: Es wird ein Haus gebaut, ein lauschiges Eigenheim, zweckmäßig und formschön, standortgerecht mit Blick ins Grüne, traditionsgemäßer Baustil mit garantiert ökologischen Baumaterialien aus der unmittelbaren Umgebung. Ein Nullenergiehaus mit perfekter Wärmedämmung und kuscheliger Innenausstattung, garantierte Haltbarkeit während der geplanten Nutzungsdauer, nach Ablauf der Frist keine Entsorgungsprobleme und erst recht kein Sondermüll. Bauzeit einige Tage, die Baugenehmigung wird in Form einer Bauplatzbesetzung selbst erteilt, Baukosten fallen nicht an, da ausschließlich Naturmaterialien und Eigenleistungen zu Buche stehen. Das wäre es doch, oder? Aber leider ist dieses Modell des ökologischen Bauens nur für Vögel verfügbar.

Während der Nestbau sich im Prinzip seit jeher kaum verändert hat, unterliegen die Wohnstätten der Menschen einem steten Wandel. Baumaterial, Bauweise und Innenausstattung verändern sich laufend. Die Zahl der Gegenstände innerhalb der eigenen vier Wände hat sich innerhalb weniger Menschengenerationen verhundertfacht. Vögel haben sich diesem Steigerungszwang nicht angeschlossen. Sie halten an der bewährten Schlichtheit fest. Den Blaumeisen genügen als Innendekoration aromatisch duftende Pflanzen. Der Duft stimuliert sie und steigert nachweislich ihr Engagement für den Nachwuchs. Mit wenig Aufwand erzielen sie den gewünschten Effekt.

## Die Kunst des Minimalismus

In Überflussgesellschaften finden sich gelegentlich Vertreter gegenläufiger Trends. Manche Künstler wie Dichter, Musiker oder andere Avantgardisten, vor allem aus der jüngeren Generation, interpretieren Wohlstand anders als die Allgemeinheit und vereinfachen ihr Leben. Sie reduzieren ihre Ansprüche auf das Nötige, um sich auf das Wesentliche in ihrem Leben zu konzentrieren. Kreativität statt Ablenkung. Lieber in nachhaltige Ideen statt in neue Möbel investieren, Minimalismus als Lifestyle. Im Alltag der Vögel ist ein solches Verhalten normal, gut nachzuvollziehen beim Bau ihrer Nester.

Ein Vogelnest ist wahrlich ein Wunderwerk! Aus einer Unmenge filigraner, federleichter Bauteile entsteht der Wohnraum für eine kinderreiche Vogelfamilie. Würden wir das Nest in alle Einzelteile zerlegen, kein Mensch könnte es wieder zusammenbauen. Ausgesprochene Baukünstler sind die Schwanzmeisen. Beim Bau des ovalen Gebildes mit seitlichem Schlupfloch, das ihr Nest darstellt, werden Moos, Haare und Spinnweben sorgfältig miteinander verflochten. Zur Polsterung des Innenraumes werden bis zu 2000 Federn eingearbeitet. Die Außenfassade wird zur Tarnung mit jeder Menge blaugrüner Flechten beklebt, die von den Baumrinden abgesammelt werden und das Nest optisch als Teil des Astes erscheinen lassen. Dieses stattliche Wunderwerk kommt nur zustande, weil Weibchen und Männchen zu gleichen Teilen anpacken.

Als echte Kunstwerke gelten auch die frei schwebenden Hängenester, die von Beutelmeisen errichtet werden. Sie baumeln an einem äußeren Weidenzweig in mehreren Metern Höhe, meist über einer Wasserfläche – ideale Wiegen für Vogelkinder mit Seiteneingang. Hierbei sind die Männchen für den Rohbau zuständig, die Weibchen für die Inneneinrichtung.

Manche Vögel treiben den Hang zum Minimalismus auf die Spitze. Die Möwen sind mit ein paar Halmen auf der Erde als Nistunterlage zufrieden. Für die agilen Regenpfeifer genügt der nackte Kies am Flussufer oder Meeresstrand. Die Männchen zaubern kleine kreisrunde Vertiefungen durch Drehen des eigenen Körpers und Scharren mit den Füßen, und fertig ist die spätere Kinderstube. Wer dicht am Wasser brüten will, muss fix sein, die nächste Flut kommt bestimmt.

Woher wissen Vögel, wie man ein Nest baut? Es ist eine Mischung aus genetischer Veranlagung und einem Lernprozess. Nach dem bewährten Prinzip von Versuch und Irrtum werden Vögel im Laufe ihres Lebens erfahrener. So entwickelt jeder Vogel seinen ganz eigenen Baustil. Kein Nest gleicht dem anderen. Mit zunehmendem Alter gewinnen Vögel an Geschicklichkeit, vermeiden Fehler und werden deutlich professionellere Baumeister. Auch den menschlichen Bauherren wird empfohlen, dreimal im Leben zu bauen, einmal für den Feind, einmal für den Freund und schließlich für sich selbst.

Das Nest ist nicht, wie viele Menschen glauben, die Dauerwohnstätte eines Vogels, eine Kombination aus Wohn- und Schlafzimmer gewissermaßen. Tatsächlich ist es nur der Ort des Nistens. Es dient der Eiablage, dem Brüten und Schlüpfen und bei Nesthockern als Kinderwiege. So gesehen ist das Nest nicht mehr und nicht weniger als ein zeitweiliger Wohnsitz, der bevorzugt im Frühling seine Hauptnutzung erfährt. Vögel sind, sobald sie fliegen können, alles andere als Nesthocker. Die Nutzungsdauer eines Nestes beträgt bei kleinen Singvögeln nur rund einen Monat, danach ist es verwaist. Eine wiederholte, manchmal lebenslange Nutzung von Nestern findet meist nur bei größeren Vögeln statt, es sind die Horste von Adlern, Bussarden und Störchen – eine regelmäßige Instandsetzung vorausgesetzt.

## Geheimsache Brut

Wenn eine Frau schwanger geworden ist, muss es nicht jeder gleich wissen. Das Geheimnis vorerst für sich zu behalten, ist ihr gutes Recht. Durch lockere Kleidung werden die neuen Umstände verhüllt – eine Art Tarnung. Es wird noch früh genug offensichtlich, die werdende Mutter muss sich erst einmal selbst an die neue Situation gewöhnen, daran, dass sich ihr Leben grundlegend ändern wird.

Auch das Leben der Vögel ändert sich grundlegend, wenn sich Nachwuchs anmeldet. Während der Gesang weitgehend öffentlich vorgetragen wird und auch der Nestbau durch den Materialtransport nicht ganz unbemerkt vonstattengehen kann, treten viele Vögel mit dem Einsetzen der Brutzeit den konsequenten Rückzug ins Private an. Heimlichkeit ist angesagt. Die laut tönenden Singvogelmännchen verstummen, die trompetenden Kraniche verfallen in tiefes Schweigen. Was dann folgt, hat niemanden etwas anzugehen, es ist und bleibt strikte Geheimsache. Dennoch wollen wir einen Blick hinter die Kulissen werfen, ganz vorsichtig, ohne zu stören.

Eine Geheimhaltung im öffentlichen Raum ist nicht ganz einfach. Die Privatsphäre der Vögel genießt keinen gesetzlichen Schutz. Genau genommen kann jeder im Brutrevier eines Vogels ein- und ausgehen, herumschnüffeln, randalieren, plündern, rauben, sogar morden. Wie schützen sich Vögel in ungeschützter Natur vor derartigen Übergriffen? Oberstes Gebot: bloß nicht auffallen, weder optisch noch akustisch. Das ist leichter gesagt als getan. Keinen Laut von sich zu geben, ist eher möglich, als sich unsichtbar zu machen. Wie kriegen die Vögel das hin? Sie schaffen es vor allem durch Tarnung. Sie nutzen natürliche Vorhänge und passen sich dem Umfeld an, um von fremden Augen nicht fixiert werden zu können.

Vor allem jene Vogelarten, die am Boden brüten, haben die Tarnung zu einer hohen Perfektion entwickelt. Der auf seinem Nest hockende Vogel ist mit seinem Federkleid von seiner unmittelbaren Umgebung kaum zu unterscheiden. Manche Vögel suchen sogar ihren Brutplatz nach der Färbung ihrer zu legenden Eier aus, wie von einer britischen Forschergruppe an Japanwachteln nachgewiesen wurde. Die legen Eier, die mehr oder weniger hell oder dunkel gepunktet sind. Wenn eine Wachtel die Auswahl zwischen verschiedenfarbigen Nistunterlagen hat, wählt sie genau jene Unterlage, auf der ihre Eier am wenigsten erkennbar sind. Die gewählte Nistplatzfarbe entsprach jeweils dem Farbton der Farbflecke auf den Eiern. Wachteln kennen die Färbung ihrer Eier aus früheren Bruten und haben sich diese eingeprägt. So gelingt es ihnen, dass die Umrisse ihrer Eier mit der Umgebung verschwimmen und Eierdiebe sie nur schwer finden können. Mit diesem Verhalten optimieren sie ihren Bruterfolg.

Als bodenständig gilt auch der Kiebitz, zumindest was seinen Brutplatz angeht. Manch ein Mensch hat zwar noch nie einen Kiebitz gesehen, kennt aber das sprichwörtliche »Kiebitzen«. Gebraucht wird es bei Kartenspielen. Zuschauer, die in die Karten anderer Spieler schauen, werden so genannt, abgeleitet vom häufigen Kopfrecken des Kiebitzes. Die »menschlichen Kiebitze« verschaffen sich damit einen – ungern gesehenen – Überblick, und auch der Vogel gleichen Namens hat diesen Rundumblick. Wenn er auf seinem Bodennest sitzt, hat er ein Gesichtsfeld von 360 Grad voll im Blick und kann bei Gefahr rechtzeitig in Deckung gehen oder den Rückzug antreten.

Mit zunehmender Körpergröße wird die Geheimhaltung schwieriger. Einer der stattlichsten Bodenbrüter ist der Große Brachvogel, der größte aller heimischen Watvögel, er wird deshalb auch als Königsschnepfe bezeichnet. Besonders markant ist sein nach unten gebogener, 15 Zentimeter langer Schnabel. Im Frühling, nach ihrer Rückkehr aus dem Süden, lassen die Vögel ihre melancholischen Triller in Mooren und auf nassen Wiesen hören. Doch wenn sich die Großen Brachvögel an den Bau ihres Nestes machen und mit der Brut beginnen, werden sie vorsichtig. Die Partner verständigen sich dann mit eher leisen Flötentönen. Die vier oliv- bis dunkelbraun gesprenkelten Eier legt das Weibchen in eine Nistmulde zwischen Gräsern oder Heidekraut. Wie das Weibchen, ist auch das Männchen oberseits braun gesprenkelt. Beim Brüten wechseln sie sich ab und strecken dabei nur ab und zu mal ihren Kopf nach oben, um die Lage zu peilen. Erscheint ein Feind im Revier, setzt eine laute Abwehr- und Vergrämungsschlacht ein. Sie verteidigen ihr Nest nach Leibeskräften. Leider kann man diese imposanten Langschnäbel in Deutschland nur noch selten entdecken, ihr Bestand ist gewaltig eingebrochen, denn es fehlen zunehmend die großen Feuchtgebiete.

Das noch seltener vorkommende Alpenschneehuhn gehört zu den perfekten Tarnkünstlern. Das in Hochgebirgen oberhalb der Baumgrenze lebende Huhn passt sein Gefieder laufend der Umgebung an. Im Winter trägt es ein fast vollkommen weißes Federkleid. Nach der Schneeschmelze wird fast rund ums Jahr gemausert, ein permanenter farblicher Anpassungsprozess an das sich verändernde Umfeld. Zur Brutzeit von Mai bis Juli trägt das Huhn ein gelbbraun marmoriertes Gefieder mit weißen Flügeln.

Auffallend bunte Vögel finden wir unter den männlichen Enten. Ganz gleich, ob Stockente, Kolbenente oder Krickente – die Erpel gleichen einer Kunstausstellung glanzvoller Farben und Muster, während die Entenweibchen dezent gefärbt sind. Auffallen und Tarnen passen nicht zusammen. Deshalb kündigen die Enten, wenn das Gelege komplett ist, ihrem farbenfrohen Gatten die Gefolgschaft und schicken ihn »in die Wüste«. Eine raffinierte Steigerung in Sachen Unsichtbarkeit haben sich die Weibchen der Eiderenten einfallen lassen. Mit ihrem braunen Federkleid und der dunklen Bänderung sind sie zwar schon gut getarnt, dennoch reduzieren sie während der Brutzeit ihren Herzschlag und bewegen sich auf dem Nest, wenn überhaupt, nur im Zeitlupentempo.

## Lob der Gelassenheit

Lang andauernde Sitzungen, egal ob in Parlamenten, Vereinen oder Unternehmen, verlangen von uns Selbstbeherrschung. Oft müssen wir uns zum Stillsitzen zwingen. Können wir von den Vögeln eine Portion Gelassenheit erlernen? Auch um »etwas auszubrüten«, bedarf es der Sesshaftigkeit. Die Brutdauer bei unseren heimischen Vögeln schwankt zwischen elf Tagen bei der Feldlerche und 40 Tagen bei Adlern. Auch wenn ein brütender Vogel »nur« auf dem Nest hockt, handelt es sich um ein anstrengendes Geschäft, eine Art »Dauersitzung«. Für ein Wesen, dessen quicklebendige Daseinsform im Normalfall in drei Dimensionen abläuft, ist es eine der größten Herausforderungen: wochenlang stillhalten, sitzen und ausharren, bloß keine Bewegung! Einem Vogel muss die verordnete Scheinstarre wie eine Höchststrafe vorkommen.

Um die Anspannung des Nichtbewegens auszuhalten, treten bei Vögeln Hormone in Aktion. Zum einen ist es das Bruthormon Prolaktin, zum anderen das Stresshormon Kortikosteron. Das Prolaktin verordnet den brütenden Vogelweibchen Ruhe. Es lässt die Vögel mordsgeduldig werden. Das Stresshormon Kortikosteron wird in Not- oder Gefahrensituationen benötigt, um Energien für die erforderlichen Reaktionen – Verteidigung oder Flucht – freizusetzen.

An Flussseeschwalben wurde festgestellt, dass junge Brutpaare bei ihrer ersten Brut viel Stress erleben und dementsprechend hohe Konzentrationen an Stresshormonen aufweisen, ihnen also oft die Coolness fehlt. Bei erfahreneren Eltern verschieben sich die Hormonverhältnisse: Die Stresshormonwerte liegen niedrig, die Bruthormonwerte hoch. Dadurch ist ihr Bruterfolg deutlich höher. Die routinierte Gelassenheit wächst mit den Lebensjahren: Wir kennen es von uns Menschen.

Brütende Vögel verlassen ihr Nest so selten wie nur irgend möglich, um zu trinken und um Nahrung aufzunehmen. Birkhühner unternehmen nur alle drei Tage einen Kurzausflug und lassen dabei einen größeren »Brutklecks« fallen. Die brütenden Weibchen der Gimpel, Girlitze und Goldammern werden von ihren Männchen von Schnabel zu Schnabel am Nest gefüttert. Es hat durchaus Vorteile, wenn das Brüten bei einem Partner liegt, denn ein Wechsel des brütenden Vogels fällt allein durch die Bewegungsabläufe auf. Wenn schon ein Abwechseln, dann besser selten, um das Entdeckungsrisiko zu minimieren. Auffällige Vogelarten, wie die schwarz-weiß gefärbten Austernfischer, verfolgen eine andere Strategie. Sie wechseln sich einfach häufiger beim Brüten ab, denn sie fallen sowieso auf, haben dafür aber die Möglichkeit, sich bei Angriffen aktiv zur Wehr zu setzen. Ihre langen roten Schnäbel sind eine wirksame Waffe. Klare Regeln haben die Haubentaucher eingeführt. Sie wechseln sich im Drei-Stunden-Rhythmus während der vierwöchigen Brutzeit ab. Da sie ihren Nistplatz auf dem Wasser einrichten, haben sie weniger Probleme mit fußläufigen Fressfeinden.

# Nestwärme

Nestwärme – welch schönes Wort. In ihm steckt die ganze Vielschichtigkeit des Lebens. Das Nest an sich bringen wir zuallererst mit dem Leben der Vögel in Verbindung. Ein Leben ohne Nest ist für sie nur schwer vorstellbar. Technisch ausgedrückt ist es der Aufnahmebehälter für die Eier, für das werdende Vogelleben. Es ist zudem der Ort der Brut und des Aufwachsens von Jungvögeln. Nester bieten den heranwachsenden Küken Schutz, sie sind aber keineswegs ein Patent der Vogelwelt. Auch Säugetiere bauen Nester. Mäusenester sind gut wärmegedämmte Gebilde aus trockenem Gras, Igel bauen Nester gern aus schützendem Laub, Katzen bringen ihre Jungen in Nestern zur Welt, Wildschweine bauen überdachte Nester als Wurfkessel, Wölfe werfen in Wolfshöhlen ihre Jungen, und auch der König der Tiere besitzt seine berühmt-berüchtigte Höhle des Löwen.

Nicht zuletzt ist der Mensch seit Urzeiten ein Nestbesitzer: Es ist sein Bett, sein Schlafgemach und im weiteren Sinne auch seine Höhle, Hütte oder sein Haus. Was Mensch und Vogel eint, ist das Verlangen nach Schutz und Wärme, die ein Nest gewährt.

Nestwärme ist ein vielseitiger Begriff. Physikalisch umfasst er die optimale Temperatur. Sozial beschreibt er eine Atmosphäre des Aufgehobenseins, ein wohliges Ambiente für das gesunde Gedeihen des Nachwuchses. Während sich die erste Wortbedeutung exakt in Grad Celsius messen lässt, ist in der zweiten sehr viel mehr enthalten, aber eben nicht in Zahl und Maßeinheit erfassbar.

Die Frage nach der physikalischen Nesttemperatur ist relativ leicht zu beantworten. Bei unseren heimischen Vögeln sind 38 Grad optimal. Diese Temperatur kann nur deshalb aufrechterhalten werden, weil der brütende Vogel selbst eine Körpertemperatur von 42 Grad hat. Die Wärme strömt also vom wärmeren Vogelkörper in Richtung Nestinhalt. Die »Nesttemperatur« für einen menschlichen Säugling im sogenannten Inkubator beträgt 35–37 Grad.

Im weiteren, übertragenen Sinn ist Nestwärme ein Gefühl. Und mit Gefühlen tun sich gerade Wissenschaftler, wie schon ausgeführt, sehr schwer, sie können mit ihnen nur wenig anfangen, weil sie eben nicht exakt messbar sind. Dennoch ist die gefühlte Nestwärme nicht weniger wichtig als die erforderliche Nesttemperatur, egal ob bei Mensch oder Vogel. Es ist das lebenswichtige Gefühl von Geborgenheit und Angenommensein. Das alles braucht ein junges heranwachsendes Wesen, wenn es gesund ins Leben entlassen werden will. Doch wie bekommt der kleine Organismus diese Art von Nestwärme in der Natur? Er bekommt sie von der Mutter, vom Vater, von den Geschwistern, von Verwandten oder Helfern. Körperliche wie seelische Zuwendung sind der Übertragungsschlüssel dieser Nestwärme: Ein liebevolles Ansprechen, eine zarte Berührung und eine pflegliche Behandlung gehören dazu.

In unserer von wirtschaftlichen Zwängen beherrschten Zeit empfangen Kinder oft zu wenig Nestwärme. Die Vernachlässigung ihrer Bedürfnisse kann seelischer, emotionaler, pflegerischer oder fürsorglicher Art sein. Die größten Defizite treten im seelisch-emotionalen Bereich auf. Erfährt ein menschlicher Säugling einen Mangel an Nestwärme, kann die körperliche, geistige und seelische Entwicklung Schaden nehmen. Die Folgen können sich durch das gesamte spätere Leben ziehen. Eingeschränkte Kommunikationsfähigkeit, extreme Ängstlichkeit oder aggressives Verhalten sind die Folge.

Es ist noch nicht lange her: Vor wenigen Jahrzehnten war es in Deutschland nahezu ausgeschlossen, in einer Entbindungsklinik Mutter und Kind gemeinsam in einem Zimmer unterzubringen. Man stelle sich vor: Was monatelang über eine Nabelschnur aufs Engste verbunden war und als ein einheitlicher Organismus fungierte, musste nach der Geburt räumlich getrennt werden, ohne körperliche Berührungsmöglichkeit, außer Sicht- und Hörweite. Stattdessen wurden die Säuglinge in separaten Räumen hinter Glas aufbewahrt. Warum eigentlich? Weil nach damals modernsten medizinisch-technischen Erkenntnissen Säuglinge durch Säuglingsschwestern behandelt werden sollten. Diese Mutter-Kind-Trennung soll sogar zu Verwechslungen geführt haben, wodurch Säuglinge nicht zu ihren leiblichen Müttern zurückkehrten. Jene Generation, die auf diese Weise ihr Leben antrat, lebt mitten unter uns.

Noch bis Mitte des letzten Jahrhunderts wurden Kinder hingegen ganz selbstverständlich im Hause der Eltern geboren, im heimischen »Nest« also. Eine Hebamme stand zur Seite, Nestwärme war bei allen sonstigen Unzulänglichkeiten gegeben. Nach der Verlagerung der Entbindung in medizinische Einrichtungen dauerte es einige Jahrzehnte, ehe die Nestwärme neu erfunden wurde – als *Rooming-in*. Die räumliche Trennung von Mutter und Kind wurde aufgehoben. Das sogenannte babyfreundliche Krankenhaus stärkt die Mutter-Kind-Beziehung und fördert das inzwischen wieder als nützlich erkannte Stillen. Der seit Urzeiten übliche enge Hautkontakt zwischen Mutter und Kind wird wieder ermöglicht.

Von Säugetieren weiß man schon länger, dass die Mutter keine Nähe und Pflegebereitschaft zu ihrem Nachwuchs aufbauen kann, wenn in den ersten Lebensstunden kein Körperkontakt wie Betasten oder Ablecken zugelassen wird. Dieser Anreiz zur Brutpflege wird durch die Ausschüttung von Oxytocin geschaffen. Das Hormon, auch als Bindungshormon bezeichnet, steuert die Abgabe von Milch aus der Brustdrüse. Körperkontakt scheint also absolut naturnotwendig zu sein.

Durch neuere Untersuchungen wissen wir, dass die Anwesenheit der Eltern dem Nachwuchs Geborgenheit und Trost spendet und den Stressfaktor herabsetzt. Nachweisbar ist eine geringere Konzentration des Stresshormons Kortisol bei Kindern, wenn sie in den ersten vier Lebensjahren im Zimmer ihrer Eltern schlafen durften. Sie zeigen auch eine größere Unabhängigkeit und eine größere Selbstständigkeit im späteren Leben.

Mangelnde Nestwärme ist in der menschlichen Zivilisation, auch und gerade in den reichen Ländern, zu einem ernsten Problem herangewachsen. Und in der Natur? Unter intakten Bedingungen ist Nestwärme eine Selbstverständlichkeit.

Vogelküken kuscheln sich in ihrem Nest eng aneinander. Sie brauchen die Nähe und Wärme von Geschwistern. Auch die Vogeleltern sind mit ihrer Körperwärme präsent und kümmern sich um den Nachwuchs. Singvögel, aber auch Greifvögel und Eulen werden in den ersten Tagen oder Wochen ihres Lebens niemals allein gelassen. Zumindest ein Elternteil ist ohne Unterbrechung auf Tuchfühlung mit ihnen. Das vermittelt Sicherheit – gefühlte wie reale. In der Periode der Fortpflanzung gibt es für Vogeleltern nur das eine: das Kümmern um das Wohl des Nachwuchses. Alles andere ist zweitrangig. Aber wo bleibt die Nestwärme bei den Nestflüchtern, bei den frisch geschlüpften Küken der Wasservögel, der Enten und Gänse beispielsweise? Deren Nestwärme ist genauso mobil wie sie selbst. Die Küken finden immer dann Unterschlupf unter dem warmen Gefieder ihrer Mütter, wenn sie es wünschen, meist nach dem Baden, um sich aufzuwärmen. Haubentaucher, die das Wasser nur selten verlassen, haben eine ganz besondere Methode erfunden. Deren Küken klettern viel lieber auf einen Elternvogel, um sich quasi an Deck ins wärmende Rückengefieder zu kuscheln. Taucherweibchen und Tauchermännchen spielen abwechselnd die Rolle des Frachtkahns. Geht dieser Vogel, um Fische zu fangen, auf Tauchstation, bleiben die Jungen an Bord und verankern sich fest im Gefieder.

Zentrale Wärmequelle eines Brutvogels ist der Brutfleck am Bauch. Rechtzeitig zum Brutbeginn fallen ihm an dieser Stelle die kleinen, unmittelbar hautbedeckenden Federn aus, und es kommt eine nackte, stark durchblutete und deshalb tiefrote Körperpartie zum Vorschein, mit der die Eier und später die Jungen direkt und im wahrsten Sinne hautnah gewärmt werden. Enten und Gänse zupfen zarte Federn selbst aus, um sie als Polstermaterial im Nestbau zu verwenden. Wird das Nest zur Brutzeit kurzzeitig verlassen, werden die Eier mit diesen Federn sorgfältig zugedeckt, um unnötige Wärmeverluste zu vermeiden.

Kaum jemand kennt heute noch das Wort »Hudern«. Dieser Begriff beschreibt das bergende Beschützen der Nestlinge vor Kälte, Regen und Sturm durch die Vogeleltern. Eine Amselmutter breitet zum Beispiel ihre Flügel aus und gewährt ihren anfangs nackten Jungen sicheren Unterschlupf, wärmt sie und hält sie trocken. Sie nimmt ihren Nachwuchs unter ihre Fittiche, die Sie vielleicht von der Redewendung kennen. Junge Falken hingegen schlüpfen nicht nackt, sondern im weißen Dunenkleid und mit offenen Augen. Dennoch werden sie acht Tage streng und weitere acht Tage mit nachlassendem Eifer gehudert, erst danach sind sie von der Wärme der Mutter unabhängig. Gut beobachten lässt sich das Huder-Verhalten auch bei Störchen. Sowohl bei Regen als auch bei starker Sonneneinstrahlung bietet einer der beiden Altstörche den Jungstörchen ein schützendes Dach. Solange Nestwärme und Körperkontakt gebraucht werden, stehen sie den Jungvögeln zur Verfügung. Man muss sich schon wundern, dass dieses natürliche Urbedürfnis Nestwärme in der von Fortschrittsglauben durchdrungenen menschlichen Zivilisation lange Zeit übersehen, ja missachtet wurde.

Für Menschen wie für Vögel ist Nestwärme genauso notwendig wie Essen und Trinken. Der wohl größte Unterschied liegt in der Zeitdauer der nötigen Nestwärme. Bei Nestflüchtern, die nach dem Schlüpfen schon komplett eingekleidet sind, geht alles schnell. Sie sind innerhalb weniger Tage relativ selbstständig. Die nackt geborenen Nesthocker hingegen beanspruchen ihre wärmenden Eltern über einen Zeitraum von zwei bis vier Wochen. Bei Großvögeln können zwei bis drei Monate ins Land gehen, bevor sie ein eigenes Leben ohne elterlichen Beistand führen. Die Bindung an das Kindheitsnest löst sich bei Vögeln rasch auf. Dagegen bleibt die Prägung auf das elterliche Brutrevier ein ganzes Vogelleben lang erhalten.

Der Mensch braucht vergleichsweise eine Ewigkeit, bis er erwachsen ist und das elterliche Nest verlassen kann. Bei der langwierigen Suche nach Antworten auf die Frage nach Sinn und Ziel des Lebens ist ein wärmendes Nest ein guter Rückzugsort. Realität ist aber auch, dass sich im Laufe der langen Jahre nicht selten Ehe- und Familienkonflikte einstellen. Sie gehören zu den häufigsten Störfaktoren einer nachhaltigen Nestwärme. An die in ihrer Kindheit erfahrene Nestwärme erinnern sich Menschen noch ein Leben lang und kehren auch gern in ihr altes Nest zurück.

Nicht selten ist zu beobachten, dass es mit dem Flüggewerden der Jungen nicht recht klappen will. Manche Eltern übertreiben es mit der Behütung, sodass ihre Kinder nicht lernen, allein zurechtzukommen, andere klammern, wollen die Kinder nicht »fliegen lassen«. Manche Kinder, bevorzugt Söhne, finden es wiederum im »Hotel Mama« so schön bequem und nisten sich längerfristig ein. Derartige Problemfälle sind in der Vogelwelt unbekannt. Wenn die Zeit gekommen ist, werden Nestwärme und Fütterung rigoros eingestellt. Die Eltern verlassen das Nest und kehren nicht wieder zurück. Spektakulär sind die Lummensprünge, die auf Helgoland im Juni zu bestaunen sind. Die jungen, noch flugunfähigen Seevögel müssen im zarten Alter von drei Wochen, wenn sie nicht verhungern wollen, von den steilen Klippen des Lummenfelsens in die Tiefe des Meeres springen. Erst dort gibt es Futter.

Vögel meistern in erstaunlich kurzer Zeit, wofür wir Menschen zwei Jahrzehnte brauchen: den Weg in die Selbstständigkeit. Dafür ist jedoch nur uns Menschen eine lebenslange, geistige und emotionale Nähe zwischen Kindern und Eltern geschenkt. Oder gibt es die auch bei Vögeln? Zumindest bei Gänsen sind langjährige Beziehungen zwischen Familienmitgliedern völlig selbstverständlich. Um die 100 Gänse kann der Bekanntenkreis einer einzigen Gans umfassen.

## Aus dem Nest gefallen

Auch wenn im Vogelalltag alles gut durchorganisiert ist – es gibt auch hin und wieder Unfälle mit der Folge des Verlustes von Nestwärme. Gedränge im Nest, eine unglückliche Bewegung oder auch eine Sturmböe können so manchen Nestling zu früh aus seinem Nest werfen. Die Notlandung erfolgt meist auf dem Erdboden. Doch nicht alle Jungvögel, die wir auf dem Boden entdecken, bedürfen unserer Hilfe. So können wir auf einen Jungvogel treffen, der zwar noch nicht flugfähig, aber dennoch kerngesund ist. Zunächst wäre die Frage zu klären: Nestling oder Ästling? Ist das Vogeljunge nackt oder nur wenig befiedert, dann ist es ein Nestling. Ist er vollständig von Federn bedeckt und zeigt Fluchtverhalten, spricht man vom Ästling. Letzterer braucht in der Regel keine Hilfe, er wird weiter von den Eltern versorgt. Ebenso verhält es sich mit Nestlingen kurz vorm Flüggewerden. Sie stehen im Rufkontakt mit ihren fütternden Eltern. Die häufig geäußerte Befürchtung, dass diese Tiere nicht mehr von den Elterntieren versorgt werden, ist meistens unbegründet. Der Fütterungsreflex erlischt erst nach einigen Tagen. Was aber tun mit wirklich völlig hilflosen Nestlingen? Man kann sie in ihr Nest zurückbefördern, sofern möglich. Ist dies nicht der Fall, ist eine Handaufzucht vertretbar, allerdings weist die nur eine niedrige Erfolgsquote auf. Nicht selten bedeutet die Mitnahme eines vermeintlich verwaisten Tieres dessen Tod. Auch die hingebungsvollste menschliche Pflege kann die Rolle der Vogeleltern nicht ersetzen. Und selbst wenn der Vogel durch unsere Pflege überlebt, die menschliche

Aufzucht führt oftmals zum Verlust natürlicher Verhaltensweisen. Ein späteres Leben in freier Wildbahn wird dadurch erschwert oder gar unmöglich gemacht.

## Ballungsraum Brutkolonie

In den größten Ballungsräumen unseres Planeten leben inzwischen bis zu 20 Millionen Menschen, dicht gedrängt und hoch gestapelt. Die größten Megacitys heißen Mexiko-Stadt, Peking und Shanghai. Weltweit zieht es die Menschen in die Metropolen, ein scheinbar unaufhaltsamer Trend. In den Anfängen gehörten einige wenige Tausend Menschen zu einer Stadt. Als älteste Stadt der Welt gilt das palästinensische Jericho, die älteste Stadt Europas ist das bulgarische Plovdiv.

Vielfältig sind die Gründe, warum Menschen das gemeinschaftliche Leben in der Stadt bevorzugen. In früheren Epochen boten Städte vor allem Schutz vor feindlichen Überfällen. Raubzüge waren gang und gäbe. Stadtmauern und bewachte, nachts verschlossene Stadttore vermittelten das Gefühl von Sicherheit. Arbeitsteilung und Handel lebten in Städten auf, und neue Berufe konnten entstehen. Zu Beginn der Industrialisierung vor 200 Jahren hieß es: »Stadtluft macht frei.« Selbst wenn die Luft verpestet war, erlaubte das Stadtleben neben einer geregelten Arbeitszeit vor allem Freizeit und Zerstreuung. In der Gegenwart locken mehr oder weniger gut bezahlte Jobs und erhoffter Wohlstand in die Städte. Kultur- und Bildungsangebote sowie eine bessere Gesundheitsversorgung kommen hinzu. Nicht wenige Menschen lieben zudem das Gedränge, die Geräuschkulisse, die Anonymität und die große Auswahl an Kontakten.

Und was treibt Vögel zueinander? Auch sie suchen vor allem Sicherheit, Erfolg versprechende Lebensbedingungen und nicht zuletzt einen geeigneten Partner. So verschieden sind die Bedürfnisse von den unsrigen also nicht.

Was in der Menschheitsgeschichte seit 10 000 Jahren als Stadtgründung bekannt ist, existiert in der Vogelwelt in ähnlicher Weise seit Millionen von Jahren. An mindestens 20 Orten ist das Brüten in Kolonien im Laufe der Entwicklungsgeschichte der Vögel unabhängig voneinander entstanden. Im Gegensatz zu unseren Städten sind Vogelkolonien nur zeitweilig bewohnt. Von der Nutzungsdauer sind sie am ehesten mit Kleingartenkolonien vergleichbar. So wie Gartenkolonien außerhalb der Gartensaison wie ausgestorben erscheinen, sind Vogelkolonien nach Ablauf der Brutsaison verwaist.

Allen voran praktizieren Seevögel das Brüten in Kolonien. 95 % der Seevogelarten stehen zu diesem Modell. Unzugängliche, steile Felsklippen sind besonders beliebt, wie der Lummenfelsen auf Helgoland, eine Art Hochhaus mit mehreren Etagen. 10 000 Vögel brüten hier auf engem Raum. Jeder Besucher kann vom Wanderweg aus nistende Trottellummen, Basstölpel, Eissturmvögel, Tordalke und Dreizehenmöwen beobachten, ohne zu stören. Manche Seevogelkolonien sind von Hunderttausenden Individuen bewohnt. Auch einige Küstenvögel wie Möwen und Seeschwalben gehören zu den professionellen Koloniebrütern, und selbst unter Landvögeln finden sich Anhänger gemeinschaftlicher Brut, wie Uferschwalben,

Bienenfresser, Dohlen, Saatkrähen, Mehlschwalben und Mauersegler.

Es gibt viele Gründe, die für eine Brutkonzentration sprechen. Entscheidend ist die Kosten-Nutzen-Bilanz. Nur wenn der Nutzen die Kosten übertrifft, ist eine Koloniebildung erfolgreich. Das Leben in Gemeinschaften kann mehr Sicherheit bieten als das Dasein in einem einsamen Revier. Während ein einzelner Revierbesitzer viel Aufwand zur Verteidigung seines Reiches aufwenden muss, verteilt sich die Verteidigung in Kolonien auf viele Schultern: »Viele Augen sehen mehr als zwei!« Herannahende Feinde werden in Kolonien eher erkannt, und mit wildem Geschrei wird Alarm geschlagen, sodass sich der Angreifer oft unverrichteter Dinge zurückziehen muss. Aber nicht alle Plätze in einer Kolonie sind gleich sicher. Die Randbewohner sind verletzbarer als jene, die ihren Sitz im Zentrum haben. Deshalb sind die Plätze in der »Innenstadt« die begehrtesten. So wie die Burg oder die Kirche bei der Siedlungsgründung oft auf dem höchsten Punkt platziert wurde und sich alles darum herum gruppierte, so sind es die alteingesessenen, erfahrenen Vögel, die auf die geschützten Plätze mit der besten Übersicht Anspruch erheben. Die alten Hasen haben diese Plätze gewissermaßen gepachtet, oft lebenslang. Wer kein Abo hat und zu spät kommt – es sind meist die Jüngeren –, der muss sich mit den äußeren und oft niederen Rängen zufriedengeben. Nachgewiesenermaßen haben die Zentrumsbewohner die besseren Chancen auf Nachwuchs, denn Eierräuber feiern ihre Erfolge eher in den Randbezirken. Schaut man sich die schnell wachsenden Großstädte der Erde genauer an, liegen die Parallelen auf der Hand: Wohlstand und

Sicherheit findet man in den Zentren, in den Vororten haust oft das blanke Elend.

In der Vogelwelt steigern die Koloniebrüter das Maß an Sicherheit durch ein gleichzeitiges Eierlegen und Brüten. Durch diese Synchronisation entsteht ein befristetes Überangebot an Beute, das von den potenziellen Räubern in der zur Verfügung stehenden kurzen Zeit gar nicht ausgeschöpft werden kann. So bleiben mehr Jungvögel am Leben. Je größer eine Kolonie ist, desto höher die Sicherheit. Für Städte dürfte dieser Zusammenhang nicht gelten. Gerade in großen Metropolen häufen sich Einbrüche und Überfälle.

Doch Sicherheit ist nicht alles. Eine ebenso wichtige Rolle spielt die Nahrungsfrage. Ist Futterbeschaffung in Gesellschaft einfacher? Statt sich allein auf die Suche zu begeben, schließen sich die unerfahrenen Vögel den Erfahrenen an, frei nach dem Motto: Man suche sich einen wohlgenährten Nachbarn aus und folge ihm auf seinem Nahrungsflug. So gelangt man leichter an brauchbare Futterquellen, die allein vielleicht nicht zu finden gewesen wären.

Kolonien sind auch Versammlungsorte, wo Wissen und Erfahrungen ausgetauscht werden. Hier finden Lernprozesse statt, entweder durch Kommunikation oder einfach durch Abschauen. Wie macht es der Nachbar? Jüngere, nichtbrütende Vögel lernen von den älteren. Gegen Ende der Brutperiode schauen sich die Jüngeren innerhalb der Kolonie um und stellen dabei fest, welche Brutpaare an welchem Platz besonders erfolgreich waren. Der gültige Maßstab ist die Zahl der großgezogenen Jungvögel. Es wird also nach Vorbildern gesucht, um in Zukunft ähnlich erfolgreich sein zu können. Die Suche nach der Nähe zu einem erfolgreichen Brutpaar kann im Laufe der Evolution auch ein Grund für die »Erfindung« der Brutkolonie gewesen sein. Man sucht Anschluss, um voneinander zu profitieren. Die unmittelbare Anwesenheit von Artgenossen hilft auch, in Paarungs- und Brutstimmung zu kommen. Damit der Fortpflanzungstrieb der Kolonisten in Gang kommt, bedarf es der Stimulation und des Wettbewerbs. Das einsame Eierlegen funktioniert bei diesen Arten kaum.

Wenn das Leben in Kolonien so viele Vorzüge aufweist, muss man sich fragen, warum nicht alle Vögel in Kolonien brüten. Jede Medaille hat zwei Seiten. So wie viele Großstadtbewohner unter Lärm und Abgas leiden, wie Konkurrenz und aggressives Verhalten das tägliche Leben beeinträchtigen, so ist auch das Leben in einer Brutkolonie keine Idylle. Wenn es eng wird, werden oft auch die Brutplätze knapp. An dieser Stelle beginnt der Kampf ums Dasein, genauer ums Dabeisein. Hat ein Vogel einen Platz ergattert, muss er ihn permanent gegen andere Anwärter verteidigen. Zank und Streit scheinen kein Ende zu nehmen, Aggressionen sind an der Tagesordnung. Auch wenn sie nicht in Mord und Totschlag enden, so sind sie doch ein Stressfaktor und kosten Energie. Viele Bewohner auf engem Raum verursachen zudem Unruhe und Lärm. Unübertroffen ist aber – zumindest für unsere Nasen – der infernalische Gestank, der vor allem von Seevogelkolonien ausgeht. Die Vögel mussten sich wohl oder übel daran gewöhnen. Nicht unbemerkt bleiben das ständige Kommen und Gehen, das laute Treiben. Geheimhaltung ist unmöglich. Hungrige Räuber werden angelockt und erhoffen sich bei dieser reichen Auswahl gute Beute. Und so kommen sie geschlichen, geflogen und geklettert.

Auch was die Ernährung angeht, bietet eine Kolonie nicht nur Vorteile. Je größer die Vogelansammlung, desto größer der Nahrungsbedarf. Wenn der Nachwuchs heranwächst, übersteigt der Bedarf an Futter oft das verfügbare Angebot. Das kann zu Engpässen führen und zu längeren Beschaffungswegen zwingen. Mehr Aufwand bei weniger Ertrag. Die Energiebilanz kann kritisch werden. Bei Verknappung können nicht alle geschlüpften Jungen durchgefüttert werden. Die Schwachen fliegen aus dem Nest. Futtermangel zieht oft noch andere Auswüchse nach sich: Unterlegenen Artgenossen wird einfach das Futter entrissen. »Kleptoparasitismus« wird dieses unfreundliche Verhalten genannt, welches in Seevogelkolonien üblich ist. Manche Individuen haben sich auf diesen Lebensstil spezialisiert – mit messbaren Erfolgen: Ein Profidieb legt größere Eier und zieht mehr Junge groß. Das Klauen wird belohnt, der Beklaute hat die Zeche zu zahlen. Futtermangel kann auch zu verstärktem Kükenraub führen. So ist bekannt, dass sich Silbermöwen bei knappem Fischangebot ungeniert aus den Nestern von Seeschwalben bedienen. Auf der Vogelinsel Mellum in der Jademündung muss sich alljährlich in der Brutzeit eine kleine Kolonie von etwa einhundert Paaren der grazilen Flussseeschwalbe gegen eine erdrückende Übermacht von 18 000 kükenraubenden Silbermöwen behaupten. Vor allem bei Flut, wenn Silbermöwen im Watt keine Nahrung finden, überfliegen Scharen von Kükenräubern die kleine Seeschwalbenkolonie in geringer Höhe. Ein Moment der Unachtsamkeit der Eltern, und schon ist ein Küken im Möwenschnabel gelandet. Ein nachträglicher Protest hilft dann auch nicht mehr.

Wenn mangels Alternativen zu viele Vögel auf engem Raum

brüten und auch noch Nahrungsknappheit eintritt, dann setzt der gnadenlose Kampf ums Überleben ein, so geschehen auf künstlichen Inseln am Niederrhein mit brütenden Flussseeschwalben. Mehr als die Hälfte der Küken wurde von fremden Eltern der gleichen Vogelart geraubt oder umgebracht. Das ist Kannibalismus und Kindsmord. Auch in Möwen- und anderen Seevogelkolonien kommt es in der Not zum Töten oder Fressen von Nachbarskindern.

Eine hohe Dichte von Vögeln in einer Kolonie kann zudem das Krankheitsrisiko erhöhen. Da die Niststandorte über viele Generationen benutzt werden, haben sich auch Zecken, Flöhe, Läuse und Milben dauerhaft eingenistet. Sie sind allgegenwärtig und können Viren und andere Mikroben von Vogel zu Vogel übertragen. Epidemien können sich rasch ausbreiten und manche Kolonie stark dezimieren oder gar auslöschen. Eine interessante Gegenstrategie konnte ich an der Ostseeküste beobachten. Die Uferschwalben einer Kolonie an der Steilküste des Darß graben ihre Bruträhren jedes Frühjahr neu. Dabei werden konsequent nur frisch gebrochene Steilufer, jungfräulicher Boden also, zum Graben der Bruträhren ausgewählt. Mit diesem Verhalten mindern die Vögel das Parasitenrisiko.

Das Wachstum in der Natur ist nicht grenzenlos. Oberhalb einer optimalen Koloniegröße steigen die Nachteile und schrumpfen die Vorteile. Die Folge: Es wächst weniger Nachwuchs heran, und die Zahl der Tiere nimmt insgesamt ab. Durch diesen Regelmechanismus kann eine Vogelkolonie auch wieder schrumpfen.

Bliebe noch die Frage nach Liebe und Treue innerhalb einer Vogelkommune. Ein reiches Angebot an Geschlechtspartnern in unmittelbarer Nähe kann verführerisch sein, muss aber nicht. Zwar kommen auch in Vogelkolonien wie in den besten Familien gelegentlich Seitensprünge vor. Doch das ist keineswegs Standard. Alles in allem sind die Seevögel eher verlässliche Partner. Nicht so genau mit der Treue nehmen es Trottellummen – wegen ihres fehlenden Fluchtverhaltens am Nest auch »Dumme Lumme« genannt –, die dicht bei dicht auf Felsvorsprüngen brüten. Normal scheint die Untreue bei Uferschwalben und Mehlschwalben zu sein. Für diese flotten Flieger gehört es zum guten Ton, auch mal eine Affäre mit diesem Nachbarn oder jener Nachbarin zu haben.

## Familienplanung

In der Normalbevölkerung Europas gab es noch bis vor rund 100 Jahren viele Kinder pro Familie, so auch in Deutschland. Eine vergleichbare Situation finden wir heute noch in vielen Ländern Afrikas. Ein reicher Kindersegen galt und gilt als sicherste Altersversorgung. In den vorindustriellen Gesellschaften gab es zudem einen engen Zusammenhang zwischen dem Status des Mannes und der Zahl seiner Nachkommen. Männer mit viel Macht und Ansehen zeugten seit jeher viele Kinder, so die Ergebnisse einer US-amerikanischen Metastudie. Die Liste der berühmten Männer mit hohem Reproduktionserfolg ist lang, sie reicht von Ramses II. über Dschingis Khan bis zu August dem Starken.

In den modernen Gesellschaften geht es nicht mehr vorrangig um die Nachkommenschaft. Kinder gelten nicht mehr als Reichtum, eher als Kostenfaktor und Armutsrisiko. Hinzu kommen gesellschaftliche Ungleichheiten. Wenn junge Frauen und Männer in prekären Verhältnissen leben müssen und in eine unsichere Zukunft blicken, greift der Gebärstreik.

In der Natur steht die Erhaltung der Art im Vordergrund. Die arteigenen Gene müssen dazu erfolgreich an die nächste Generation weitergegeben werden. Vögel tun alles, was in ihrer Macht steht, damit ihre Art nicht ausstirbt. Dazu gehört auch, eine ausreichend hohe Zahl an Nachkommen zu zeugen. Dennoch wachsen die Vogelpopulationen nicht in den Himmel. Am Ende steht die optimale Populationsstärke, nicht das Maximum. Wie gehen die Vögel dabei vor?

Eine bewährte Methode zur Regulierung des Nachwuchses führen uns die Schwäne vor. Noch vor 100 Jahren gab es kaum Schwäne, sie wurden verfolgt, bejagt und als Pastete verspeist. Seitdem der Mensch sie gewähren lässt, seit circa 60 Jahren, vermehren sie sich prächtig. Sie richteten sich an zahllosen Gewässern ein und zogen erfolgreich Nachwuchs groß. Inzwischen haben sie ein Niveau erreicht, das den Lebensraumkapazitäten entspricht. Viel mehr ist nicht drin. Mancherorts werden die Schwäne im Winter gefüttert. Dadurch steigt zwar die Überlebensrate, nicht aber die Populationsstärke. Nur die stärksten Exemplare können einen Brutplatz ergattern und verteidigen, alle anderen müssen draußen bleiben. Ohne Revier keine Brut. Inzwischen gibt es mehr nichtbrütende als brütende Schwäne. Versucht ein Schwan dennoch, Fuß zu fassen, und dringt in ein schon besetztes Revier ein, wird er vom Revierbesitzer mit ganzem Körpereinsatz vertrieben. Eine »Siedlungsverdichtung« wird in der Regel nicht zugelassen, damit auch in schlechten Zeiten die Futterversorgung sichergestellt ist. Die Schwäne ohne eigenes Brutterritorium stehen in einer Warteschleife, oft auf gewässerfernen Feldern und Wiesen. Es kann Jahre dauern, bis ein Revier frei wird. An manchen Orten gibt es Schwäne, die kolonieähnlich in größerer Dichte brüten, um ihren Bruttrieb ausleben zu können. Doch ihre Erfolgschancen sind eher gering. Während einzeln brütende Höckerschwäne im Durchschnitt drei Junge pro Brut großziehen, wird beim Brüten in enger Nachbarschaft nur knapp ein Jungschwan pro brütendem Paar erwachsen. Die Konkurrenz um die knappen Raum- und Nahrungsressourcen schwächt den Bruterfolg. Wenn ein hoher Aufwand zu einem nur mageren Ergebnis führt, wenn also die Kosten höher sind als der Nutzen, dann ist nicht Wachstum, sondern Konsolidierung angesagt – eine einfache ökonomische Weisheit, die in der Natur genauso gilt wie in der Wirtschaft.

Bei Falken läuft die Geburtenregelung so ab: Das Weibchen brütet, und das Männchen sorgt für das Einkommen. Aber eine Erfolgsgarantie, ein Mindesteinkommen gibt es nicht. Bei reichem Mäusesegen feiert der Falke Jagderfolge und liefert. Wenn die Mäusepopulation aber zusammenbricht und Hunger droht, wird die Brut abgebrochen.

Gut erkannt haben es auch die Blaumeisen in meinem Garten, der noch kein Gramm Gift gesehen hat: Die meiste Zeit im Jahr blüht es, angefangen von den Weidenkätzchen im März bis zum Efeu im Herbst, Futter in Hülle und Fülle ohne Notzeiten. Das Insektenangebot ist garantiert, und so legten die kleinen Meisen im Nistkasten schon einmal 14 Eier – normal sind zehn. Und das Erfreuliche: Alle 14 Blaumeisen wurden groß und sind ausgeflogen. Vögel können recht gut einschätzen, ob sich der Aufwand vom Nestbau über das Eierlegen bis zum Brüten überhaupt lohnt.

Wie könnte es anders sein – die Zahl der Nachkommen wird auch hormonell gesteuert. Hormone geben entscheidende Signale an den Körper und steuern maßgeblich das Verhalten. Doch wovon hängen die Hormonwerte ab? Steht der Vogel unter Stress, steigt die Kortikosteronkonzentration stark an, andere, nicht überlebensnotwendige Funktionen werden außer Kraft gesetzt, auch die Fortpflanzungsfunktion. Stress und Sex sind Gegenspieler. Erst, wenn sich der Stress in gesunden Grenzen hält, kann der Organismus das Hormon Prolaktin ausschütten. Bei Frauen regt Prolaktin die Milchbildung an, bei Vogelweibchen führt es zu gesteigerten Investitionen in die Brutpflege. Die Prolaktin-Werte eines Vogelweibchens entscheiden darüber, wie viele Eier produziert werden und wie hoch das Engagement für die Jungenaufzucht ist. Der Hormonspiegel eignet sich sogar zur Vorhersage des Fortpflanzungserfolges. Nachgewiesen wurde dies an Haussperlingen durch Forscher des Max-Planck-Instituts für Ornithologie in Radolfzell und ihre Kollegen der Universitäten Princeton und Edinburgh. Man kann in Kenntnis der Hormondaten schon drei Wochen vor Brutbeginn vorhersagen, wie viele Eier ein Vogel legen wird. Haussperlinge, die vor der Brutsaison niedrige Kortikosteron-Werte hatten, also ein stressarmes Leben führten, zogen die meisten Jungvögel groß.

# Nachrichten durch die Eierschale

Ein jeder Vogel dieser Welt ist aus einem Ei geschlüpft. Wenn man das Fliegen als Daseinsform auserwählt hat, ergibt es keinen Sinn, den Nachwuchs im Bauch auszutragen, ein hochschwangerer Vogel mit fünf oder mehr heranwachsenden Embryonen wäre flugunfähig. Eier sind somit nichts anderes als ausgelagerte Schwangerschaften. Die Versorgung mit Sauerstoff erfolgt für die Vogelembryonen nicht über die Nabelschnur und den Blutkreislauf, sondern durch die Schale, sie ist reich an Poren und luftdurchlässig, aber auch durchlässig für Nachrichten.

In meiner Kindheit gehörten Hühner, Enten und Gänse zu meinen Spielgefährten. Mit Begeisterung suchte ich auch nach ihren Eiern. Manchmal entdeckte ich ganz neue Nester, die von den Haushühnern in irgendwelchen Verstecken in der Scheune zwischen Strohballen angelegt wurden. Mag sein, dass die Hühner es nicht toll fanden, dass ich ihnen die Eier wegnahm, aber das zählte für mich nicht. Was zählte, war das Lob meiner Mutter, wenn ich die gefundenen Eier präsentierte. Das spornte mich an, weiter alle möglichen Verstecke abzusuchen. Der uralte Jagd- und Sammeltrieb war in mir geweckt.

Trotz meines täglichen Eierdiebstahls wurde so manches

Huhn zur Glucke. Das war nicht zu überhören. Das sonst eher schweigsame Huhn fing plötzlich an, bei jedem Schritt wohlklingende, glucksende Töne von sich zu geben. Ein untrügliches Zeichen, dass es zum Brüten bereit war. Es bekam sein biologisches Recht zuerkannt und ein Dutzend Eier im Nest untergeschoben – nicht unbedingt die eigenen Eier, aber dem Huhn war das egal.

Der Beginn der Brutzeit wurde im Kalender notiert. Ganze drei Wochen hockt ein Huhn auf dem Gelege und brütet, Tag und Nacht, nur zur Futteraufnahme verlässt es kurzzeitig sein Nest. Schon nach einer guten Woche durften wir Kinder kontrollieren, ob die Eier auch befruchtet waren. Sie wurden dazu kurzzeitig von der werdenden Hühnermutter ausgeliehen. Die selbst gebaute Prüfapparatur war denkbar einfach: Im Inneren eines gewöhnlichen Schuhkartons wurde eine Glühlampe mit Stromanschluss platziert und oben eine ovale Öffnung herausgeschnitten, die im Durchmesser etwas kleiner als ein Ei war. Auf diese Öffnung legten wir das zu prüfende Objekt, während es von unten durchleuchtet wurde. In befruchteten Eiern zeichneten sich Umrisse des Embryos ab. Eier ohne Kontraste wurden ausgesondert, die Nestwärme sollte nicht für taube Eier vergeudet werden.

Gegen Ende der Brutzeit hörte ich ein merkwürdiges, mehrstimmiges Piepsen. Das konnten nur die Küken sein, aber die waren ja noch im Ei! Die Funksignale aus einer anderen Welt, von ungeborenen Lebewesen ausgesandt, lösten in mir einen Freudentaumel aus. Ich rannte aufgeregt zu meiner älteren Schwester, um zu berichten, was ich erlauscht hatte: ein Piepsen, die Ankündigung des Schlüpfens. Die Glucke erwidert das

Piepsen auf ihre Art, und ich ahnte schon damals, dass diese Laute eine Art von Gespräch darstellten.

Der Nachwuchs im Ei erfährt mit diesen Tönen, dass da draußen noch jemand ist, der Schutz und Wärme verspricht. Über den genauen Zeitpunkt des Schlüpfens verständigen sich die Küken untereinander, wie wir heute wissen. Es ergibt Sinn, wenn die Küken möglichst alle am gleichen Tag Geburtstag haben. Eine lärmerfüllte Kinderstube zieht manchen Nesträuber an. Besser, wenn alles ganz schnell und ohne großes Aufsehen abläuft.

Mit dem spitzen Eizahn am Schnabel wird gegen die Innenwand des Eies getrommelt, bis es knackt. Das Schlüpfen selbst ist für das kleine Wesen ein aufwendiger Kraftakt und wird durch heftiges Strampeln befördert, gefolgt vom Herauswinden aus der Hülle. Die Küken tragen einen zarten Flaum, fellartige Härchen, die nach der Trocknung hübsch anzusehen sind. Hühnerküken sind ausgesprochene Nestflüchter, sie können gleich nach dem Schlüpfen losrennen. Sie prägen sich das Hinterteil ihrer Mutter sehr genau ein, denn ihr müssen sie folgen, sie ist Beschützerin und Lehrerin zugleich.

Küken in die Hand und sie zur zeitweiligen Betreuung mit ins Haus nehmen zu dürfen – das gehörte zu den glücklichsten Momenten meiner Kindheit. Wir fütterten sie mit kleingehacktem, hart gekochtem Ei, obwohl sie nie großen Hunger hatten, denn vor dem Schlüpfen wurde noch das restliche Eigelb quasi als Proviant durch die Nabelschnur eingesogen. Nachdem auch die Nachzügler geschlüpft waren, kamen die Küken wieder zur Mutter zurück. War es draußen warm genug, gab es bald den ersten Ausflug.

Zwischen Henne und Küken wird ständig kommuniziert. Die Henne lockt die Küken durch ihr Glucken, die Küken wiederum signalisieren ihren Aufenthaltsort durch ständiges Piepsen. So schnell sie können, rennen sie mit ihren kurzen Beinchen ihrer vorauseilenden Mutter hinterher. Sie zeigt ihnen das Futter und führt vor, wie ein Huhn zu scharren hat, um Kleintiere aus dem Boden freizulegen. Entzückend anzuschauen sind die ersten Sandbäder. An sonniger Stelle in feinem Sand werden kleine Vertiefungen angelegt. Jedes Küken hat seine eigene kleine Sandbadewanne, taucht in den Sand hinein, schlägt mit den kleinen Flügeln und wirbelt ihn hoch.

Schon nach einigen Tagen kann man erkennen, welches Küken zum Hahn und welches zur Henne bestimmt ist. Bei den männlichen Küken ist bald der rote Kamm größer als bei den weiblichen Küken. Beide Geschlechter durften damals weiterleben. Das heute übliche Sexen, die Sortierung der frisch geschlüpften Hühnerküken nach dem Geschlecht, auch Kloakensexen genannt, und das Töten der männlichen Küken waren damals undenkbar. Nach einigen Monaten, noch bevor sie sich gegenseitig bekämpften, wurden die Junghähne allerdings geschlachtet, die jungen Hennen ließ man weiterlaufen. Sie versprachen, künftig Eier zu legen.

Auch im Leben der Kraniche sind die Tage vor dem Schlüpfen aus dem Ei für einen Vogelforscher äußerst spannend. Wie mir der Kranichexperte Eberhard Henne berichtete, melden sich zwei Tage vor dem Schlupftermin erstmals die Küken. Auf die Signale aus dem Ei reagiert der brütende Altkranich mit einem zärtlichen Knurrlaut. Wenn es aus dem Ei heraus piepst, will der brütende Kranich nicht vom Nest gehen, aber der Partner drängelt und will den Wechsel. Die ansonsten völlig normale und reibungslose Brutablösung klappt nun nicht mehr reibungslos. Keiner der beiden Altkraniche möchte beim Aufbau der Eltern-Kind-Beziehung zu kurz kommen. Der Drang, sich um den Nachwuchs zu kümmern, führt dazu, dass der gerade nicht brütende Partner sich bevorzugt in Nestnähe aufhält, damit er nichts verpasst. Das Schlüpfen der Küken findet im Abstand von einem Tag statt, obwohl die Eiablage in einem Abstand von zwei Tagen erfolgte. Das Zweitküken holt also den Rückstand teilweise auf. Schon am nächsten Tag wird das Nest für immer verlassen, die Familie geht samt Nachwuchs auf Futtersuche und kommuniziert dabei fleißig weiter, Alt mit Jung und Jung mit Jung. Je nach Situation werden Informationen über Kontaktlaute, Lockrufe oder Warnlaute ausgetauscht.

Bei der Entschlüsselung der Kommunikation durch die Eischale haben australische Wissenschaftlerinnen eine erstaunliche Entdeckung gemacht: Brütende Zebrafinken übermitteln Wetterberichte an ihren Nachwuchs im Ei. Bei hohen Außentemperaturen von über 26 Grad senden die Altvögel ganz spezielle Rufe aus, fünf Tage vor dem Schlupftermin beginnend. In der Folge reduzieren die Finken-Embryos ihr Wachstum und es kommen kleinere Küken zur Welt als in der Kontrollgruppe, die diese Temperaturnachrichten nicht erhalten haben. Die kleinen Küken haben eine relativ größere Oberfläche, können Wärme besser abführen und mit hohen Temperaturen besser zurechtkommen. Unsere Hausspatzen verfolgen eine etwas andere Strategie: Sie legen unterschiedlich große Eier. Die kleineren Küken haben Vorteile in heißen Perioden, die größeren Küken überleben besser bei kühlerem Wetter.

## Home, sweet home

Vögel kennen ihre Heimat, den Ort, an dem sie das Licht der Welt erblickten. Es wird angenommen, dass gleich nach dem Schlüpfen das Magnetfeld der Erde und damit der Standort gescannt und lebenslang gespeichert wird. Der Vogelkompass ist dann justiert. So findet ein Vogel in jeder Lebenslage wieder dorthin zurück, wo er hingehört. Hinzu kommt die Prägung auf die Umgebung. Der Waldlaubsänger wird auf Wald geprägt, der Wiesenpieper auf Wiese, der Flussregenpfeifer auf Fluss, die Uferschwalbe auf Ufer, der Schilfrohrsänger auf Schilf, der

Haussperling auf Häuser, die Feldlerche auf Felder, die Heidelerche auf Heide. Die Bindung an die Geburtsheimat ist nicht
nur den Vögeln zu eigen. Ganz ähnlich verhalten sich Menschen. Der größte Teil bleibt ein Leben lang an seinem Geburtsort oder in dessen Nähe.

Einigen Vögeln aber genügt eine einzige Adresse nicht. Das
sind die Zugvögel. Wenn es in ihrer Geburtsheimat ungemüt-
lich wird, steuern sie ihr Winterquartier an. Schwalben und
Laubsänger zieht es bis ins tropische Afrika. Durch einen Sender wurde festgestellt, dass Waldlaubsänger zur Überwinterung nicht nur in das immer gleiche Gebiet fliegen, sondern
in manchen Fällen sogar den gleichen Baum ansteuern – eine
feste Adresse also, ähnlich einem zweiten Wohnsitz!

## Insekten bitte!

Insekten aller Art werden von circa zwei Milliarden Menschen
auf unserem Globus verzehrt. In Afrika werden geröstete Heuschrecken gegessen, in Thailand bekommt man in Restaurants
Grillen serviert. Über 2000 Insektenarten stehen weltweit auf
den Speisekarten, dazu kommen verschiedene Würmer und
Termiten. Ihr Proteingehalt ist ebenso hoch wie der von Rind-
oder Schweinefleisch. Durch ihre leichte Verdaulichkeit werden die Nährstoffe effizient genutzt. Auch die Ökobilanz von
Insektennahrung kann sich sehen lassen. Während für ein Kilogramm Fleisch bis zu zehn Kilogramm Getreide nötig sind, also
letztlich nur rund 10 % der Energie genutzt werden, verwer-

ten Insekten 80 % der Energie, die in ihrem pflanzlichen Futter steckt. Für die Insektenzucht wird sehr viel weniger Land und weniger Wasser benötigt. Auch die $CO_2$-Bilanz ist sehr viel günstiger. Trotz der vielen Vorteile meiden Europäer und Amerikaner das Verspeisen von Insekten. Ein Hauptgrund ist wohl der Ekelfaktor, bedingt durch unsere frühkindliche Prägung. Die Welternährungsorganisation FAO kritisiert dieses pauschal ablehnende Verhalten gegenüber Insektennahrung.

Vögel kennen keinen Ekelfaktor. Sie haben Insekten schon längst als wertvolle Nahrung entdeckt. Ohne diese »Babykost« gäbe es bei vielen Arten überhaupt keinen Vogelnachwuchs. Insekten liefern alle Nährstoffe, die ein kleiner Vogelkörper zum Wachsen braucht. Auch der Flüssigkeitsbedarf wird damit gedeckt. So wandern Raupen, Fliegen, Mücken und Blattläuse, Maden und Würmer aus großen in kleine Schnäbel. Zahlreiche Singvogelarten bevorzugen auch im Erwachsenenalter Insekten als Grundnahrungsmittel. Es sind die sogenannten Insektenfresser, jene Vögel, die einen spitzen, pinzettenartigen Schnabel tragen. Die Inhaber stumpfer Schnäbel gehören dagegen zu den Körnerfressern. Aber ganz gleich, ob Insekten- oder Körnerfresser, als Nestlinge brauchen sie alle in den ersten Tagen und Wochen Insekten. Auch größere Vögel verschmähen Insektenkost nicht. Enten schnappen schon als Küken gern nach dem fliegenden Getier. Junge Haubentaucher hingegen lassen sich bedienen. Sie werden in den ersten Wochen von ihren beiden Eltern fast ausschließlich mit Insekten gefüttert, bevor der Speiseplan allmählich auf Fisch umgestellt wird.

Babys melden sich unüberhörbar, wenn sie nach Muttermilch verlangen oder etwas anderes fehlt. Auch junge Vögel

schreien auf ihre Art. Sie recken dazu ihre Hälse, sperren ihren Schnabel auf, piepsen eindringlich und fordern eiweißreiche Nahrung. Wer nicht bettelt, der hat schon. Nach dieser Maxime verteilen die Eltern in den Kinderstuben der Vögel das Futter. Oft setzen sich die kräftigeren Nestlinge durch. Erst wenn die Starken versorgt sind, kommen die Schwächeren an die Reihe. Wer den Schnabel am weitesten aufreißt und zudem einen kräftig gefärbten Rachen vorzeigen kann, wird bevorzugt gefüttert. Eine intensiv rote oder orange Farbe bedeutet kernige Gesundheit. Das gefällt den Vogeleltern, denn dieser Nachwuchs ist besonders lebenstüchtig. Wer über die besten körpereigenen Abwehrkräfte verfügt, der kann mit hoher Wahrscheinlichkeit die Gene der Vogeleltern an die nächste Generation weitergeben. Mit andern Worten: Die größten Schreihälse sind die Lieblingskinder, sie stehen in der Rangordnung oben und sind privilegiert. Es geht in den Kinderstuben der Vögel alles andere als gerecht zu.

Wie überall gibt es Ausnahmen. Geradezu vorbildlich geregelt ist die Fütterung der jungen Eisvögel. Oft hocken sechs Junge in der finsteren Erdhöhle und warten auf Nahrung. Jeder kleine Eisvogel braucht täglich rund zehn kleine Fischchen, um satt zu werden. Die Größe der Fische wächst mit dem Alter der Vögel. Vom ersten Tage an werden die Fische am Stück verspeist. Die Tagesration entspricht jeweils dem eigenen Körpergewicht. Trotz des großen Hungers ist Gerangel ausgeschlossen. Alles geht der Reihe nach, nach dem Karussellprinzip. Hat ein Eisvogel seine Ration erhalten, tritt er einen Schritt zur Seite und macht dem Nachrücker Platz für die nächste Fischlieferung. Warum sich dieses ausgesprochen solidarische Verhalten durchgesetzt hat, ist unbekannt. Auch unter jungen Falken geht es sehr gesittet zu. Die Eltern achten bei der Fütterung darauf, dass alle etwas abbekommen.

Manchen Vögeln kann man zuschauen, wie sie Futter sammeln und es den Jungen zutragen. Meiseneltern schleppen allerlei Raupen und Spinnen an – bis zu neunhundertmal am Tag. Ich wundere mich immer wieder, wie viele für meine Augen unsichtbare Kleinstinsekten, wie viele Insekteneier und Larven die Vögel von den Zweigen meiner Obstbäume absammeln. Am Boden suchen Amseln, Drosseln, Stare und Elstern nach Schnecken und Würmern. Schon vor Sonnenaufgang zeigt sich meine Amsel mit ihrem Schnabel voller zappelnder Regenwürmer und flötet dazu. Als Insektenjäger der Lüfte präsentieren sich die Schwalben und Mauersegler. Grünspechte stehen hingegen auf Ameisen und deren Puppen für ihren Nachwuchs. Bei diesen kleinen Beutetieren lohnen Transport und Fütterung von Schnabel zu Schnabel nicht. Deshalb werden sie in größerer Stückzahl gesammelt und als Päckchen übergeben. Nur wenn ein ausreichendes Angebot an Nährtieren vorhanden ist, schaffen es Vogelküken, in zwei bis drei Wochen flügge und in vier bis sieben Wochen selbstständig zu werden. Ihr Appetit ist beträchtlich. So verfüttert eine Singvogelfamilie in einer Brutsaison rund 150 000 Insekten.

Und genau hier tut sich ein wachsendes Problem auf: Für die Vögel ist ein kontinuierliches Angebot an Insekten entscheidend, vor allem während der Brut- und Aufzuchtzeit. Insekten kann man nicht bevorraten. Sie müssen täglich frisch verfügbar sein. Doch die Insekten sind im Verschwinden begriffen. Wo sind sie geblieben, die vielen Fluginsekten, die Käfer und Schmetterlinge, die Bienen und Libellen? Sie sind ebenso verschwunden wie die bunten Felder, Wiesen und Gärten. Monokulturen in Einheitsgrün beherrschen das Landschaftsbild. Es gibt kaum noch Flächen, die nicht mit Giften gegen Insekten oder gegen Wildkräuter besprüht werden. Selbst die Gärten und Parks werden immer monotoner, denn wo der Rasen beinahe wöchentlich kurz geschoren wird, gelangt kein Wildblümchen mehr zur Blüte. Mit dem Verschwinden der blühenden Wildkräuter verschwinden auch die Blütenbesucher. Wo kein Nektar zu holen ist, dort summen weder Bienen noch

Schwebfliegen. So fehlen in der Nahrungspyramide die Grundbausteine. Besonders die Vögel leiden darunter. Hungerbruten sind die Folge. Es gibt zwar immer wieder Brutversuche, aber viele sind zum Scheitern verurteilt. Besonders schlimm sind die Rückgänge bei Vogelarten, die ausschließlich auf fliegende Insekten angewiesen sind, wie Schwalben und Mauersegler. Für Neuntöter und Wiedehopf sind Großinsekten Mangelware. Wo gibt es noch reichlich Maikäfer und Mistkäfer? Sehr rar gemacht haben sich Schmetterlinge und mit ihnen deren Raupen. Entweder wurden die Lebensräume ihrer Futterpflanzen vernichtet, oder sie werden auf direktem Wege gezielt totgespritzt, oft ohne Absicht. Es ist Zeit zu begreifen: Wenn wir eine Vogelvielfalt haben wollen, wenn wir Vögel lieben, dann müssen wir auch Wildkräuter und Insekten tolerieren.

Um den Rückgang der Vögel aufzuhalten, wird hin und wieder die Ganzjahresfütterung empfohlen, nicht selten geleitet von kommerziellen Interessen. Jene Vogelarten aber, die wir durch Füttern überhaupt erreichen – selten mehr als zehn Arten –, sind keineswegs bedroht, sie kommen millionenfach in Deutschland vor und sind in ihrem Bestand weitgehend stabil.

Was eine Fütterung zur Brutzeit bewirken kann, hat die Verhaltensbiologin Silke Voigt-Heucke von der Freien Universität Berlin an Kohl- und Blaumeisen untersucht. Sie hat die Bruterfolge mit und ohne Zufütterung in Form von Meisenknödeln verglichen. Wo gefüttert wurde, blieben 47 % der Nester ohne Nachwuchs, wo nicht gefüttert wurde, war dies nur bei 13 % der Nester der Fall. Meisenmütter, die nachweislich viel Nahrung über die Knödel aufgenommen und auch verfüttert haben, hatten einen signifikant geringeren Bruterfolg. Hinzu kommt, dass sich gerade in der warmen Jahreszeit an den Ganzjahresfutterstellen Krankheitserreger ausbreiten. So trat das »Finkensterben« ausschließlich an solchen Orten auf. Ganzjahresfütterung schadet demnach unseren Gartenvögeln mehr, als sie nützt. Auch der Ornithologe Stefan Fischer vom Dachverband Deutscher Avifaunisten sieht die Dauerfütterung kritisch. Klüger und besser für die Vögel wäre, wenn wir die Insekten »füttern« würden: Statt aufgeräumter Gärten mit kurz geschorenem Rasen lieber blühende Wiesen und damit Nektar für die Insekten, eine Vielfalt blühender und früchtetragender Sträucher, dazu reichlich Laub- und Reisighaufen sowie verrottendes Altholz als Nahrungsquelle und als Unterschlupf für Insekten und Spinnen – das wäre eine echte Hilfe für die Vogelkinder!

Noch wichtiger wäre der Blick über den Gartenzaun in die freie Landschaft, dort grassieren Hungersnöte unter den Vögeln. Im Gegensatz zu den millionenfach vorkommenden Amseln und Meisen gibt es von den Vogelarten der Felder, Wiesen und Auen oft nur noch ein Hundertstel oder gar ein Tausendstel jener Bestände. Ihnen müssen wir unsere ganz besondere Aufmerksamkeit schenken und für abwechslungsreiche und giftfreie Lebensräume sorgen.

# Für den großen Hunger

Größere Vogelarten und deren Nachwuchs können sich nicht mit kleinen Insekten zufriedengeben. Das Aufwand-Nutzen-Verhältnis verbietet dies, sie verlangen nach größeren Happen. Eine begehrte Beute sind Mäuse: Bussarde, Milane, Falken, Weihen und Eulen lieben frischtote Mäuse als Hauptnahrungsmittel. Bei den meisten dieser Großvögel hat sich eine Arbeitsteilung bewährt: Das Männchen ist der Jäger, schlägt die Beute und übergibt sie dem Weibchen. Dieses zerteilt die Fleischmahlzeit und bietet sie in schnabelgerechten Happen dem Nachwuchs an. Die Eulen bekommen nur in der ersten Zeit portionierte Nager. Schon im zarten Alter von wenigen Wochen werden die Mäuse in einem Stück verschlungen.

Bei Schreiadlern ist das ältere Geschwisterkind ein »obligatorischer Kannibale«. Schreiadler legen zwei Eier, das zweite dient als Reserve, falls aus dem ersten nichts schlüpft. Kommen beide Adlerjungen zur Welt, so tötet der ältere Vogel den jüngeren ohne Pardon. Die Tortur beginnt gleich nach dem Schlüpfen. Der jüngere wird vom Futter weggedrängt und attackiert, bis der Tod eintritt. Die Vogeleltern schreiten nicht ein. Der Kleine hatte dann einfach Pech gehabt. Ist das böse? Nein, dieses Verhalten hat einen biologischen Sinn: Während viele Singvögel bei erfolgloser Brut noch einmal mit einem Nachgelege von vorn anfangen, kann sich der Adler diese Strategie nicht erlauben, da die Brutzeit fast sechs Wochen beträgt. Das zweite Ei ist somit eine Art Versicherung gegen den Ausfall des ersten. Die Tötung eines jüngeren Geschwisters wird auch als Kainismus bezeichnet, abgeleitet vom biblisch überlieferten Brudermord. Wenn in einem Experiment ein zweitgeschlüpftes und damit todgeweihtes Adlerküken rechtzeitig in ein anderes Nest mit einem noch jüngeren Adler umgesetzt wird, werden die Rollen automatisch getauscht. Abel übernimmt sofort die Rolle von Kain, ergreift seine Chance zum Überleben und tötet den jüngeren Nestinsassen.

Der Tötungsreflex bei Schreiadlern ist angeboren und alternativlos. Auch bei anderen Greifvogelarten kann es zu Tötungen zwischen Geschwistern kommen, allerdings nur bei Nahrungsmangel. Gibt es nur wenige Mäuse, so steht es um den jüngsten Mäusebussard im Horst schlecht, fehlt es an Murmeltieren, werden die Nesthäkchen der Steinadler getötet, aus dem Nest geworfen oder als Mahlzeit verwertet. Rangordnungskämpfe zwischen den Geschwistern sind auch im Horst der Störche zu beobachten. Oft zieht der Kümmerling den Kürzeren. Geraten die Altstörche aufgrund von Futtermangel an ihre Leistungsgrenze, werfen sie den Schwächsten über den Nestrand oder fressen ihn direkt auf, so wie in der griechischen Sage Chronos seine Kinder verschlang. Eine auffallende Zunahme von Kannibalismus wurde neuerdings unter Möwen beobachtet. Weil das Futter wegen der Überfischung durch Fangflotten immer knapper wird, überfallen die Möwen vor Hunger ihre Artgenossen, plündern deren Nester und fressen den Nachwuchs auf. In solchen Hungerzeiten wurden im Blut der Vögel erhöhte Werte von Stresshormonen festgestellt. Als Folge kommt es zu ungewöhnlichem Verhalten, das allein dem Überleben der Art dient.

## Kuckuckskinder

Woran denken wir, wenn der Begriff »Kuckuckskinder« fällt? An ein Menschenkind oder ein Vogelkind? Beides ist denkbar, und beides ist Realität. »Kuckuckskinder« in der Menschenwelt werden von Vätern gezeugt, die nicht zur Familie gehören. Das kommt ungewollt vor. Wie häufig es passiert, darüber gab und gibt es Vermutungen, Schätzungen und neue wissenschaftliche Erkenntnisse.

Noch Ende des letzten Jahrhunderts ging man von einer Größenordnung von 10 % aus. Später wurde der Wert auf 4 % gesenkt, obwohl im Zuge der Ermittlungen 6 % der Väter in den Industriestaaten an der Echtheit ihrer Sprösslinge zweifelten. Eine belgische Forschergruppe kam kürzlich zu dem Ergebnis, dass nur 1–2 % der Kinder als »Kuckuckskinder« durchgehen. Das Fazit: »Kuckuckskinder« gibt es in der Menschenwelt seltener als gedacht oder befürchtet. Sie sind eher eine Rarität. Mehr noch: Die »Kuckuckskinderquote« von 1–2 % ist seit 500 Jahren gleichbleibend – und zwar rund um den Erdball. Wer hätte das gedacht? Nur in seltenen Ausnahmefällen, wie bei der indigenen Volksgruppe der Yanomami, die im Urwald zwischen Amazonas und Orinoco leben, fand man Werte um 10 %. Wie wurden diese Ermittlungen bis tief in die Vergangenheit durchgeführt? Die Beweise wurden durch DNA-Analysen angetreten. Vater-Kind-Beziehungen früherer Generationen können über das nur in männlicher Linie vererbbare Y-Chromosom entschlüsselt werden.

Die genauen Gründe für die über Raum und Zeit kons-

tante »Kuckuckskinderquote« sind unbekannt, es gilt aber als sehr wahrscheinlich, dass die Hemmschwelle für einen Seitensprung mit offensichtlichen Folgen gerade für Frauen zu allen Zeiten recht hoch war. Nicht der Mann, sondern die Frau hatte den Preis zu zahlen. Dem Mann war lange Zeit kein »Vergehen« zweifelsfrei nachzuweisen, der Frau schon.

Mütter mit Kindern von anderen Männern als dem angetrauten wurden zu allen Zeiten von der Gesellschaft geächtet, ihr Scheidungsrisiko war höher und ihr sozialer Abstieg oft dramatisch. Solcherlei Aussichten lassen die weibliche Risikobereitschaft schrumpfen. Man kann auch geltend machen, dass in früheren Jahrhunderten die Partnertreue als Verhaltenskodex stärker in der Gesellschaft verankert war. Doch mit der sexuellen Revolution wurde der Umgang zwischen den Geschlechtern lockerer. Urbane Lebensstile begannen, sich Raum zu verschaffen, die Mobilität wuchs. Doch offenbar hielten sich neue Verhütungsmittel und neue Freizügigkeit in Bezug auf die Zeugung von Kuckuckskindern die Waage.

In jüngerer Zeit haben sich die Gepflogenheiten in den Paarbeziehungen und in der familiären Praxis grundlegend verändert. Neben der traditionellen Familie gewinnen alternative Familienmodelle und alleinerziehende Elternteile immer mehr an Gewicht. Die Bedeutung der Ehe schrumpft unablässig. Die Hälfte aller in Deutschland geschlossenen Ehen werden innerhalb der ersten sieben Jahre wieder geschieden. In Sachsen-Anhalt werden 66 % aller Kinder außerhalb einer Ehe geboren, und 45 % der Familien mit Kindern funktionieren ganz ohne Trauschein, so der Mikrozensus. Völlig normal sind inzwischen auch Patchwork-Familien, in denen mehrere Kinder aus verschiedenen Beziehungen zusammen heranwachsen. Mit all diesen Entwicklungen hat das »Kuckuckskindermodell« wohl ausgedient – zumindest im menschlichen Bereich.

Was im menschlichen Zusammenleben als ungewolltes Ereignis eintreten kann, steht bei den meisten Vögeln seit jeher auf der Tagesordnung. »Kuckuckskinder«, also Nachwuchs von fremden Vätern, sind in den Nestern von Meisen, Schwalben und Spatzen eine völlig normale Erscheinung, ja, er wird von Wissenschaftlern sogar als biologisch sinnvoll bewertet. Und für sinnvolle Maßnahmen sind kluge Vogelweibchen immer zu haben. DNA-Analysen der kleinen Nestinsassen ergaben, dass eine genetische Fremdbeteiligung am piepsenden Inhalt

die Regel ist. Und genau diese genetische Vielfalt ihrer Nachkommen streben die Weibchen an. Aber auch die Männchen
stehen sehr bereitwillig zur Verfügung, wenn sich in der weiblichen Nachbarschaft Gelegenheiten zum Gentransfer bieten.
Viele verschiedene Gene von mehreren Vätern versprechen
eine lebenstüchtige Kinderschar. Diese Art von »Kuckuckskindern« wird es auch in Zukunft geben, ja geben müssen. Sie sind
ein Motor der Evolution, der Weiterentwicklung und der An-
passung an sich verändernde Umweltbedingungen. Und was
halten die fütternden Vogelväter von den »Kuckuckskindern«
im eigenen Nest? In aller Regel bemerken sie nicht einmal,
dass sie die quicklebendigen Folgen von Seitensprüngen ihrer
Weibchen brav versorgen.

Neben den »Kuckuckskindern« in Anführungszeichen gibt
es bekanntermaßen auch das Original. Es ist der wahrhaftige
Nachwuchs des Kuckucks, einer schillernden Vogelfigur. Para-
dox erscheint, dass dieser Vogel allem aus dem Wege geht,
was zu »Kuckuckskindern« führen könnte. Der Kuckuck baut
weder ein Nest, noch hat er eine feste Beziehung. Er hat mit
jedwedem Nachwuchs, um den er sich selbst zu kümmern hat,
nichts am Hut. Sein allseits bekanntes Modell ist so raffiniert
wie hinterhältig. Der Kuckucksmann genießt die angenehmen
Seiten des Lebens. Er übt sich in Begattungen mal mit diesem
und mal mit jenem Weibchen und ruft zwischendurch munter
»Kuckuck«, als wäre damit alles Nötige erledigt. Das Weibchen
als Empfängerin des Kuckucksspermas steht dem Männchen
in Sachen Zurückschrecken vor familiären Verpflichtungen
kaum nach. Deshalb wurde von dieser Vogelart im Laufe der
Evolution ein Modell entwickelt, bei dem sich die Eltern ganz

und gar heraushalten können. Pflegeeltern sollen den Nestbau, die Brut und die Aufzucht des Kuckucksnachwuchses richten. Diese Pflegeeltern werden ungefragt zu einer undankbaren Tätigkeit verdammt. Das Kuckucksweibchen schmuggelt jeweils ein Ei nach dem anderen einzeln in ausgesuchte Singvogelnester, insgesamt rund zehn Stück, manchmal auch deutlich mehr. Die Kuckuckseier ähneln den Eiern der Wirtsvögel in Färbung, in Größe und Form und sind somit gut getarnt. Ein Kuckucksweibchen, das zum Beispiel in einem Bachstelzennest aufgewachsen ist, legt oliv gepunktete Eier, die denen der Bachstelzen täuschend ähnlich sind. Für den großen Kuckucksvogel sind es auffallend kleine Eier. Diese manipulative Fähigkeit, äußerlich nahezu identische Kopien der Eier eines anderen Herstellers zu erzeugen, eine Art von Produktpiraterie also, ist den Weibchen angeboren. Sie sind auf ihre Wirtsvogelart festgelegt und können nicht beliebig wechseln. Um sicherzugehen, dass die Wirtsvögel den Eierschmuggel nicht bemerken, wird die Aktion klammheimlich und blitzschnell in einem unbeobachteten Moment durchgeführt. Das Auffliegen des Betruges versucht das Kuckucksweibchen auch dadurch zu verhindern, dass es bei seiner Eiablage im Austausch jeweils ein Singvogelei aus dem Nest entnimmt. Doch trotz aller Vorsicht, in fast jedem dritten Fall bemerken die Singvogeleltern die Unregelmäßigkeit dennoch, worauf sie in den Streik treten und das Nest mit dem Kuckucksei und damit auch ihre eigenen Eier aufgeben. Meist aber klappt die Gaunerei, und hat das Kuckucksweibchen schließlich den vielen kleinen Pflegeeltern alle Eier untergejubelt, hat es selbst frei für den Rest der Saison. Die Arbeit wurde erfolgreich delegiert.

Nach einer rekordverdächtigen Brutzeit von nur zwölf Tagen schlüpft der anfangs noch blinde und nackte, aber schon strampelnde Jungkuckuck. Scheinbar ein hilfloses Wesen, lädt er Eier und selbst Vogeljunge, die sich im »Kuckucksnest« aufhalten, nach und nach auf seinen Rücken und katapultiert diese mit einem Ruck über den Nestrand ins Aus. Dieses Nesträumverhalten ist ihm angeboren, er kann nicht anders, er muss es tun.

Aufopferungsvoll wird dem jungen Kuckuck drei Wochen lang von seinen beiden Pflegeeltern Futter zugetragen, bis er das Nest verlassen muss. Es wird ihm zu eng, es ist ja nicht für ihn konstruiert. Außerhalb des Nestes wird er weiter gefüttert, denn er hat viel Zuwachs nötig, zumal er aus einem Mini-Ei geschlüpft ist. Dieses Bild wirkt wie aus einer verkehrten Welt: Zwei erwachsene Vogelzwerge füttern unablässig einen jungen Riesen.

Im Gegensatz zu fast allen anderen Vogelarten werden echte Kuckuckskinder stets als Einzelkinder groß. Während Meisen und Spatzen mit vielen Geschwistern in einem sozialen Umfeld zusammen aufwachsen, hockt das Kuckucksjunge einsam in seinem Nest. Weder seine Geschwister noch seine leiblichen Eltern bekommt ein Jungkuckuck zu Gesicht. Er wächst ohne elterliche Vorbilder und ohne Lehrer auf. Was er fürs Leben braucht, wurde ihm in Form von Erbmaterial mit auf den Weg gegeben. Während andere Vogelkinder noch lernen müssen, wie man das Leben meistert, tendiert der Lernstoff beim jungen Kuckuck gegen null. Somit ist auch die Faulheit dem Kuckuck in die Wiege gelegt.

Der Kuckuck ist von seinem Lebensstil her ein strammer Einzelgänger. Dazu passt die Tatsache, dass er sich im Spätsommer mutterseelenallein auf seine Reise nach Zentralafrika aufmacht. Er kommt gut und gerne alleine klar, Geselligkeit ist ihm abhold, nur zur Genübergabe im Mai muss er sich mit einem Kuckucksweibchen kurzschließen. Das scheint gut zu funktionieren, ohne Lehrstunde und ohne Lehrmeister. Auch seinen legendären Kuckucksruf hat ihm niemand beigebracht. Während der männliche Kuckuck sich bei seinem Namen ruft, trillert das Weibchen laut.

Der weithin schallende Kuckucksruf hat dem Vogel viele Sympathien eingebracht. Er ist einer der volkstümlichsten Vögel, der in unzähligen Liedern, Gedichten, Sprüchen, Weisheiten und Sagen vorkommt. So gilt der Kuckuck einerseits als Frühlingsverkünder, zum anderen glaubte man an seine wahrsagerischen Fähigkeiten. Die Zahl der vom Menschen gehörten Kuckucksrufe sollten die zu erwartenden Lebensjahre voraussagen, so der überlieferte Glaube. Das konnte Freude, manchmal auch Enttäuschung auslösen. Ich hatte das Glück, frühmorgens Ende April in der Altmark einen Kuckuck 110-mal hintereinander rufen zu hören. Ich bin gespannt, ob die Ankündigung des freundlichen Kuckucks in Erfüllung gehen wird.

Der zwielichtige Charakter dieses Vogels findet sich auch im Volksglauben wieder. Er gilt einerseits als Glücksbote, andererseits als Sorgenüberbringer. Wie das zusammenpasst? Die gefundene Lösung ist ganz einfach: Ruft der Kuckuck am Morgen, ist es der Sorgenkuckuck, ruft er am Abend, ist es der Glückskuckuck. Der Sorgenkuckuck, so meinte man, würde mit dem Teufel paktieren, denn sein parasitäres Verhalten wurde als böse und teuflisch empfunden, was ihm auch die

Bezeichnung »Teufelsbote« oder einfach »Teufel« einbrachte. Dass die Siegelmarke des Gerichtsvollziehers den Namen des Kuckucks verliehen bekam, ist vor diesem Hintergrund nicht ganz unverständlich. Der ungeliebte Beamte erschien meist am Morgen und führte nichts Gutes im Schilde. Und wenn man diesen Amtsdiener oder einen anderen Menschen »zum Kuckuck« wünschte, dann sollte er sich schleunigst zum Teufel scheren.

Bliebe noch die Frage zu klären, warum die kleinen Singvögel und Pflegeeltern dieses miese Spiel des Schmarotzervogels mitspielen? Da ziehen sie aufopferungsvoll einen fremden Vogel auf, der nichts mit ihnen zu tun hat und dreimal so groß ist wie sie selbst, und ihr eigener Nachwuchs fliegt dabei auch noch über Bord. Bei mehr als einhundert Singvogelarten funktioniert dieser Trick. Warum haben sich die geprellten und ausgebeuteten Wirtsvögel im Laufe der Evolution keine wirkungsvolle Strategie gegen diesen Brutparasitismus einfallen lassen? Das Kuckucksei hinauswerfen, das wäre doch eine einfache Lösung! Eine schlüssige Antwort darauf gibt es noch nicht. Vielleicht, so wird vermutet, ist dieser Parasitismus einfach zu selten und keine echte Bedrohung des Wirtsvogelbestandes. Er kommt nur bei etwa 1% der Bruten vieler Singvogelarten vor. Das reicht als Druck zur Veränderung des Verhaltens offenbar nicht aus. So wird es wohl auch weiterhin Kuckucke und Kuckuckskinder geben.

## Lernen für das Leben

»Der Mensch lebt nicht vom Brot allein«, so Bertolt Brecht in Anlehnung an die Bibel. Er braucht auch Kunst, Kultur und Bildung. Nur der Mensch? Reicht den Tieren das pure Sattwerden? Nein, zum Erfolg im Leben bedarf es einer soliden Ausbildung, das gilt für Menschenkinder genauso wie für Vogelkinder. Um Fähigkeiten und Talente zu entwickeln, braucht es Bildungschancen, Lehrer und Vorbilder.

Kaspar Hauser, jene sagenumwobene Figur, die als Kind ohne menschliche Kontakte aufwuchs, konnte nur eine kümmerliche Sprache entwickeln. Wer als Kind in einem sprachlosen oder spracharmen Milieu heranwächst, bildet nur einen minimalen Wortschatz aus. Kaum anders verhalten sich Vögel. So wie Menschen das Sprechen erlernen, erlernen Vögel das Singen. Ihre wichtigste Lernzeit ist eng begrenzt durch die kurzen Gesangszeiten ihrer Ausbilder, vor allem der Eltern, aber auch anderer Artgenossen. Fehlen einem Singvogel durch Isolation in der Lernphase die Lehrer, wird er nie ein guter Sänger. In einem Experiment wurden Kanarienvögel zwar mit Geschwistern, aber ohne Eltern großgezogen. Das Resultat: Sie entwickelten nur klägliche Gesangsfähigkeiten.

Nicht nur das Singen, auch das Zuhören und Bewerten des Gesangs will erlernt sein. Denn schließlich hängt davon auch das Einschätzungsvermögen der Stärke von Konkurrenten und der Qualitäten potenzieller Partner ab. Diese Lernaufgaben sind sowohl für den männlichen als auch für den weiblichen Nachwuchs von Bedeutung.

Gute Sänger fallen nicht vom Himmel. Vor allem die Singvögel mit komplexen Gesangsmustern haben viel zu lernen.
Zu den großen Sängertalenten gehören Nachtigall und Rohr-
sänger. Selbst im afrikanischen Winterquartier, wenn die meisten Singvögel eine Sangespause einlegen, müssen die künftigen
Meistersänger Gesangsstunden nehmen. Eine Forschergruppe
der Universität Cambridge hat an Drosselrohrsängern in Sam-
bia nachgewiesen, dass die zusätzlichen Übungsstunden allein
dazu dienen, die Paarungschancen im Frühling zu steigern.
Die in Zentralafrika geübten Gesangsstrophen trugen eindeutig einen werbenden und nicht etwa verteidigenden Charakter.
Es scheinen vor allem jene Vogelarten in ihren Winterquartieren fleißig zu üben, die eher ein schlichtes Federkleid tragen
und im Frühling alles auf eine Karte setzen – auf ihre Sanges-
künste.

Nicht nur das Singen, auch das Fliegen will erlernt sein.
Junge Vögel lernen es in erster Linie von ihren Eltern. Die an-
fänglichen Flugversuche wirken unbeholfen. Das Üben von
Starts und Landungen ist elementar, auch das Klarkommen
mit Turbulenzen und Aufwinden. Vor allem das energiespa-
rende Fliegen braucht viele Lehrstunden. Wer es nicht rechtzeitig lernt, mit seinen Energievorräten sparsam umzugehen,
kann auf der Strecke bleiben. Auf dem Lehrplan stehen zudem
das Erkunden der Umgebung, Nahrungssuche, Nahrungsaus-
wahl, Schlafplatzsuche, das Erkennen von und der Umgang mit
Feinden.

Als ein Hauptfach in der Ausbildung gilt der Nahrungser-
werb. Seeschwalben stürzen sich bei der Jagd nach Beute mit
angelegten Flügeln ins Wasser, es sind sogenannte Stoßtau-

cher. Diese Jagdtechnik ist nicht angeboren, sie muss erlernt werden. Doch sich ins Wasser zu stürzen, das kostet die Jungvögel Überwindung. Dazu locken die Eltern ihre ängstlichen Küken durch einen Trick – mit einem Fisch im Schnabel. Ganz ähnlich kann man es bei Haubentauchern beobachten. Wenn im Sommer die Familien über den See schwimmen, wird den Halbwüchsigen von ihren Eltern ein zappelnder Fisch vorgehalten, ohne ihn gleich zu überreichen. Erst mal muss gemeinsam getaucht werden, bevor der Fisch den Schnabel wechseln darf.

Auch Muskeln und Sinne müssen trainiert werden. Dafür bietet sich das spielerische Fliegen an. Die Flugübungen der jungen Weihen, Bussarde und Störche, das gemeinsame Segeln bringt die Vögel auch in der Navigationslehre voran. Es scheint sogar, als würden die gemeinsamen Segelstunden Freude bereiten. Warum nicht? Die Schulzeit muss nicht öde sein, mir hat das Lernen immer Spaß gemacht.

## Vorbildliche Rabeneltern

Um es vorwegzunehmen: Sprichwörtliche »Rabeneltern« gibt es – und zwar bei vielen Insekten, Amphibien, Reptilien und bei Fischen. Sie überlassen ihren Nachwuchs in Form von zahlreichen Eiern sich selbst – eine Strategie auf »gut Glück«. Wer durchkommt, kommt durch, wer nicht, hatte Pech. Auch wenn es der geläufige Begriff suggeriert: In der Vogelwelt gibt es sogenannte »Rabeneltern« nicht, erst recht nicht bei den Raben.

Bei den Griechen, Römern und Germanen galten sie als heilig. Als Symbol der Weisheit nahmen sie eine hohe Stellung als Göttertiere in der germanischen Mythologie ein. Im Mittelalter änderte sich die Einstellung zu den Rabenvögeln. Sie wurden als Galgenvögel bezeichnet, die die Schlachtfelder der unzähligen Kriege und die Galgen der Hinrichtungsstätten besetzten. »Goldene Zeiten« brachen für die Rabenvögel im Dreißigjährigen Krieg an. Weil sie ihre biologische Funktion erfüllten, nämlich die Rolle der Gesundheitspolizei übernahmen und die Leichen fraßen, sahen die Menschen in ihnen den Satan im Federkleid. Doch inzwischen wissen wir mehr über das wahre Leben dieser faszinierenden Vögel.

Die ersten Lebensjahre verbringen sie in Junggesellentrupps. Freundschaften und Partnerschaften werden geschlossen. Paare erkennt man an ihren synchronen Bewegungen. Das Brüten übernehmen die Weibchen. Die Männchen halten Wache und beschaffen Futter für die Partnerin. Sind die Jungen geschlüpft, zeigen Rabenvögel ein ausgesprochen fürsorgliches Verhalten. Anfänglich übernimmt ein Partner lückenlos die

Betreuung und wärmt die Jungen, während der andere Partner Insekten, Regenwürmer und kleine Nager sammelt. Die kleinen Säckchen unter ihrem Schnabel beinhalten das Futter. In der ersten Zeit übergibt das Männchen die Futterpäckchen an das Weibchen, das die weitere Verteilung übernimmt. Später suchen beide Elternteile nach Nahrung und füttern die Jungen direkt. Bei einem Notschrei kommen viele Helfer und schützen gemeinsam das Leben der Nestlinge. Bei keiner anderen Vogelart erfolgt die Ausbildung so intensiv wie bei den Jungraben, sie zieht sich vom Frühjahr bis in den Spätsommer hin. Von allen Vögeln genießen sie die längste Ausbildungszeit. Selbst im Winter streifen Jung und Alt gemeinsam als Familienbande umher.

Bei aller Harmonie – Rabenvögel sind keine Engel. Sie klauen wirklich wie die Raben. Beim Beschaffen von Baumaterial sind sie besonders einnehmend. Ohne Scham plündern sie Nestmaterial von den Nachbarn. Wer inmitten einer Kolonie seinen Nistplatz hat, steht höher in der Hierarchie und wird weniger beklaut. Die sozial tiefer stehenden Randbewohner trifft es am heftigsten. Diebstahl scheint beim Rabenvolk zum guten Ton zu gehören.

# Fit, schön und gesund

Die Perfektionierung der äußeren Performance steht heute in unserer Werteskala so hoch wie nie zuvor in der Menschheitsgeschichte. Fast unüberschaubar ist die Werbung für Körper- und Schönheitspflege. Bestehen kann dieses breite Angebotsspektrum nur, weil es eine entsprechende Nachfrage gibt, weil äußere Gepflegtheit und Erfolg gleichgesetzt werden.

Vögel stehen in Sachen Körperpflege den Menschen kaum nach. Alles, was der Körperpflege oder dem Wohlbefinden dient, fällt verhaltensbiologisch in die Kategorie des Komfortverhaltens. Das beginnt schon beim Recken und Strecken zur muskulären Entspannung, gefolgt vom Baden und Sonnen bis hin zur Pflege von Haut und Gefieder. Recht häufig beobachtet man das gleichzeitige Strecken eines Flügels und eines Beines. Diese Art von Gymnastik scheint ein großes Bedürfnis zu sein, das nicht nur am Morgen nach dem Aufwachen praktiziert wird. Geradezu lebensnotwendig ist bei den Federtieren die Gefiederpflege. Nur mit einem penibel gepflegten Federkleid übersteht ein Vogel das Leben in freier Natur. Es schützt vor Nässe und Kälte, dient der Tarnung ebenso wie der Werbung und Kommunikation. Vögel wenden tagtäglich viele Stunden für die Pflege ihrer äußeren Hülle auf, vermutlich mehr als die meisten Menschen. Wenn es regnet, nimmt die Amsel gern eine Dusche. Sie entfaltet dabei ihre Flügel und fächert ihre Schwanzfedern auf, um möglichst viele Wassertropfen aufzufangen. Zwischendurch schüttelt sie sich und schleudert damit das Wasser vom Körper. Ein besonderes Vergnügen ist es, Schwalben beim gemeinschaftlichen Duschen und Putzen auf einem Leitungsdraht zu beobachten. Dabei verbinden sie im Wechsel Körperpflege mit Gesang, eine Art Schwalben-Schönheitswettbewerb.

Bieten wir vor unserer Wohnstätte eine flache, wassergefüllte Schale an, können wir das tägliche Waschritual von Meisen, Spatzen, Rotkehlchen und Mönchsgrasmücken verfolgen. Das Baden scheint den Vögeln Freude zu bereiten, voller Hingabe toben sie sich in der Badewanne aus, dass es nur so spritzt – immer wieder unterbrochen von einem wachsamen Rundumblick. Das Wasser sollte übrigens frisch sein, über mehrere Tage abgestandenes oder gar verschmutztes Wasser wird seltener benutzt.

Ausgiebig und gerne, allerdings eher heimlich, baden auch Adler und Kraniche. Stehend im flachen Wasser tauchen sie mit ihrem Kopf unter und schaufeln so förmlich das Wasser über ihren Körper. Wasservögel, wie Enten und Rallen, waschen sich flügelschlagend während des Schwimmens. Wenn sich Vögel unbeobachtet und sicher fühlen, schließt sich ein Sonnenbad an. Viele Vögel wissen die wärmenden Sonnenstrahlen zu schätzen, angefangen von Meisen bis hin zu Kormoranen. Die UV-Strahlung wirkt zudem desinfizierend, sie tötet Bakterien und Pilze ab.

Sonnenbäder sind selbst bei nachtaktiven Vögeln beliebt.

Der Waldkauz verbirgt sich tagsüber in hohlen Bäumen oder im dichten Geäst. Doch ein Leben ausschließlich in der Dunkelheit macht auch ihm keinen Spaß. Besonders im Frühjahr hockt sich der Waldkauz vor sein Tagesversteck und genießt zur Steigerung seines Wohlbefindens die wärmenden Strahlen. Dabei verschmilzt er in seinem braun gesprenkelten Gefieder mit der Umgebung. Die geschlossenen Augen tarnen den Waldkauz zusätzlich. Er rührt sich nicht, damit ihn weder die Menschen noch andere Vögel entdecken. Das ist auch nötig, denn Singvögel geben sofort Warnrufe ab und fliegen Angriffe gegen den ungeliebten Nachbarn.

Neben Wasser- und Sonnenbädern sind Sandbäder eine geschätzte Art der Körperpflege. Spatzen und Hühnervögel sind leidenschaftliche Sandbader. Sand- und Staubbäder wirken gegen Parasiten, vor allem gegen Läuse – Körperhygiene auf Vogelart. Eine exklusive Weise der Körperpflege praktizieren

Spechte und manche Singvogelarten, darunter der Star, mithilfe von Ameisen. Zwei verschiedene Techniken sind gebräuchlich, eine aktive und eine passive Variante: Entweder werden Ameisen mit dem Schnabel erfasst und durch das Gefieder gezogen, oder der Vogel setzt sich mit ausgebreiteten Flügeln neben einen Ameisenhaufen oder mitten auf eine Ameisenstraße und lässt die Ameisen über seinen Körper laufen und ins Gefieder eindringen – Einemsen genannt. Die Krabbeltiere sondern Ameisensäure ab, die am Vogel pflegende Eigenschaften entfaltet: Dieses ätzende Sekret, das auf unserer Haut Juckreiz und Blasenbildung hervorruft, tötet beim Vogel Ektoparasiten, wie Federmilben, ab. Der Zusatznutzen besteht darin, dass eine Ameise, die ihren Säurevorrat verausgabt hat, für den Vogel als Nachtisch bekömmlicher ist.

Nach der Reinigung stehen das Imprägnieren und Kämmen an. Das Imprägnieren des Gefieders erfolgt durch den Schnabel mithilfe von fetthaltigen, wasserabweisenden Sekreten aus der Bürzeldrüse am Schwanzansatz. Feder für Feder wird sorgfältig behandelt, sodass an ihnen das Wasser abperlt und die Haut darunter trocken bleibt. Enten tragen zum Beispiel 10 000 Federn, die gepflegt werden wollen. Nicht alle Körperteile sind für einen Vogel gleich gut erreichbar. An Kopf und Hals, wo der Schnabel nicht hinreicht, werden die Fußkrallen als Kamm eingesetzt. Bei vielen Vögeln sind die gegenseitige Körperpflege, das wechselseitige Reinigen und das Entfernen von Parasiten zu beobachten, vor allem im Kopf-, Nacken- und Halsbereich. Dieses soziale Komfortverhalten, das sowohl beim Sender als auch beim Empfänger Wohlbefinden auslöst, fördert zusätzlich den Zusammenhalt von Paaren, Familien oder Gruppen.

# Schlankheit statt Krankheit

Zwei Drittel der Männer und die Hälfte der Frauen sind in Deutschland übergewichtig. Einige leiden darunter, andere weniger, viele kehren nach Diäten wieder zum Ursprungsgewicht zurück. Die Abnehmindustrie ist eine Wachstumsbranche, das Schönheitsideal lautet »Schlanksein«. Allzu oft gibt man das Geld zweimal aus: einmal für die eingekauften überflüssigen Pfunde im Supermarkt und danach für die Abnehmversprechen unzähliger Anbieter.

Das leichte Dasein ist der ureigene Lebensstil der Vögel. Sie haben das locker geschafft, wofür Menschen sich permanent abmühen. Wer als Vogel zu schwer ist, landet bestenfalls in der Bratpfanne. Es sind die gemästeten Puten und Gänse. Ihre erzwungene, permanente Gewichtszunahme ist widernatürlich. Schwankungen des Körpergewichtes sind hingegen in der Natur völlig normal, ohne dass jemand auf die Idee kommt, vom Jo-Jo-Effekt zu sprechen. Das Gewicht eines Mäusebussards zum Beispiel schwankt im Jahresverlauf erheblich. Nach Ablauf der Brutzeit bis zum Wintereintritt legt sich ein Bussard im Schnitt rund 150 Gramm Reservefett zu. Im Winter wird dieses Fett – immerhin 15 % des Normalgewichts – problemlos aufgezehrt. Übertragen auf einen durchschnittlich schweren Menschen lägen seine Schwankungen des Körpergewichtes bei zehn Kilogramm. Während das Zunehmen beim Menschen ohne Anstrengung passiert, wird das Abnehmen oft als Tortur empfunden. Bei Vögeln ist es Normalität. Noch extremer sind die Schwankungen des Körpergewichtes beim Graureiher.

Mit zwei Kilogramm geht es in den Winter hinein, mit einem Kilogramm geht es aus dem Winter heraus – eine Gewichtsabnahme um 50 % – Intervallfasten auf Vogelart.

Fasten haben wir Menschen nicht nötig, so könnte man meinen. Doch die ständige Verfügbarkeit von Nahrung hat es in der Evolution nie gegeben. Es gab immer Zeiten, in denen Nahrung knapp war. Auf diesen Wechsel ist auch unser Körper eingestellt. Der permanente Überfluss, wie er in den reichen Ländern zum Standard geworden ist, führt im Körper zu einer Anhäufung von Abfall, der Zellen vorzeitig absterben lässt. Die Entsorgung gerät ins Stocken. Zuckerkrankheit und Alzheimer sind nur zwei von vielen möglichen Folgen. Beim Menschen, darüber herrscht weitgehend wissenschaftlicher Konsens, kann durch Fasten in Verbindung mit Bewegung die gesunde Lebensspanne verlängert werden. Schon das Auslassen von Mahlzeiten, verbunden mit einer verminderten Kalorienzufuhr, hat einen nachweislichen Effekt. Allerdings stehen wir Menschen vor einem ungelösten biologischen Problem: Wir haben zwar viele Mechanismen, die uns vor dem Verhungern schützen, uns fehlt aber der Mechanismus, der uns vor der Überernährung schützt. Was für unsere Vorfahren durch äußere Faktoren völlig normal war, müssen wir erst wieder lernen wollen. Die Vögel haben das Fasten nie verlernt.

# Die Vogelapotheke

In den reichen Ländern betreiben Menschen seit Jahrzehnten mithilfe von Krankenversicherungen Vorsorge, neuerdings gibt es sogar Angebote für Haustiere. Für Hunde, Katzen und Vögel können Krankenversicherungen für 500 bis 1000 Euro im Jahr abgeschlossen werden. Zudem bietet der Markt für Heim- und Ziervögel jede Menge an Medikamenten, Vitaminen und Futterergänzungsmitteln bis hin zu homöopathischen Präparaten. Ganz eigene Strategien zur Gesundheitsvorsorge haben die vom Markt unabhängigen, frei lebenden Vögel entwickelt.

Allzu gern nisten sich Parasiten in Vogelnestern ein. Zecken gibt es reichlich, Flöhe, Lausfliegen, Federlinge und Bakterien sind nicht minder lästig oder gar gefährlich. Wie gehen Vögel mit diesen Blutsaugern und Krankheitserregern in den eigenen Wänden um? Stare und Blaumeisen zum Beispiel tragen Pflanzenteile von Schafgarbe, Wilder Möhre und anderen duftenden Heilkräutern in die Nisthöhle ein und erneuern diese Vogelapotheke regelmäßig. Diese Pflanzen sondern Aromastoffe ab und halten Parasiten und Krankheitserreger fern. Das kommt auch dem Nachwuchs zugute, der sich dadurch besser entwickelt. Bei Verdauungsstörungen suchen Vögel Gewässerufer auf und nehmen Lehm- oder Tonpartikel – auch als Heilerde bekannt – zu sich, die entgiftend wirken.

Insgesamt haben Vögel in der freien Natur einen bewundernswert niedrigen Krankenstand. Jeder Unternehmer und jede Krankenkasse könnte neidisch werden. Die Geheimnisse ihrer Vitalität liegen in ihrer artgerechten und natürlichen

Lebensweise, in ihrer intakten körpereigenen Immunabwehr und in der optimalen Aktivierung ihrer Selbstheilungskräfte. Psychische Erkrankungen, die in unseren modernen Gesellschaften immer mehr um sich greifen und inzwischen an der Spitze der häufigsten Erkrankungen stehen, sind bei Vögeln unbekannt. Die bemerkenswerte Ausnahme, die Anlass zum Nachdenken gibt, sind Tiere in Gefangenschaft. Auf engem Raum eingesperrte Vögel leiden oft unter ihrer Unfreiheit, haben Verhaltensstörungen sowie ein höheres Ansteckungsrisiko und bekommen deshalb Antibiotika verabreicht.

Frei fliegende Vögel haben die Produkte der pharmazeutischen Industrie nicht nötig. Sie leiden, soweit bekannt, auch nicht unter Depressionen. Falls doch ein Vogel erkrankt, gelangt diese Meldung kaum an die Öffentlichkeit. Ein Sonderfall ist die Vogelgrippe, auch als Geflügelpest bezeichnet. Einige tot aufgefundene Wasservögel beherrschen dann die Nachrichtenspalten. Allerdings nicht, weil die Vogelwelt dadurch bedroht ist, sondern weil das Geschäft mit der Massentierhaltung durch Ansteckung große ökonomische Verluste erleiden könnte. Wird das Virus in einer Tierhaltungsanlage nachgewiesen, werden alle Tiere – oft zu Tausenden – gekeult. Ungeklärt ist noch, wie der Erreger in geschlossene Anlagen gelangt. Die unter Verdacht stehenden Zugvögel können es kaum sein. Es ist schwer zu erklären, wie das Virus durch Wildvögel vom Infektionsraum Ostasien nach Europa gelangen kann, da es zwischen diesen Regionen keine regulären Zugwege gibt. Dies erklärten auch Experten der UN-Konvention zur Erhaltung wandernder wildlebender Tierarten, CMS. Als wahrscheinlichere Infektionswege kommen die globalen Handelsbeziehungen infrage, da Geflügel, Futtermittel und Transportbehälter im großen Stil zwischen den Kontinenten hin- und herbewegt werden.

In ferner Vergangenheit wurden Vögel völlig zu Unrecht zu Sündenböcken abgestempelt. Im Mittelalter hat man ihnen die Schuld an der Ausbreitung des Schwarzen Todes, der Pest, angelastet. Sie galten als Überträger dieser Krankheit, eine der größten Pandemien der Menschheitsgeschichte, die ein Drittel der Bevölkerung Europas dahinraffte. Zur Abwehr trugen die verzweifelten Menschen abschreckende schwarze Vogelmasken, wie auf Bildern zu Luthers Zeiten zu erkennen ist. Heute wissen wir, dass der Rattenfloh der Überträger dieser Krankheit war und keineswegs die Vögel.

Eine hierzulande neue Krankheit ist das »Amselsterben«, ausgelöst durch das Usutu-Virus, das aus tropischen Regionen eingeschleppt wurde. 2010 hat man es erstmals in Deutschland in Mücken entdeckt. 2011 und 2012 kam es entlang des Rheins zu ersten Epidemien. Die Vögel werden apathisch, verlieren ihr Fluchtverhalten und sterben binnen weniger Tage. Gesunde, abwehrstarke Vögel entwickeln eine natürliche Immunität. 2016, als eine neue Amselgeneration ohne erworbene Immunität dominierte, folgte der nächste größere Ausbruch der Krankheit. Ist die Mückensaison überstanden, hat das Usutu-Virus keine Chance auf weitere Ausbreitung.

# Im Reich der Träume

Wer nur fünf Stunden schläft, wird täglich dümmer, so schreibt die *New York Times* auf der Grundlage einer US-amerikanischen Studie. Fakt ist: Schlafmangel verringert die Lernfähigkeit und macht dick und doof. In der Tat ist Schlaf für die Regeneration der Gehirnzellen erforderlich. Vor allem im Tiefschlaf werden Wachstumshormone ausgeschüttet, die für die Erneuerung der Zellen sorgen und damit unter anderem der Demenz vorbeugen können. Im Schlaf passiert aber noch viel mehr: Das Gehirn wird aufgeräumt. Schädliche Stoffwechselprodukte und Ablagerungen werden beseitigt. Neben der materiellen Abfallentsorgung läuft eine nicht minder wichtige immaterielle Reinigung ab. Erlebnisse werden im Schlaf verarbeitet und verdaut, es wird Platz geschaffen – Platz für neue Kreativität.

Schlaf ist absolut lebensnotwendig, Schlafentzug tödlich. Das gilt für Tiere ebenso wie für Menschen. Durch Schlafentzug steigen die Stresshormone im Blut, Depressionen folgen, das Immunsystem spielt verrückt, alle möglichen Krankheiten können ausbrechen, das Altern wird beschleunigt, und nach einiger Zeit ist der Organismus nicht mehr lebensfähig. Nach drei Wochen ohne Schlaf waren Ratten in einem fragwürdigen Experiment tot, obwohl sie genug zu fressen hatten. Ein

Mensch soll maximal elf Tage ohne Schlaf auskommen. Schlafen ist somit keine Verschwendung von Lebenszeit, wie mancher Zeitgenosse glaubt. Der Schlaf macht das Wachsein erst möglich.

Menschen sprechen vom »Schlafengehen« und »Schlafenlegen«. Wir verbringen unsere Schlafenszeit liegend – und das um die sieben Stunden. Schlafen heißt für uns abschalten, nichts mehr tun und denken müssen. Eigentlich beneidenswert …

In freier Wildbahn geht das nicht so einfach. Es drohen nächtliche Überfälle, die mit Körperverletzung oder Tod enden können. Vögel sind bevorzugte Opfer, jeder kann zur Beute eines hungrigen Räubers werden, sie sind nahrhaft, liefern Eiweiß und schmecken auch noch gut. Für Vögel bedeutet daher das Schlafen, gleichzeitig wachsam sein zu müssen. Schlafen und gleichzeitig auf der Hut sein – das klingt beinahe unvereinbar. Doch Vögel sind ganz besonders kreativ, um den Feinden nicht hilflos ausgeliefert zu sein.

Aus menschlicher Sicht nehmen wir allzu gern an, dass Vögel in ihrem Nest schlafen – wo denn sonst? Doch das ist ein Irrtum. Vogelnester sind nicht zum Schlafen gedacht, sondern zum Brüten und Aufziehen des Nachwuchses. Fliegen die Jungvögel aus, ist das Nest verwaist. Weder Jungvögel noch Altvögel kehren zum Nest zurück, es hat ausgedient, und es ist bei Kleinvögeln in der Regel auch verschlissen und baufällig. Ausnahmen finden wir bei Höhlenbrütern. Für Meisen und Spechte ist die Höhle auch außerhalb der Brutzeit und vor allem im Winter als Nachtquartier attraktiv – aber bitte als Einzelzimmer. Männchen und Weibchen schlafen getrennt.

In Nistkästen installierte Kameras zeigen den schlafenden Vogel mit eingezogenem Hals kauernd, oft an eine Höhlenwand geschmiegt. Der Schlaf der Meisen scheint tatsächlich tief zu sein. Sehr kalte Nächte überstehen Kohlmeisen, indem sie ihre Körpertemperatur von üblicherweise 42 Grad auf 32 Grad absenken und so weniger Energie verbrauchen. Ab dem Frühjahr wird wieder im Freien geschlafen. Die meisten Vögel sind ganzjährig Außenschläfer. Sie schlafen unter freiem Himmel. Was den genaueren Ort des Schlafens angeht, so stehen den Vögeln zunächst erst einmal grob gesehen zwei Varianten zur Auswahl: oben oder unten? Oben, das heißt im Geäst, unten mit Bodenkontakt, entweder direkt auf dem Erdboden oder in einer Fels- oder Mauernische. In Baum und Strauch nächtigen die meisten Singvögel und fast alle größeren Vögel. Bodenbrütende Vögel wie Lerchen, Ammern und Rebhühner gehen am Boden hockend in Deckung, um zu schlafen. Schlafen im Liegen? Das wäre gefährlicher Luxus für Freischläfer. Sie müssen immer fluchtbereit sein, denn gerade in der Nacht sind im Schutze der Dunkelheit viele Räuber unterwegs. Wasservögel haben eine gute Lösung gefunden, um Landräubern aus dem Weg zu gehen: Sie verbringen ihre Schlafenszeit quasi im Wasserbett. Durch ihr Luftpolster im Gefieder schwimmen sie wie von selbst. Da kann der wasserscheue Fuchs vom Ufer aus nur schmachtend zuschauen. Nicht auf dem Wasser, sondern stehend im Wasser verbringen viele langbeinige Vögel ihre Nachtruhe. Schlafen im Stehen, oft nur auf einem Bein und jederzeit startklar – das klingt nicht sehr gemütlich. Ebenso fragwürdig dürfte für uns die Schlaferholung auf einem Ast sein, ohne beim nächsten

Windstoß abzustürzen. Kann das entspannend sein? Ja, das ist es offenbar, und zwar entwicklungsgeschichtlich schon sehr lange. Auf Beinen hockend, den Kopf nach hinten gedreht und halb unter das Gefieder gesteckt – diese typische Vogel-Schlafhaltung fanden Archäologen auch bei einem versteinerten Dinosaurier, einem Vorfahren der Vögel, den man in China entdeckte. Wenn ein Gebaren sich über Jahrmillionen erhalten hat, scheint es sich bewährt zu haben. Und warum stürzen schlafende Vögel nicht vom Baum? Der Trick ist eine raffinierte Festhaltetechnik. Nehmen Vögel auf einem Ast Platz, arretiert durch das eigene Körpergewicht ein Sehnenmechanismus, und der Ast ist durch die Krallen fest im Griff, ganz ohne Anstrengung. Will der Vogel den Ast verlassen, muss er einen Muskel betätigen, um den Klammergriff zu lösen. Die Absturzgefahr im Schlaf tendiert also gegen null.

Viele Vogelarten schlafen gern allein, andere lieber in Gesellschaft. Das individuelle Schlafengehen erfolgt in aller Stille. Heimlichkeit ist vorteilhaft, um nicht bemerkt oder gar gestört zu werden. Anders der kollektive Schlaf. Er ist ein lautstarkes Großereignis. Bei geselligen Vögeln wird meist ausgiebig geplaudert und geschwatzt. Es dauert sehr lange, ehe Ruhe einkehrt – wenn überhaupt.

Wenn ab Sommer am späten Nachmittag Vögel in Gruppen umherziehen, sind sie mit hoher Wahrscheinlichkeit auf dem Weg zu ihrem Schlafplatz. Sie steuern um diese Zeit ihren gewohnten Schlafbaum oder Schlaffelsen an. Beeindruckend sind im Winterhalbjahr die Schwärme der Rabenvögel. Es sind zumeist Wintergäste aus Nord- und Osteuropa, Saatkrähen, die in der Abenddämmerung mitten in den Städten Bäume in Beschlag nehmen. Bewährte Übernachtungsplätze werden von Generation zu Generation übernommen. Die Verteilung der einzelnen Schlafplätze erfolgt bei diesen Schlafgesellschaften nach einer strengen Hierarchie. Der Anführer nimmt mit seiner Angetrauten den sichersten Schlafplatz im Zentrum und möglichst weit oben ein. Die Abstände von Vogel zu Vogel sind klar geregelt. Wird die Abstandsregel verletzt, ist Streit bis zur Klärung angesagt. Doch nicht immer wird auf Abstand großer Wert gelegt. Von Dohlen berichtet man, dass sich Pärchen nachts in ihrer Schlafhöhle eng aneinanderschmiegen. Sie unterstreichen dabei ihre Zuneigung durch liebevolle Gesten, wie gegenseitiges Kraulen und Schnabelstreicheln.

Gesellige Schläfer gibt es auch unter Kleinvögeln. Schwalben, Stare und Drosseln lieben den Massenschlaf. Im Herbst erfreue ich mich immer wieder daran, wie im Schein der Abendröte Schwalben- und Starenschwärme zu Hunderten in den Schilfgürteln meiner Lieblingsgewässer Position beziehen. Während Schwalben nach und nach in kleineren Grüppchen am Schlafplatz eintrudeln, fallen die Stare in geballter Macht als dunkle, sich amöbenartig verändernde Wolke ein. Bevor sie sich niederlassen, drehen sie noch manche Ehrenrunde. Unkundige Beobachter glaubten schon des Öfteren, darin Ufos gesehen zu haben. Ein besonderes Starenspektakel spielt sich während der Zugzeit in Rom und anderen mediterranen Städten ab. Zu Zehntausenden besetzen die Schwärme die Alleebäume am Tiber, ein wohlig warmer und windgeschützter Übernachtungsraum. Die Vogeldichte erreicht eine Größenordnung, dass es bei einem Bummel am Tiberufer selbst bei klarem Wetter angebracht ist, den Regenschirm mitzunehmen, wenn man nicht riskieren möchte, mit Starenkot besprenkelt zu werden. Die spektakulären Flugmanöver der Schwärme, die in der Stunde des Sonnenunterganges vollführt werden, ergreifen wohl jeden Beobachter. Die effektvollen und sich blitzartig verändernden dunklen Wolkenbilder gleichen einem einzigartigen, dynamischen Kunstwerk mit hohem ästhetischem Anspruch – eine Art luftiges Ballett mit Tausenden von Tänzerinnen und Tänzern. Der Grund dieser Aufführungen ist unbekannt. Ist es eine Machtdemonstration? Oder ein Akt der Freude und des Zusammengehörens?

Gewiss ist, dass Schlafen in Gesellschaften die Sicherheit jedes einzelnen Individuums erhöht. Die Wahrscheinlichkeit, einem Fressfeind zum Opfer zu fallen, ist durch die vielen Nachbarn erheblich reduziert. So ganz nebenbei werden auch Nachrichten über ergiebige Futterquellen ausgetauscht, und es bieten sich Gelegenheiten, einen künftigen Partner kennenzulernen. Um das pure Überleben geht es bei Kleinvögeln in extrem kalten Nächten. Hohe Wärmeverluste können zum Tode führen. Deshalb schließen sich die kleinen Zaunkönige bei heftigen Minusgraden zusammen. Durch ihre Winzigkeit besonders stark vom Kältetod bedroht, kuscheln sie sich im Moosnest aneinander. Sie bilden Wärmekugeln. Dabei geht es solidarisch zu. Jeder kleine König darf sich mal in der Mitte aufwärmen, ehe er wieder einen Außenposten bezieht und den Abschirmdienst übernimmt. Zaunkönige sind zwar als stramme Einzelgänger bekannt, aber Not schweißt bekanntlich zusammen. Auch bei Bachstelzen ist das gegenseitige Wärmen in kalten Nächten beobachtet worden.

Ein Höhepunkt im Vogeljahr ist für mich auch der Herbst.

Zwischen Oktober und März fliegen in Norddeutschland in der Abenddämmerung zu Tausenden Saat- und Blässgänse ein, um auf großen Flüssen und Seen zu landen. Wenn nach mehreren starken Frostnächten die Seen von Eis bedeckt sind, ist die frei fließende Elbe umso mehr ein gefragter Schlafplatz. In hoher Dichte versammeln sie sich im flachen Wasser. Das Geschnatter der Gänse hört die ganze Nacht über nicht wirklich auf.

Enten sind um diese Jahreszeit ebenso im Gruppenmodus. Sie schlafen auch tagsüber, und man kann ihnen dabei in die Augen schauen. Während sie ihren Kopf unters Gefieder stecken, bleibt ein Auge frei. Dieses öffnet und schließt sich abwechselnd und kontrolliert die Umgebung. Die Fähigkeit, im Schlaf ein Auge öffnen zu können und damit »betriebsfähig« zu halten, ist in der höheren Tierwelt einmalig und ausschließlich den Vögeln vergönnt. Enten ruhen und schlafen in Gemeinschaften, quasi in Runden. Die Äußeren übernehmen die Wachfunktion mit einem Auge, während im inneren Zirkel der tiefere Schlaf überwiegt. Die Schwimmfüße werden dabei ab und zu wechselweise bewegt, sodass sich die Enten während der Schlafenszeit im Kreise drehen.

An der Küste haben die Vögel einen gänzlich anderen Schlafrhythmus. Hier bestimmen die Gezeiten den Wechsel zwischen Aktivität und Ruhe. Die Zeiten der Ebbe laden zur Nahrungsaufnahme ein. Dann ist das weitläufige Watt mit seinen Leckerbissen frei zugänglich. Kommt nach sechs Stunden die Flut, setzt der Rückzug Richtung Land ein. Dann ist Ruhezeit angesagt, gleichgültig, ob es gerade Tag oder Nacht ist. Will man auf große Scharen von Seevögeln treffen, sollte man bei

Flut auf Exkursion gehen. Die Austernfischer, die Knutts, Regenpfeifer und Strandläufer lassen sich in ihrer Ruhephase am besten beobachten.

## Die innere Uhr – von Lerchen und Eulen

Die inneren Uhren orientieren sich am Tag-Nacht-Rhythmus. Das geht den Vögeln wie den Menschen so. Und dennoch ticken wir nicht alle gleich! Inspiriert von den Vögeln unterscheiden wir in der Menschenwelt zwischen Lerchen und Eulen, zwei völlig unterschiedliche Chronotypen. Die Lerchen der Vogelwelt sind die absoluten Frühaufsteher. Schon 80 Minuten vor dem ersten Sonnenstrahl heben Feldlerchen zu ihrem ersten Morgenlied an. Lerchentypen in der Menschenwelt sind ähnlich früh hellwach und voller Tatendrang, vor allem vormittags, eben dann, wenn auch die Lerchen voller Power am Himmel jubilieren. Bei Sonnenuntergang werden die Lerchentypen müde und schlafen bald ein, genau wie die gleichnamigen Vögel. In den Nachtstunden ist mit ihnen nichts anzufangen. Ganz anders die Eulentypen. Sie leiden morgens unter Schlaftrunkenheit, sind träge, antriebslos und oft schlecht gelaunt. Am Abend laufen sie jedoch zur Höchstform auf. Das ist in der Tat der Lebensrhythmus der Eulen. Sie verschlafen den Tag in ihren Höhlen oder hocken reglos auf einem Ast nahe am Baumstamm. Mit dem Eintritt der Dämmerung jedoch klingelt ihr innerer Wecker. Gut erholt und mit wachen Sinnen gehen Eulen nun auf Jagd, der aufkommende Hunger treibt dazu an.

So wie bei den Vögeln ist auch bei den Menschen der Chronotypus maßgeblich genetisch beeinflusst. Doch kann er sich beim Menschen im Laufe seines Lebens verschieben, bei den Vögeln hingegen nicht. Mit der Pubertät wird der Chronotyp erkennbar. In der Sturm-und-Drang-Zeit tendieren die jungen Menschen stärker zum Eulentyp, mit zunehmender Reife und erst recht im Alter nähern sich die meisten Menschen den »Lerchen« an.

Neben Parallelen fallen auch Mensch-Vogel-Unterschiede in den Persönlichkeitsmerkmalen auf. Während die Eulen in der Vogelwelt sich durch eine langjährige Partnertreue auszeichnen, sind die Lerchen auf Feld und Heide offen für gelegentliche Affären, sowohl die Männchen als auch die Weibchen. In der Menschenwelt verhält es sich genau entgegengesetzt: Nach einer amerikanischen Studie an 500 Studenten haben die Eulentypen einen höheren Stresshormonspiegel, und sie wechseln deutlich häufiger ihren Sexualpartner als die Lerchentypen, deren Paarbeziehungen dauerhafter und stabiler sind. Charakterlich sind die zweibeinigen Nachtschwärmer kontaktfreudiger, risikobereiter und emotional labiler, sie neigen stärker zum Konsum von Kaffee und Cola sowie zum Rauchen als die Lerchen-Frühaufsteher, die ausgeglichener sind und insgesamt gesünder leben. Da Eulentypen häufig Mitternachtsmahlzeiten einnehmen, sind sie meist dicker als Lerchentypen. Die verstärkten körperlichen Fettablagerungen wiederum, so eine Studie der Universität Pennsylvania, führen dazu, dass Eulentypen stärker zum Schnarchen neigen, was für eine Liaison relevant sein könnte. Während in der Vogelwelt Eulen und Lerchen sich unter keinen Umständen paaren, sind menschliche Kombinationen zwischen Frühaufstehern und Nachteulen alles andere als selten. Wie wirken sich die sehr verschiedenen Persönlichkeitsmerkmale der Partner auf das Zusammenleben aus? Die Erfahrung lehrt: Man sieht sich seltener. Das kann von Vorteil sein, muss aber nicht.

## Schlafstörungen bei Stress

Uns Menschen werden acht Stunden Schlaf empfohlen. Meist bleibt nicht so viel Zeit, da andere Vorhaben für wichtiger erachtet werden als ausgerechnet das Schlafen, das zum Nichtstun abgewertet wird. Wer viel schläft, verschläft sein Leben, so lautet ein Appell der »Leistungsträger« an die Langschläfer. Im höheren Lebensalter, wenn die Berufstätigkeit ad acta gelegt wurde, hätte der Mensch mehr Zeit zum Schlafen, leidet aber zunehmend unter seniler Bettflucht.

Unsere Vorfahren hatten ein jahreszeitlich abhängiges Schlafverhalten. Jahrhundertelang war der Sonnenuntergang das Signal zum Schlafengehen. In Winternächten wurde besonders lange geschlafen. Man ging »mit den Hühnern ins Bett«, wie es hieß. Schon vor Beginn der Dämmerung eilen die Hühner zügigen Schrittes nacheinander in den Stall. Nur wenig später legten sich auch die Menschen schlafen. Elektrische Lichtquellen und mediale Ablenkung gab es nicht. Dunkelheit und Kälte waren am besten im warmen Federbett zu ertragen, gefüllt mit Gänsefedern. Völlig anders verhielt es sich ab dem Frühjahr. Die Felder mussten bestellt, die Tiere auf die

Weide gebracht werden. Das Tagwerk begann mit der ersten Morgendämmerung. Die Tage waren lang. Zur Mittagszeit gab es ein Nickerchen im Schatten eines Baumes.

Mit der Industrialisierung änderte sich das Schlafverhalten der Menschen grundlegend. Maßgeblich sind nun nicht mehr die Rhythmen der Natur, sondern der Takt der genormten Arbeitszeiten. Ab Herbst sehen Industriearbeiter und Büroangestellte über viele Monate hinweg kaum noch Tageslicht. Doch nicht nur der natürliche Sommer-Winter-Rhythmus ging verloren, oft auch der Tag-Nacht-Rhythmus. Durch Schichtarbeit werden Menschen gezwungen, gegen ihre innere Uhr anzukämpfen. Sie leben im ständigen Jetlag. Die Folgen sind bekannt: Stress für den Organismus, verminderte natürliche Abwehrkräfte, Schlafstörungen. Wenn der Stress chronisch wird, wirkt er toxisch. Schlafstörungen gelten als neue Volkskrankheit.

In der Welt der frei lebenden Vögel wird bis heute am natürlichen Schlafrhythmus festgehalten, von einigen Abweichungen bei Stadtvögeln einmal abgesehen. Nach wie vor richten sich die Vögel in ihrem Schlafverhalten nach dem Sonnenlicht. Ihre tägliche Schlafdauer ist wie auch ihr Schlafbedürfnis sehr verschieden. Im Winter kann die Schlafzeit 15 Stunden betragen, im Mai/Juni nur fünf Stunden und weniger. Gesteuert wird der Schlaf-wach-Rhythmus durch das Hormon Melatonin, bei Menschen wie bei Vögeln. Trifft nur wenig Tageslicht auf den Sehnerv, gelangen entsprechend weniger Impulse zur Zirbeldrüse. In der Folge wird reichlich Melatonin produziert. In der lichtarmen Jahreszeit sinkt deshalb auch unsere Stimmung, wir fühlen uns antriebslos, funktionieren nicht mehr wie gewohnt und verfallen nicht selten in eine saisonale Depression. Dieser Vorgang ist eigentlich ganz natürlich. Da wir Menschen uns in der Leistungsgesellschaft fast nur noch über Arbeit und Anerkennung von außen definieren, halten wir das Stimmungstief für eine Krankheit und gehen zum Arzt. Mehr Bewegung an frischer Luft kann die Stimmung schon aufhellen.

Im Frühling und Sommer ist alles anders. Es wird früher hell und später dunkel. Das höhere Lichtangebot drängt das Melatonin zurück, und es wird mehr Kortisol produziert, das Energie für den neuen Tag bereitstellt. Daneben wird Serotonin ausgeschüttet, auch als »Glückshormon« bekannt. Das schafft gute Laune und hebt die Leistungsbereitschaft. Das Verlangen nach Schokolade, ein Zeichen für fehlendes Serotonin, geht zurück. Die Nächte verkürzen sich in Mitteleuropa auf sechs Stunden. Diesem Rhythmus passen sich die tagaktiven Vögel konsequent an. Während wir uns bei Tagesanbruch noch im Schlafe wiegen, schmettern die Vögel bereits aus voller Kehle ihre Lieder heraus.

Wer als Vogel im Frühling zu lange pennt, bekommt bei der Partnersuche bestenfalls zweite Wahl ab. Wie mit weniger Schlaf die Erfolgsquote steigt, wurde an Strandläufern bewiesen. In einer Studie des Max-Planck-Instituts für Ornithologie in Seewiesen wurden Graubruststrandläufer in Alaska untersucht. Jene Männchen, die sich in den entscheidenden Phasen des Lebens – nämlich in der dreiwöchigen Balzperiode – nur wenig Schlaf gegönnt hatten, hatten die besten Chancen bei den Weibchen. Aber nicht nur das! Auch die Zahl der Nachkommen steigt mit der Schlafverkürzung. Nur zweieinhalb Stunden pro Tag »verschwendeten« die superaktiven Männchen zum Schlafen. Die restliche Zeit wurde voll genutzt, um sich den Weibchen zu präsentieren und männliche Konkurrenten zu vertreiben. Die Langschläfer gaben sich acht Stunden dem Schlaf hin und hatten in den entscheidenden Momenten das Nachsehen. Die Vaterschaft der Jungvögel wurde mithilfe von DNA-Proben bestimmt. Jene Männchen, die fast ununterbrochen auf der Matte standen, hatten die meisten Weibchen überzeugen können. Um den Nachwuchs müssen sich die Strandläuferweibchen allerdings ganz allein kümmern. Die Männchen beanspruchen dann Schonzeit. Offenbar scheint die dreiwöchige Totalverausgabung den Männchen nicht zu schaden, sie nehmen sich anschließend viel Zeit zur Regeneration. Auch im Folgejahr waren sie nach der Überwinterung jenseits des Äquators wieder zur Stelle, um überdurchschnittlich viel Nachwuchs zu zeugen. Die superaktiven Männchen kamen sogar zahlreicher zurück als die Langschläfer, die eine höhere Ausfallrate zu verzeichnen hatten. Die herausragenden Fähigkeiten der Kurzschlafmännchen sind wahrscheinlich in den Genen verankert. Wie die Männchen mit dem wenigen Schlaf auskommen, wird so erklärt: Sie fallen sofort in den Tiefschlaf und verzichten auf Traumphasen – genauso wie mancher Mensch mit hohem Schlafdefizit.

Viele Menschen leiden unter Schlafstörungen. Sie können nicht einschlafen, der Nachtschlaf wird häufig unterbrochen, wieder einzuschlafen, gestaltet sich äußerst schwierig. Am Morgen fühlen sie sich wie gerädert. Ursachen sind häufig ungelöste Konflikte, Überlastung, Überforderung, kurzum zu viel Stress. Im Blutkreislauf zirkulieren dann in hoher Konzentration die Stresshormone, wie Adrenalin, ein Gegenspieler des Schlafhormons Melatonin, dessen Bildung blockiert wird. Somit fehlt die natürliche Einschlafhilfe.

Auch Vögel haben gelegentlich Stress. Ob sie aber unter krank machenden Schlafstörungen leiden, ist nicht bekannt, jedoch eher unwahrscheinlich. Der große Unterschied zum Menschen: Der hohe Stress der Vögel ist auf die Brutzeit von wenigen Wochen im Jahr beschränkt und artet nicht in Dauerstress aus.

Was das Schlafverhalten angeht, so können wir Menschen manches von den Vögeln lernen, indem wir den Schlaf wieder mehr wertschätzen. Wie wäre es, wenn wir uns wieder mehr am natürlichen Schlafrhythmus orientieren und dadurch Gesundheit und natürliche Selbstheilung fördern? Nicht zuletzt lässt sich so ganz nebenbei auch aus dem Brunnen der Jugend und Schönheit schöpfen – über das Schlafhormon Melatonin, ein natürliches Anti-Aging-Hormon.

## Lernen im Schlaf

Schlaf macht nicht nur schön, sondern auch klug. Durch die EEG-Messung von Hirnströmen wissen wir, dass wir Menschen tagsüber gesammelte Informationen im Schlaf verarbeiten und speichern. Der geniale Denker Albert Einstein hat das offenbar schon zu seinen Lebzeiten geahnt, er war ein passionierter Langschläfer und hat sich viel Schlaf gegönnt. Wissenschaftler der Universität Chicago fanden heraus, dass der Schlaf auch bei den Vögeln eine entscheidende Rolle bei Lernprozessen spielt. Das zeigten Untersuchungen an Zebrafinken, die im Fachmagazin *Science* vorgestellt wurden. Die kleinen Vögel üben ihr charakteristisches Trillern offenbar im Schlaf und bekräftigen das tagsüber Gelernte im Stillen. Zwar kommt während des Schlafs kein Ton aus ihren Kehlen, doch die Aktivität ihrer Nervenzellen beweist, dass fleißig gelernt wird. Ob Mensch oder Vogel: Der Schlaf hilft, Gelerntes im Gedächtnis abzuspeichern und Erkenntnisse zu festigen.

## Im Himmelbett

Von Delfinen ist schon länger bekannt, dass sie schlafen können, während sie in Bewegung sind. Bei Vögeln war eine Verknüpfung von Bewegung und Schlaf nicht bewiesen, zumindest mit Zweifeln verbunden, zumal das Fliegen ein gewisses Wachsein erforderlich machen sollte. Doch durch experimentelle Nachweise wissen wir inzwischen, dass es Vögel gibt, die das Fliegen und das Schlafen gut miteinander vereinbaren können. Es sind die rasenden Segler der Lüfte, die Mauersegler, die sich praktisch niemals in unserem Sinne zur Ruhe begeben. Früher dachte man, dass die abends aufsteigenden Mauersegler die Nacht auf dem Mond verbrächten. Heute wissen wir dank der zahlreichen Forschungen: Selbst im Schlaf sind die Segler in Bewegung. Sie verbringen ihre Schlafzeit im Luftraum und schlafen quasi im Himmelbett. Wie gelingt ihnen das, ohne vom Himmel zu fallen?

Mauersegler reduzieren in ihren Schlafphasen ihre Fluggeschwindigkeit auf gemächliche 30 km/h – ein Tempo, das uns Menschen noch immer mehr zum Schwitzen bringen als in den Schlaf versetzen würde. Zuvor steigen sie in eine Höhe von bis zu 3000 Meter auf. Diesem Aufstieg folgt ein gemächlicher, lang anhaltender Gleitflug, der bei reduziertem Flügelschlag nur sehr allmählich in die Tiefe führt. Während dieser Flugphase absolvieren sie in sicherer Höhe ihr Schlafpensum. Diesen Lebensstil praktizieren die Segler – wenn sie nicht gerade brüten – nicht nur in unseren Breiten, sondern auch im Überwinterungsgebiet in Westafrika.

Auch Hochseevögel verbringen den größten Teil ihres Lebens in der Luft. Sie unternehmen über dem offenen Meer Nahrungsflüge, die sich auf bis zu 3000 Kilometer über mehrere Tage ausdehnen können. Die großen Fregattvögel lassen sich mit aufsteigenden Luftströmungen in die Höhe tragen und gleiten dann kilometerweit im leichten Abwärtstrend durch den Luftraum, quasi im Energiesparmodus. Wie Forscher vom Max-Planck-Institut für Ornithologie in Seewiesen herausfanden, genügen diesen Vögeln Kurzschlafepisoden. Durch die Messung der Hirnströme während ihres Gleitflugs wurde ermittelt, dass sie längstens sechs Minuten am Stück schlafen. Innerhalb von 24 Stunden kommen sie in der Summe auf 45 Minuten Schlafzeit. Dabei handelt es sich um eine Art Halbschlaf, genauer gesagt Halbhirnschlaf. Während sich eine Hirnhälfte im Schlafmodus befindet, übernimmt die andere Hälfte das Navigieren, und das dazugehörige Auge bleibt geöffnet. Auf Dauer ist diese extrem kurze Schlafzeit der Fregattvögel nicht ausreichend. Der Schmalspurschlaf im Luftraum findet seinen Ausgleich an Land. Dann näm-

lich schlafen die Fregattvögel ausgiebig und nicht unter zwölf
Stunden täglich.

## Träumen Vögel?

Für uns Menschen ist das Schlafen untrennbar mit dem Träumen verbunden. Im Schlafablauf folgen nach der Einschlaf-
phase der Tiefschlaf und anschließend der Traumschlaf. Ein
solcher Zyklus dauert beim Menschen rund 90 Minuten und
findet während einer Nacht vier- bis sechsmal statt. Wie Mes-
sungen ergeben haben, durchlaufen Vögel die gleichen Schlafphasen wie Menschen. Träumen deshalb Vögel auch?

Die Schlafforschung und vor allem die Traumforschung
stecken noch in den Kinderschuhen, beim Menschen und erst
recht bei den Tieren. Erste Aufschlüsse ergeben sich aus der
Messung des Hirnwellenlaufes. Auf Phasen mit langsamem
Hirnwellenlauf folgen Phasen mit schnellerem und vielfälti-
gerem Verlaufsmuster. Erstere werden als Non-REM-Schlaf
bezeichnet, Letztere als REM-Schlaf. REM steht für *Rapid
Eye Movement*, also für schnelle Augenbewegungen. Diese
Zuckungen kann man an schlafenden Menschen verfolgen.
Aber auch Herz, Lunge und Hirn sind während des REM-
Schlafs in Aktion, ähnlich wie im Wachzustand. Völlig er-
schlafft ist hingegen die Skelettmuskulatur des Körpers. Er-
wacht ein Mensch aus dieser Schlafphase, kann er sich oft an
einen Traum oder Bruchstücke davon erinnern. Diese Erinnerung beweist, dass das Gehirn in der REM-Phase aktiv be-

teilig ist. Pro Nacht verbringt der Mensch rund 100 Minuten, also 20 % seiner Schlafzeit im Traumzustand in Abschnitten von jeweils 20 Minuten.

Experimentell ist nachweisbar, dass viele Säugetiere und Vogelarten während ihres Schlafes ebenfalls die REM-Phase durchlaufen. Wir wissen, dass Hunde, Katzen und Gorillas zwischen 10 % und 25 % ihrer Ruhezeit im REM-Schlaf verbringen. Vor allem Raubtiere, zu denen auch die Hunde als Wolfsabkömmlinge zählen, werden von manchen Autoren als außergewöhnliche Träumer eingestuft. Träumen also Hunde, wenn sich ihre Augen im Schlaf ganz schnell bewegen, wenn ihr Körper zuckt und sie Laute von sich geben? Da sie als Jäger an der Spitze der Nahrungspyramide stehen, können sie sich einen ausgiebigen Schlaf leisten, sie haben nichts zu befürchten. Es ist denkbar, dass Raubtiere in ihren Träumen eine imaginäre Beute belauern oder sich anschleichen.

Von Tauben und anderen Vögeln ist bekannt, dass sie im Schnitt rund 10 % ihres Schlafs in der REM-Phase verbringen. Generell weisen Jungvögel einen höheren Anteil an REM-Schlaf auf als Altvögel. Ganz ähnlich verhält es sich bei Kleinkindern im Vergleich zu Erwachsenen. Neugeborene, aber auch menschliche Föten verbringen fast ihre gesamte Schlafdauer im REM-Schlaf.

Spielerisches Verhalten und Traumschlafzeiten scheinen in einem engen Zusammenhang zu stehen. Je höher der Anteil an REM-Schlaf, umso verspielter ist die Tierart. Junge Raubtiere, seien es Wölfe oder Füchse, verbringen viel Zeit mit unbekümmertem Spielen. Auf der anderen Seite stehen Hühnervögel, Bodenbrüter mit vielen Feinden. Sie gelten als ausgesprochene

Kurzträumer, deren Traumzeit auf sechs Sekunden beschränkt ist. Auch sind deren Küken nur wenig spielerisch veranlagt. Als Nestflüchter sind sie zudem schon beim Schlüpfen sehr weit entwickelt. Ihre Selbstständigkeit setzt sehr früh ein, und ihre kindliche Spielzeit ist kurz bemessen.

Nicht endgültig zu klären ist die Frage, ob die höheren Gehirnaktivitäten im REM-Schlaf der Tiere auch tatsächlich mit Träumen und verarbeiteten Erlebnissen in Verbindung gebracht werden können. Einige Wissenschaftler, wie Niels Rattenborg vom Max-Planck-Institut für Ornithologie in Seewiesen, gehen davon aus, dass auch Vögel träumen können. Nach Rattenborg ist es wahrscheinlich, dass die Fähigkeit zu träumen in der Evolution schon vor dem Menschen entwickelt wurde. Träume wären somit älter als die Menschheit!

# Fernweh

Es geht ganz sicher nicht nur mir so: Wenn die Rufe ziehender Gänse oder Kraniche an mein Ohr dringen, blicke ich zum Himmel und suche nach den Absendern. Bald entdecke ich die aufgereihten Vögel, ihre Rufe gehen unter die Haut. Reflexartig ergreift mich ein Fernweh, eine Reiselust, vielleicht auch ein Gefühl der Zugehörigkeit.

Regelmäßige, saisonale Wanderungen sind in der Natur weitverbreitet. Fische und Frösche wandern und Säugetiere ebenfalls. Unsere Vorfahren, solange sie nicht sesshaft waren, wanderten als Jäger und Sammler jeweils dorthin, wo sie glaubten, die besten Überlebenschancen zu finden. Bis in unsere Gegenwart gibt es noch wandernde Völker, so die Nomaden in den Wüstengebieten oder manche Bergvölker, wie im Himalaja. In Eurasien sind es die Sinti und Roma, denen das Umherziehen im Blut steckt. Und selbst in den Alpen entdecken wir noch jahreszeitlich bedingte Wanderungsbewegungen. Die Bergbauern treiben ihre Herden im Frühjahr auf die Almen, wo frisches Grün in Hülle und Fülle heranwächst, und im Herbst, wenn das Futter dort oben zur Neige geht, ziehen sie zusammen mit den Tieren wieder hinab ins Tal.

Vögel praktizieren Wanderungsbewegungen schon seit Mil-

lionen von Jahren. Der Vogelzug ist bis heute eines der spek-
takulärsten und rätselhaftesten Phänomene in der Natur.
500 Millionen Vögel fliegen jährlich über Mitteleuropa, quasi
über unsere Köpfe hinweg. Sie gehören 280 verschiedenen Arten an. Vermutlich merken die meisten unserer Zeitgenossen
kaum etwas davon. Das war früher anders. Damals, vor der
Industrialisierung, spielte sich der Alltag viel mehr draußen
als drinnen ab. Der Vogelzug war für die Menschen eine Zeit-
marke, ein Wendepunkt der Jahreszeiten. Mit den ankommen-
den Vögeln kündigte sich der Frühling an. Osterfeuer loderten
zum Himmel, der Winter und die bösen Geister wurden damit symbolisch vertrieben. Felder und Gärten wurden bestellt,
und die Tiere kamen aus ihren Ställen auf die Weide. Umgekehrt im Herbst. Das Wegziehen der Vögel galt als Abschied
vom Sommer.

Die Hälfte unserer mitteleuropäischen Brutvogelarten sind
Zugvögel. Dieser Vogelzug über Tausende von Kilometern ist
mit enormen Strapazen verknüpft. Das Risiko, die Flugreise
nicht zu überleben, liegt bei rund 50 %! Nur jeder fünfte Jung-
storch übersteht die Reise nach Afrika und zurück!

Was treibt die Vögel dazu, diesen Kraftaufwand und die damit verbundenen Risiken auf sich zu nehmen? Es sind innere
wie äußere Faktoren, die dem Zuggeschehen zugrunde liegen.
Wenn es auf den Winter zugeht, wird die Nahrung knapp. Viele
Vogelarten würden glatt verhungern, machten sie sich nicht
rechtzeitig aus dem Staub, um wärmere Gefilde aufzusuchen.

Wenn aber im Süden Nahrung rund ums Jahr verfügbar ist,
dann stellt sich die Frage, warum die Vögel nicht gleich dort
bleiben und sich den anstrengenden und gefahrvollen Weg er-

sparen? Die Antwort mag uns verblüffen: Für die Zugvögel sind unsere gemäßigten Zonen (zumindest solange es noch genug Insekten gibt) ein wahres Paradies. Die Natur explodiert im Frühling förmlich, und Nahrung gibt es im Überfluss. Hinzu kommt, dass sich die Zahl der Nahrungskonkurrenten hierzulande in Grenzen hält – ganz im Gegensatz zu den Tropen und Subtropen. Dort ist die »Schnabeldichte« viel größer, der Konkurrenzkampf viel härter. Und noch einen unschätzbaren Vorteil bietet der Norden: Die Tage sind länger, die Nächte kürzer. Während in Äquatornähe Tag und Nacht jeweils zwölf Stunden andauern, währt der Tag in Mitteleuropa zur Brutzeit rund 16 Stunden. Weiter im Norden Europas wird es zur Jahresmitte praktisch nie dunkel. Dort wachsen zwei Drittel aller europäischen Gänseküken auf. Sie können fast rund um die Uhr Grünfutter zupfen. Und Streit ist bei der unendlichen Weite der Futterflächen ausgeschlossen. So schaffen es die Gänseküken, schon nach acht Wochen ausgewachsen zu sein. Diese Eile ist geboten, denn mehrere Tausend Kilometer Flugstrecke liegen vor ihnen, um der drohenden arktischen Kälte zu entkommen.

## Die beliebtesten Flugrouten

Als Lieblingsreiseland der Deutschen gilt Spanien, einschließlich seiner sonnenverwöhnten Inselgruppen Balearen und Kanaren. Gerade dann, wenn sich die Sonne hierzulande rarmacht, wird der Süden zu einem Sehnsuchtsort, den sich Menschen und Vögel teilen.

Wohin die Vögel ziehen, blieb lange Zeit ein Geheimnis. Anfang des 20. Jahrhunderts deckte man es mit der Beringung der Vögel schließlich auf: Junge, noch nicht flugfähige Vögel oder mit Netzen eingefangene Altvögel erhielten einen passenden Leichtmetallring, eine Erkennungsmarke. Durch das Wiederauffinden beringter Vögel erhielten die Vogelzugforscher einen Überblick nicht nur über die Zugwege, sondern auch über das Alter und andere Merkmale der Vögel. Allerdings gelingt nur in jedem tausendsten Fall ein Wiederfund. Koordiniert werden diese Forschungen durch die Vogelwarten Helgoland, Radolfzell und Hiddensee. Durch neue Techniken der Besenderung und der Satelliten-Telemetrie erweitern sich unsere Kenntnisse ständig. In regelmäßigen Abständen können Positionsdaten auf 100 Meter Genauigkeit gewonnen werden.

Treten Menschen eine Flugreise an, werden Direktflüge bevorzugt, es wird die kürzeste Linie, die Luftlinie eingeschlagen. Vögel verfolgen je nach Artzugehörigkeit unterschiedliche Flugstrategien. Manche fliegen ganz ohne Zwischenstopp auf dem kürzesten Weg zum Ziel. Die meisten fliegen hingegen in Tagesetappen mit Zwischenlandungen.

Um von A nach B zu gelangen, gibt es mehrere Varianten. Die kleinen Singvögel fliegen ziemlich schnurstracks gen Süden. Man nennt sie Breitfrontzieher, weil sie die Alpen, das Mittelmeer und die Sahara verteilt in breiter Front überqueren. Großvögel verhalten sich meist anders und meiden das Mittelmeer. Warum? Die Segler unter den Vögeln, wie Kraniche, Störche, Bussarde und Adler, brauchen warme Aufwinde, die sich tagsüber nur durch die Sonneneinstrahlung über aufgeheizten Landflächen, aber nicht über dem Meer bilden. Da-

raus resultiert eine Bündelung der Zugwege auf zwei Haupt-
zugstraßen. Zur Auswahl stehen die Route via Spanien über
die 20 Kilometer breite Meerenge von Gibraltar nach Marokko
oder die Route über den Bosporus bei Istanbul, es sind die beiden wichtigsten Verkehrsknotenpunkte des Vogelzuges. Dementsprechend wird zwischen Westziehern und Ostziehern unterschieden. Im Gegensatz zu den Breitfrontziehern nennt
man sie Schmalfrontzieher. An diesen beiden Brennpunkten
des Vogelzuges – Gibraltar und Bosporus – konzentrieren sich
die wandernden Großvögel und bieten atemberaubende Bilder. Vor der Querung der Meerengen müssen die Vögel durch
Thermik ausreichend Höhe gewinnen.

Gleichgültig, ob das Mittelmeer überflogen oder umflogen
wird, es folgt die größte Wüste der Erde, die Sahara. Sie erstreckt sich über 2000 Kilometer und ist der entscheidende
Härtetest: Hunger und Durst sind ständige Flugbegleiter. Viele
überleben diese Strapazen nicht. Am schlimmsten sind die
Staubstürme, die tagelang anhalten können. Nur die stärksten
Vögel halten durch.

Wo lässt sich in unseren Breiten der Vogelzug am besten verfolgen? Konzentrationsorte finden wir entlang der Ostsee- und
Nordseeküste sowie am Bodensee. Auch an den großen Flüssen, die in Süd-Nord-Richtung verlaufen wie Oder, Elbe, Weser
und Rhein, lohnt es sich, zu den Zugzeiten im Herbst und im
Frühling die Augen offen zu halten. Die ersten Morgenstun-
den sind optimal, um die ziehenden Schwärme der Schwalben,
Stare und Ringeltauben zu erleben. Sie bevorzugen klares Flug-
wetter und Rückenwind. Die größeren Vögel wie die Kraniche,
Störche und Bussarde, die aufgrund ihres Körpergewichtes auf

das kräftesparende Segeln setzen, starten meist einige Stunden nach Sonnenaufgang und lassen sich gern vom Wind treiben. Will man Vögel an ihren Äsungs- und Schlafplätzen beobachten, sollten offizielle Aussichtspunkte oder Fotohütten gewählt werden.


## Den Polarstern im Visier

Es ist schon ein Phänomen, wie sich Vögel über Tausende Kilometer zurechtfinden, ihr Winterziel ansteuern und sich nach einem halben Jahr wieder in ihrer Brutheimat einfinden. Wie orientieren sich Vögel auf ihren Reisen? Selbst wenn viele Fragen noch offen sind: Fest steht, dass Vögel mehrere Methoden der Orientierung beherrschen und anwenden. Es handelt sich um ein komplexes Orientierungssystem mit eingebauten Sicherheiten. Tagflieger richten sich nach der Sonne. Der mittägliche und gleichzeitig höchste Sonnenstand weist nach Süden. Wie alle Tiere besitzen auch Vögel eine innere Uhr, die ihnen sagt, wie spät es ist. So wird die Tageszeit in die Berechnung der Himmelsrichtung einbezogen. Nachtflieger orientieren sich an Mond und Sternbildern. Dabei spielt der Polarstern eine zentrale Rolle, der den Weg nach Norden anzeigt. Woran halten sich aber die Nachtflieger auf ihrem Weg in den Süden? Kein Problem, durch ihre seitlichen Augen und den damit verbundenen »Rundumblick« haben Nachtflieger den Polarstern immer im Visier. Und was machen Vögel bei bedecktem Himmel, wenn Sonne und Sterne unsichtbar sind? Das UV-Licht dringt auch durch dichte Wolken, und das können Vögel sehen. Zusätzlich spielen auffallende Landmarken eine Rolle. Wie für Flugpassagiere sind auch für Vögel charakteristische Leitlinien wie Küstenverläufe, große Ströme und Gebirgszüge nicht zu übersehen. Nicht zuletzt ist es auch der bereits beschriebene Magnetsinn, der die Vögel zu ihren Zielen leitet.

Unerfahrene Jungvögel, die nicht von Altvögeln begleitet werden, fliegen auf ihrem ersten Zug in eine genetisch vorgegebene Richtung. So ziehen Jungstörche meist zwei Wochen vor den Altstörchen Richtung Süden. Während des Zuges aber treffen sie auf erfahrene Störche, die sie in die jeweilige Richtung mitziehen. Junge Gänse, Kraniche und Kiebitze folgen von Anfang an ihren Eltern, prägen sich dabei die Route ein und vergessen sie ein Leben lang nicht.

## Der Zugkalender

Die allermeisten Zugvögel fliegen solo oder in kleinen Trupps, selbst die Jungvögel, auch wenn sie erst drei Monate alt sind. Doch woher wissen sie, wann sie zur großen Reise aufbrechen müssen? Diese Fragestellung wurde an jungen Singvögeln erforscht, die von Menschen großgezogen wurden. Die Umweltbedingungen im Labor wie Temperatur, Tag- und Nachtlänge wurden konstant gehalten. Die Vögel konnten also nicht merken, wann es Herbst, Zeit zum Abflug wurde. Dennoch zeigten die Vögel in ihren Käfigen nachts Unruhe, und zwar genau zu jenem Zeitpunkt, als ihre frei lebenden Artgenossen auf Flugreise gingen. Diese nächtliche Zugunruhe hielt je nach Art unterschiedlich lange an. Bei den Mönchsgrasmücken, die nur bis Spanien zu fliegen haben, legte sich die Zugunruhe viel früher als bei den Gartengrasmücken, die gewöhnlich doppelt so weit bis nach Westafrika ziehen. Sowohl Dauer als auch Intensität der angeborenen Zugunruhe bestimmen also die Streckenlänge des Vogelzuges. Die Vögel spüren ganz offensichtlich, wann und wie lange sie zu fliegen haben, um ihr Ziel zu erreichen.

Die ersten Zugvögel im Vogeljahr kommen im Februar in ihren Brutgebieten an. Den Anfang machen der Star, die Feldlerche und der Hausrotschwanz. Sie gehören zu den Kurzstreckenziehern, die den Winter im Mittelmeerraum verbringen und rund 2000 Kilometer zu bewältigen haben. Im April erreicht der Vogelzug seinen Höhepunkt. Als letzte Zugvögel kommen im Mai die Langstreckenzieher Pirol, Wachtel und Mauersegler. Sie überwintern in der Sahelzone, vor allem in den Feuchtgebieten zwischen Nil, Tschadsee und Niger. Viele Arten aber ziehen sogar noch weiter bis ins Kongobecken, zu den großen Seen Ostafrikas oder gar bis nach Südafrika. Einige verschlägt es hingegen in den Nahen Osten, teilweise sogar bis nach Indien. Bis 10 000 Kilometer Flugstrecke sind dabei zu absolvieren.

Auf dem Heimzug im Frühling wird mehr Tempo gemacht, wer will schon zu spät kommen? Die Männchen haben es besonders eilig, denn wer zuerst da ist, hat die besten Chancen auf ein gutes Revier. Meist erreichen sie rund eine Woche vor den Weibchen die Brutheimat. An Steinschmätzern, typische Langstreckenzieher, wurde herausgefunden, dass die Männchen früher als die Weibchen starten, aber auch schneller fliegen. Bei Trauerschnäppern, ebenfalls Langstreckenzieher, bummeln einjährige Weibchen besonders stark. In den Folgejahren holen sie jedoch auf, offenbar ein Lerneffekt, denn früher ankommende Weibchen haben die größere Auswahl unter den balzenden Männchen.

Wenn sich zur Mittsommerzeit Schwärme von Kiebitzen auf den Feldern, Wiesen und Flussufern zeigen, dann sind diese ersten Ansammlungen schon der Auftakt des Vogelzuges in Richtung Süden. Die Masse an Zugvögeln fliegt von August bis Oktober, und erst im Dezember endet der Herbstzug. Anders als die Langstreckenzieher passen Kurzstreckenzieher ihre Zugzeiten an die aktuelle Wetterlage an. Wenn im Herbst polare Luftmassen eindringen, brechen die Vögel früher nach Süden auf. Ein milder Spätwinter kann sie dagegen vorzeitig wieder nach Norden locken.

Drei Viertel aller Zugvögel fliegen nachts. Die Nacht ist für sie sicherer als der Tag. Falken, Sperber und Habichte, alles ausgewiesene Vogeljäger, sind tagsüber auf Beutefang. Um ihnen auszuweichen, wird bei Dunkelheit geflogen. Tagsüber ist Rasten angesagt, verborgen im Schatten von Felsen oder Bäumen. Bei Einbruch der Dunkelheit setzen sie ihren Flug fort.

## Treibstoff und Kühlwasser

Was tanken Vögel? Ihr Treibstoff ist allein das Körperfett. Durch die biologische Fettverbrennung wird die notwendige Energie freigesetzt. Ist der Vorrat restlos aufgebraucht, können die Vögel tot vom Himmel fallen. Damit dieser Fall möglichst nicht eintritt, wird vor dem Abflug tüchtig aufgetankt. Als Energiequellen dienen öl- und stärkehaltige Samen, Früchte, Insekten und andere Kleintiere – durchweg nachwachsende Energiequellen. In Körperfett umgewandelt muss die Energie Hunderte bis Tausende Kilometer reichen. Um durchzuhalten, verdoppeln manche Vögel vor dem Abflug ihr Körpergewicht.

Wer hart arbeitet, kommt ins Schwitzen. Uns Menschen stehen dafür Schweißdrüsen zur Verfügung, der Schweiß kühlt den Körper. Nur so konnten unsere Vorfahren in der Steinzeit zu erfolgreichen Jägern werden. Was uns Menschen als geborenen Langstreckenläufern gegeben ist, fehlt jedoch den Langstreckenfliegern. Vögel haben keine Schweißdrüsen, sie können nicht schwitzen. Dennoch müssen sie sich vor Überhitzung schützen. Ihr Trick: Sie hecheln mit aufgesperrtem Schnabel, verdunsten auf diese Weise Wasser und kühlen so ihren Körper. Aber woher das Wasser nehmen? Statt Wasser zu bunkern und mitzuschleppen, gewinnen die Vögel das Wasser aus der biologischen Fettverbrennung. Wenn das nicht ausreicht, wird den Geweben Körperwasser entzogen. Doch mit der Zeit droht die Austrocknung.

Die meisten Vögel bevorzugen Zwischenlandungen an geeigneten Rastplätzen, wo sie ruhen, trinken und Nahrung aufnehmen können. Doch diese Rastplätze werden mit zunehmender menschlicher Besiedlungsdichte immer knapper. Vor allem die wichtigen Feuchtgebiete werden rar. Sie werden zunehmend entwässert und anschließend intensiv genutzt. Die wenigen verbliebenen Rastplätze locken wiederum Jäger und Wilderer an, selbst in Europa.

## Flugplanänderungen

Wohin die Reise im Herbst führt, ist seit ungezählten Vogelgenerationen klar: nach Süden. Doch in Stein gemeißelt sind die Flugziele nicht. Ändern sich die Bedingungen, so können die Flugziele angepasst werden.

Spektakuläre Flugplanänderungen sind in jüngster Zeit bei den Kranichen festzustellen. Die meisten dieser Segelflieger, die über Mitteleuropa hinwegziehen, kommen aus Skandinavien. Sie treffen sich an großen Sammelplätzen, an der Ostseeküste zwischen Rügen und dem Darß und in der Havelniederung im Teichgebiet bei Linum. Von dort geht die Reise auf den altbewährten Zugwegen weiter. Bayern wird von den Kranichen seit jeher umflogen. Vor zehn Jahren aber staunte man nicht schlecht, als erste Kranichformationen am bayerischen Himmel gesichtet wurden. Nun können sich auch Vögel irren, und man nahm an, dass sie vielleicht durch starke Winde vom Kurs abgekommen waren. Aber es wurden von Jahr zu Jahr mehr ziehende Kraniche gezählt. Bald wurde klar: Nicht die Vögel haben sich geirrt, sondern die Menschen mit ihren Erklärungsversuchen. Die Vögel hatten eine neue Zugroute gefunden, die ihnen mehr zusagte als der traditionelle Zugweg Richtung Balkan. In einem Feuchtgebiet mitten in der ungarischen Puszta, einem großen Rastplatz, entschieden sich einstige Ostzieher für eine neue Route gen Westen – immer den Donaulauf stromaufwärts im Blick. Statt über den Balkan nach Afrika zu segeln, wurde auf Südfrankreich und Spanien umgebucht, für Kraniche zwei sichere Reiseländer. Diese Erkenntnis hat sich an den Sammelplätzen zwischen den Vögeln herumgesprochen. Forscher vermuten, dass es ein weltweites Kommunikationsnetzwerk unter Zugvögeln gibt. An Rastplätzen, wo Vögel verschiedener Herkunft zusammentreffen, werden womöglich Informationen über ergiebige Nahrungsgründe, über Wetter und vielleicht sogar über Vogeljäger ausgetauscht. So wäre zu erklären, warum Kraniche ihre Zugrouten und Rastplätze wechseln.

Bei Weißstörchen sind die Flugziele ebenfalls in Bewegung geraten. Die höchste Storchendichte innerhalb Deutschlands findet man zwischen Elbe und Oder, auch Polen ist ein Storchenparadies. Die Masse dieser mitteleuropäischen Störche zieht seit jeher im August via Balkan – Bosporus – Sinai den Nil stromaufwärts – bis nach Ostafrika, teilweise bis nach Südafrika und ist dabei zwei bis vier Monate unterwegs. Doch nun gibt es einen neuen Trend. Zunehmend siedeln sich Nachwuchsstörche in Gebieten westlich der Elbe an und besetzen die im vergangenen Jahrhundert verlassenen Brutplätze. Teile der neuen Generation fliegen nun im Spätsommer nicht mehr auf den alten Routen gen Süden, sondern nach Spanien und Marokko und wurden so zu Westziehern. Ihr Anteil ist von

5 % auf 30 % der deutschen Storchenpopulation angewachsen. Warum diese Verschiebung? Die Westroute ist kürzer, weniger risikoreich, und die Überlebenschancen sind höher!

Die bevorzugten neuen Winterziele der Störche waren bis vor wenigen Jahrzehnten auch die Ziele unserer heimischen Graugänse. Doch inzwischen haben die Gänse gelernt, dass sie sich den anstrengenden Flug sparen können: Sie bleiben überwiegend im Lande und nähren sich redlich – auf zumeist schneefreien Wiesen und Getreidefeldern.

Während bei vielen Großvögeln die Zugrouten Lernstoff sind, werden den meisten Vogelarten die Zugwege in die Wiege gelegt, sie sind genetisch verankert. Doch wie andere angeborene Merkmale können sich auch Zugwege und Zugzeiten über mehrere Generationen verändern. Ein Musterbeispiel bieten unsere Mönchsgrasmücken, häufig in Parks und Gärten vorkommende, auffallend fleißige Sänger mit schwarzer Kappe. Seit einigen Jahrzehnten ziehen mitteleuropäische Mönchsgrasmücken im Herbst nicht mehr nur in den Süden, sondern auch gen Westen auf die wintermilden britischen Inseln. Gut genährt kommen sie im Frühjahr aufs europäische Festland zurück und besetzen die besten Brutreviere. Die »Mittelmeer-Mönche«, die einen doppelt so weiten Weg zurückzulegen haben, kommen als »Nachzügler« und müssen sich mit weniger optimalen Brutplätzen zufriedengeben. Folglich haben die »englischen Mönche« mehr Nachwuchs als die »römischen«. Auch äußerlich unterscheiden sie sich. Die einen haben rundere Flügel, für Kurzstrecken geeignet, die anderen dickere Schnäbel, passend für die großen Mittelmeerfrüchte. Da sie sich auch nicht mehr miteinander verpaaren, scheinen aus einer Vogelart zwei neue Arten hervorzugehen.

Während uns in der kalten Jahreszeit viele Brutvögel verlassen, kehren Wintergäste ein, die ihre Brutheimat im hohen Norden bis hin zu den arktischen Küsten haben. In manchen Flussniederungen Mitteleuropas ist aufgrunddessen die Vogeldichte im Winter sogar viel höher als im Frühling und Sommer. Riesige Gänsescharen landen in den Auen von Niederrhein, Ems, Weser, Elbe und Oder. Es sind vor allem Saatgänse und Blässgänse. Die norddeutschen Küstengebiete werden im Winter von zahllosen Ringelgänsen bevölkert, deren Brutheimat zwischen Grönland, Island und der russischen Tundra liegt. Die Gänse legen Tagesstrecken von etwa 700 Kilometern zurück, um bis nach Norddeutschland in ihr Winterquartier zu gelangen. Manche wählen den Weg über Land, andere fliegen schnurstracks über die Ostsee.

Auffallend hübsche Wintergäste finden wir unter den Singvögeln. Es sind die in Scharen einfliegenden Bergfinken und Seidenschwänze. Auch Birkenzeisige und Erlenzeisige kommen aus dem hohen Norden zu uns. Doch das ist längst nicht das komplette Aufgebot. Auch Trupps von Meisen, Rotkehlchen und Goldhähnchen kreuzen hier auf, um dem grimmigen Winter in Nord- und Osteuropa zu entfliehen. Sie fallen uns zwischen unseren heimischen Wintervögeln allerdings kaum auf.

Vögel kennen keine politischen Grenzen. Der Luftraum gehört ihnen, Mauern können sie nicht am Fliegen hindern. Die problematischen Grenzen für Vögel sind anderer Art. Es sind ökologische Grenzen, Grenzen des Überlebens.

# Vögel mit Migrationshintergrund

Deutschland ist ein attraktives Land. Es zieht Einwanderer aus vielen Ländern an. Was bislang für viele unbemerkt blieb: Auch für Vögel scheint dieses Land in der Mitte Europas verlockend zu sein. Es gibt definitiv mehr eingewanderte Vogelarten als Auswanderer. An Einwanderern scheiden sich generell die Geister. Die einen sehen in ihnen eine Bedrohung, die anderen, Gott sei Dank die Mehrheit, eine Bereicherung, ganz gleichgültig, ob wir von Menschen oder von Vögeln reden.

Migration ist so alt wie die Menschheit. Völkerwanderungen sind Teil unserer Geschichte. Vor rund 1500 Jahren migrierten germanische Stämme in den Mittelmeerraum, es lockte der Wohlstand des Römischen Reiches. Der Limes (Grenzwall) konnte die »Wirtschaftsflüchtlinge« aus dem Norden nicht aufhalten. Nach und nach integrierten sich die Einwanderer und stiegen sogar in höchste Ämter von Staat und Militär im Römischen Imperium auf.

Noch weiter zurückblickend stellen wir fest: Die Migration von Menschen steht mit der von Vögeln in engem Zusammenhang. In der längsten Zeitspanne menschlicher Geschichte, der Steinzeit, bestand die mitteleuropäische Vogelwelt vor allem aus Wald- und Wasservögeln. Feld- und Wiesenvögel fehlten fast völlig. Erst mit den Ackerbauern und Viehzüchtern kamen diese Vogelarten aus dem Nahen und Mittleren Osten nach und nach über die Balkanroute in unser Land. Die eingewanderten Menschen errichteten Wohnstätten aus Holz, Schilfrohr und Lehm. Mensch und Haustier lebten unter einem Dach –

und auch der Hausspatz fand hier als Neuankömmling seinen Platz. Wie Forscher um Mark Ravinet von der Universität Oslo durch Genvergleiche feststellten, kam es nach der Einwanderung zu Mutationen. Die Spatzen bekamen nicht nur stärkere Schnäbel, es traten bei Spatz und Mensch auch genetisch vergleichbare Anpassungen im Verdauungssystem auf, um stärkereiche Nahrung besser verwerten zu können.

Ziegen, Schafe und Rinder veränderten nach und nach die Landschaft. Aus den urwüchsigen Wäldern entstanden Weidelandschaften. Es breiteten sich Vogelarten aus, die von der Weidewirtschaft profitierten, wie Braunkehlchen, Wiesenpieper und Schafstelzen. Mit dem Anbau von Getreide kamen aus den südöstlichen Steppen weitere Arten hinzu, darunter Rebhühner, Feldsperlinge, Lerchen und Ammern. Der spätere Bau von Festungen, Burgen, Schlössern und Kirchen ließ Brutplätze für Turmfalken, Schleiereulen, Dohlen und Mauersegler entstehen. Das dichte Nebeneinander von sehr unterschiedlichen Biotopen und die Kleinräumigkeit der Landschaft steigerten die Artenvielfalt in Mitteleuropa um 1800 auf ein Maximum. Kulturlandschaften existierten neben unberührten Naturlandschaften. Felder, Wiesen und Siedlungen boten ebenso Lebensraum wie Urwälder, Moore und Sümpfe, wilde Fluss- und Bachläufe, unberührte Küsten und Strände sowie Gebirge. Verschmutzung und Vergiftung waren weitgehend unbekannt, und wenn es sie gab, so waren sie nur ein lokales Problem.

Etwa vor 200 Jahren mit Beginn der Industrialisierung setzte eine Bevölkerungsexplosion ein. Die Familien hatten zehn und mehr Kinder, und alle sollten satt werden. So suchte man nach nutzbarem Land, man entwaldete Gebirge, legte Moore und

Sümpfe trocken, kanalisierte Flüsse. Es begann eine Verdrängung, die bis heute anhält: Menschen okkupieren die Lebensräume der Vögel für ihre eigenen, wachsenden Ansprüche. Der wohl heftigste Einbruch in die Vogelbestände begann in der Mitte des 20. Jahrhunderts und beschleunigte sich bis in die Gegenwart. Mit dem flächendeckenden Einzug von Großtechnik und Agrochemie schrumpfte die Vielfalt der Vogelfauna. Aus vielen Einwanderern wurden seither Auswanderer. Vor allem die Feld- und Wiesenvögel, aber auch die Vögel der Auen und Moore sind seither auf dem Rückzug. Und selbst manche Waldvögel, die auf alte, unberührte Mischwälder angewiesen sind, machen sich rar oder sind – wie die Waldhühner – schon fast gänzlich verschwunden.

## Zugezogene und ihre Schlepper

Gerade in jüngerer Zeit kamen neue Arten ins Land. Es sind die Neubürger, auch Neozoen genannt. Einige wanderten aus freien Stücken ein, viele wurden durch den Menschen eingeschleppt. Zahlreiche Fremdlinge wurden mit Absicht importiert und ausgesetzt, oder es sind Flüchtlinge aus Volieren, Käfigen und Zoos. Insgesamt hat man in Deutschland 360 gebietsfremde Vogelarten registriert, von 90 Arten wurden Brutnachweise erbracht, und zwölf Arten sind bereits fest etabliert und breiten sich aus.

Einer der ältesten Neozoen ist der Jagdfasan, der vermutlich schon in der Römerzeit zu uns gelangte. Beheimatet ist er in Südasien. Seit dem 19. Jahrhundert wird er in Deutschland auch gezüchtet und ausgewildert – zur »Bereicherung der Jagdstrecke«. Als kälteempfindliche Art ist der Fasan vor allem im wintermilden Nordwestdeutschland anzutreffen.

Als Parkvogel findet der schwarze Trauerschwan seit etwa 1850 an Deutschland und Frankreich Gefallen. Seine eigentliche Heimat ist Australien. Seit 1963 brüten sehr vereinzelt ausgesetzte oder verwilderte schwarze Schwäne in Deutschland. Manche dieser Schwäne sind in ihrem Brutverhalten auf den Sommer auf der Südhalbkugel fixiert und brüten daher im Winter, manchmal sogar erfolgreich. Aufgrund der geringen Dichte leiden sie des Öfteren unter Partnermangel. Zu einer skurrilen Liebesgeschichte kam es 2006 in Münster, als sich Hals über Kopf ein weiblicher Trauerschwan, genannt Petra, in ein Tretboot verliebte, das in Form eines weißen Schwanes über den See schaukelte. Die Romanze währte bis Silvester 2008. Wohl durch Böller veranlasst, trat Petra die Flucht an. In 50 Kilometern Entfernung wurde sie am 2. Januar völlig entkräftet aufgefunden. Dort bekam Petra einen artgerechten Partner zugeteilt und zeugte mit ihm einen Sohn. Dieser wiederum ging eine Beziehung mit einer Ente ein, die ebenso folgenlos blieb wie die Ex-Beziehung der Mutter mit dem Tretboot.

In die Kategorie »verwilderte Gefangenschaftsflüchtlinge« fallen eine Reihe von Wasservögeln wie die Nilgans, die Kanadagans, die Rostgans, die Mandarinente und die Brautente. Eine erstaunliche Karriere hat die Nilgans hingelegt. Ursprünglich im Nilgebiet und darüber hinaus in ganz Afrika südlich der Sahara beheimatet, wurde sie in den Niederlanden ausgesetzt und hat sich ab 1981 zunächst rheinaufwärts und schließlich über fast ganz Deutschland vor allem entlang der Flüsse mit hohem Tempo ausgebreitet. Zwischen 2000 und 2005 hat sich ihre Zahl verzehnfacht. Einen ähnlichen Aufstieg erlebte die Kanadagans, die aus Nordamerika stammt. Sie besiedelt gern Gewässer in Ballungsräumen, daher trifft man sie in Nordrhein-Westfalen am häufigsten an. Auch der knallgrüne Halsbandsittich bevorzugt urbane Lebensräume. Der zu den Papageien zählende Vogel hat seit 1970 in einigen Städten am Mittelrhein Fuß gefasst. Die Nachfahren der ausgesetzten Vögel tummeln sich schwarmweise in den Parkanlagen.

Einige Vogelarten wanderten in den letzten Jahrzehnten ganz ohne menschliches Zutun in Mitteleuropa ein. Um 1950 kamen die ersten Türkentauben zu uns. Die zierlich wirkende Taube mit dem tiefschwarzen Nackenring stammt ursprünglich aus Asien und kam über die Türkei und den Balkan in unsere Breiten. Als Kulturfolger fühlt sie sich in städtischen Parks und auf Friedhöfen heimisch.

Aus eher kühleren Regionen stammen die Singschwäne. Seit jeher sind diese imposanten Vögel Wintergäste an Nord- und Ostsee sowie auf unseren großen norddeutschen Strömen. Den Sommer über brüten sie jenseits des Urals an den Waldseen der Taiga. Im Spätherbst treffen sie bei uns ein und vollführen auf dem Wasser weithin schallende Balzrituale selbst bei eisiger Kälte. Im März verlassen sie das Winterquartier wieder. Doch seit einigen Jahren verzichten einige Exemplare auf den Rückflug und brüten in wachsender Zahl im Spreewald.

Ebenso aus kalten Klimazonen, aus Grönland, Spitzbergen und der sibirischen Nordmeerküste, ist die Weißwangengans zu uns als Brutvogel vorgedrungen. Wegen ihres starken Kontrastes zwischen weißem Gesicht und schwarzem Scheitel, Nacken und Hals wird sie auch als Nonnengans bezeichnet. Seit 20 Jahren brütet sie nun auch erfolgreich im Ostseeraum.

## Umzug in die Stadt

Viele Einwanderer aus fernen Ländern – Menschen wie Vögel – zieht es in erster Linie in städtische Ballungsräume. Auf regionaler Ebene ist ein ähnlicher Trend zu beobachten, eine Art Binnenmigration.

Ein typischer Land-Stadt-Umzügler ist die Amsel. Während sie zu Beginn des 19. Jahrhunderts noch ein ziemlich scheuer Waldvogel war, ist sie heute zu einem der bekanntesten Stadtvögel geworden. Mit rund acht Millionen Brutpaaren in Deutschland ist sie neben dem Buchfinken die häufigste Vogelart in Deutschland. Schaut man sich die landesweite Verbreitung der Amsel an, so zeichnet sie ziemlich exakt die Verteilung der Einwohner nach. Wo viele Menschen leben, leben auch viele Amseln. Die meisten finden sich in Berlin, Hamburg, München, der Rhein-Ruhr- und der Rhein-Main-Neckar-Region. In den Städten kommt die Amsel in sehr viel höherer Dichte vor als in den Wäldern. Fünf Amselreviere können auf einer Fläche von nur einem Hektar Platz finden, sofern Büsche und Hecken Nistmöglichkeiten bieten. Die städtischen Konzerte in der Morgendämmerung werden vielerorts von den inbrünstig tönenden Amseln beherrscht.

Doch nicht nur die Amsel ist zum typischen Stadtvogel geworden. Schaut man sich die zwölf häufigsten Brutvögel Deutschlands an, dann sind sechs Arten davon bevorzugt in Städten zu Hause: Neben der Amsel sind es Haussparz, Kohlmeise, Blaumeise, Ringeltaube und Grünfink. Städte sind Wärmeinseln und bieten selbst im Winter vieles, was das Vogelherz begehrt. Vor allem Gartenstädte und Grünanlagen mit dichten Hecken liefern Nahrung und Schutz zugleich. Die Haussparzen hingegen haben selbst die innersten, fast baum- und strauchfreien Stadtviertel für sich entdeckt. Sie profitieren von Pausenbroten und Kuchenkrümeln.

Wie aber kommen Singvögel mit dem Lärm der Städte zurecht, zumal ihre Kommunikation zu einem großen Teil aus Lautäußerungen besteht? Fest steht: Lärm verursacht nicht nur bei Menschen, sondern auch bei Vögeln Stress. Um sich dennoch zu verständigen, muss der Lärm umgangen oder übertönt werden. Dazu haben Vögel mehrere Möglichkeiten: Manche Vögel verlegen ihre Gesangsaktivität in die lärmarmen Nachtstunden. So beginnen Stadtamselmännchen mit ihrem Gesang schon, während sich ihre ländlichen Brüder noch tief im Schlafe wiegen. Die vielen künstlichen Lichtquellen machen die Nacht optisch zum Tage. Um den Störsender Lärm zu umgehen, singen andere Vögel in einer höheren Frequenz. Das kann aber zu Missverständnissen zwischen Männchen und Weibchen führen. Bleibt noch die Alternative »lauter singen«. Genau das praktizieren viele Vögel, es hat aber seinen Preis: Es kostet mehr Energie, und es gibt Grenzen, denn ein Vogel kann nicht beliebig laut singen. Bei zu vielen Umweltgeräuschen geht die Vogelstimme im Lärm unter, und der Gesang kann weder rivalisierende Männchen abschrecken noch Weibchen anlocken.

Der Lärm ist nicht der einzige Stressfaktor, dem die Stadtvögel ausgesetzt sind. Pausenloser Lichterglanz sowie die gut gemeinte Fütterung stimulieren die Vögel zur frühen Brut. Wie in Frankfurt/Main durch eingehende Untersuchungen nachgewiesen wurde, beginnen die Kohlmeisen drei Wochen früher mit ihrem Brutgeschäft als ihre Schwestern in der freien Landschaft. Und das Ergebnis? Ein Drittel der Bruten verhungert, da es früh im Jahr kaum Insektennahrung für die Jungvögel gibt. Ein weiteres Drittel wird von Katzen, Krähen und Elstern geplündert, weil es noch an grüner Deckung fehlt.

Auch Wasservögel beginnen zunehmend, städtische Lebensräume zu entdecken. In den Parkgewässern siedeln sich Schwäne, Gänse, Enten und Rallen an. Sie haben gelernt, in der Stadt keine Angst vor Jägern haben zu müssen. Während Gänse in freier Landschaft eine hohe Fluchtdistanz einhalten, wurden sie in den Städten fast handzahm. Die Fütterung durch Menschen trägt das ihrige zur Zähmung bei. Graugänse und Stockenten sind bekanntlich die Vorfahren unserer Hausgänse und Hausenten. Was wir heute in den städtischen Parks erleben, ist der Versuch einer Zweitauflage der Domestizierung des Geflügels, wie sie durch unsere Vorfahren in der jüngeren Steinzeit ablief.

Es wäre sehr verwunderlich, wenn nicht auch die klügsten aller Vögel, die Rabenvögel, die Vorzüge der Stadt entdeckt hätten. Und in der Tat: Saatkrähe, Rabenkrähe, Nebelkrähe, Dohle, Elster und der einst als scheu beschriebene Eichelhäher gehören zu den Zuzüglern. Als wenig wählerische Alles-

fresser finden sie in der Wegwerfgesellschaft ein gutes Auskommen.

Manche Zuzügler machen sich als Botschafter der Natur bei
diversen Vertretern der Menschenwelt allerdings unbeliebt.
Den größten Ärger bereiten die Stadttauben, die als Felsenbrüter ganz ohne Bäume gut zurechtkommen und auf Dach-
böden hoher Gebäude brüten. Erst zu Beginn des 20. Jahrhunderts tauchten sie in unseren Städten auf. Während des Zweiten
Weltkrieges verschwanden sie wieder, sie wurden in Notzeiten
verspeist. Im Gegensatz zu den paarweise baumbrütenden Ringeltauben treten die Stadttauben in Schwärmen auf. Straßen
und Plätze werden belagert, nicht ohne Hinterlassenschaften.
Der Grund sind letztlich die Menschen selbst mit ihrer falsch
verstandenen Tierliebe. Die Tauben, Enten und Schwäne mit
Brot großzügig zu füttern, ist alles andere als eine gute Idee.
Eine unnatürlich hohe Vogeldichte verschmutzt städtische Lebensräume, Gewässer und deren Ufer, Parkteiche erleiden Sau-
erstoffmangel, Fische sterben und Botulismus-Krankheitser-
reger breiten sich aus, die letztlich auch den Vögeln schaden.
Diese Folgen sind den wenigsten Menschen bewusst, selbst
Hinweisschilder werden ignoriert.

Warum tun Menschen das Unvernünftige? Die Psychologin
Andrea Beetz, die an den Universitäten in Rostock und Wien
über die Mensch-Tier-Beziehung forscht, sieht in dem Verhalten eine Befriedigung des angeborenen Fütterungstriebes. Die
Menschen glauben, den Vögeln Gutes zu tun, sind dabei be-
glückt und entspannt. Die emotionale Belohnung erfolgt durch
die Ausschüttung des Bindungshormons Oxytocin. Für viele
Menschen stellt das Füttern der Vögel einen wichtigen sozia-

len Kontakt in ihrem Leben dar. Vögel, die begierig das angebotene Futter aufnehmen, vermitteln das Gefühl des Gebrauchtwerdens.

Einen weiteren Umzügler Richtung Stadt treffen wir bei einem Urlaubsaufenthalt an der Küste. Es sind die Möwen. Ihr Geschrei gehört zur Nord- und Ostsee wie Salzwasser und Wind. Doch in manchen Urlaubsorten werden sie schon regelrecht lästig. Urlauber locken sie in die Touristenhochburgen – durch Füttern aus Spaß. Allerdings ist es mit dem Spaß dann vorbei, wenn die Möwen zu Kleptomanen werden. Kaum hat man ein Fischbrötchen oder eine Eiswaffel erstanden, kommt hinterrücks blitzschnell eine Möwe und schnappt sich den Bissen. Auf den Fisch- und Käsemärkten nehmen Möwen Kostproben und setzen mitunter eine dünnflüssige Hinterlassenschaft auf den feilgebotenen Waren ab. Das ist ärgerlich, aber nicht natürlich, sondern menschengemacht. Der Mensch hat die Möwe durch sein Verhalten zum Schmarotzer erzogen. Warum mühsam Fisch fangen, wenn es durch Diebstahl einfacher geht? Nach und nach siedeln diese Meeresvögel auch ins Binnenland um: immer dorthin, wo es sich am besten leben lässt – eine zutiefst menschliche Verhaltensweise.

Zu den typischen Stadtvögeln zählen auch einstige Bewohner von Felsenlandschaften, die Turmfalken, Mauersegler und Mehlschwalben. Sie alle akzeptieren die Straßenschluchten, die Türme und Hochhäuser als Ersatzfelsenlandschaften. Den Vögeln ist es schlicht egal, ob es sich um Natur- oder Kunstfelsen handelt. Zunehmend kommt auch der Wanderfalke in die Städte. In den 1970er Jahren des letzten Jahrhunderts fast ausgestorben, sind Wanderfalken wieder als Brutvögel auf zahl-

reichen Türmen im Rheintal, auf dem Berliner Roten Rathaus und dem Magdeburger Dom eingezogen. Die Tauben als Nahrungsgrundlage machen es möglich.

Doch der Umzug der Vögel in die Städte ist keine Einbahnstraße. Vielerorts müssen die Zuzügler wieder weichen. Den Falken wird der Einflug in die Türme durch Vergitterung verwehrt, Mauersegler und Mehlschwalben treffen auf naturentfremdete Menschen, denen der natürliche Stoffwechsel der Vögel ein Graus ist und die deshalb die Nester systematisch zerstören oder deren Errichtung durch abschreckende Maßnahmen, wie Flatterbänder, erst gar nicht zulassen. Selbst dem seit Anbeginn verbündeten Gefährten des sesshaften Menschen, dem gemeinen Hausspatz, ergeht es zunehmend schlechter, da ihm mit der umfassenden Sanierung der Gebäude kein Schlupfloch mehr unter dem Dach oder im Mauerwerk verbleibt und er daher aus purer Wohnungsnot aus manchen modernisierten Stadtteilen wieder ausziehen muss. Da auch im ländlichen Raum die spatzenfreundliche bäuerliche Landwirtschaft mit der Freilandgeflügelhaltung im Verschwinden begriffen ist, ging der Spatzenbestand in ganz Nordrhein-Westfalen seit Mitte des letzten Jahrhunderts um 80 % zurück. So isoliert sich der Mensch von der lebendigen Natur.

## Klimaflüchtlinge und Dableiber

Wenn das Überleben zum Problem wird, ergreifen Menschen die Flucht und geben ihre Heimat auf. Millionen Menschen sind zunehmend von Hunger und Krieg bedroht, vor allem in Afrika. Jahrelange Dürren lassen die Viehherden umkommen, und selbst Kinder verhungern. Wer noch die Kraft hat, flieht aus diesem Inferno. Die gegenwärtigen Völkerwanderungen verlaufen grundsätzlich anders als vor 1500 Jahren. Damals zogen germanische Stämme in Richtung Mittelmeerraum bis nach Nordafrika, auch der Limes konnte sie nicht aufhalten. In der jüngsten Zeit strömen Flüchtlinge in die entgegengesetzte Richtung. In beiden Fällen spielen das Klima und die Lebensbedingungen als Fluchtursachen eine zentrale Rolle.

Schon vor Jahrzehnten machten sich Vögel des Südens auf

den Weg nach Norden. Ihre Mobilität führte sie dorthin, wo
es sich besser leben lässt und der Nachwuchs gut gedeiht – in
eine neue Brutheimat. Es war im Sommer 1995, als ich erstmals
ein Bienenfresserpärchen an einem Brutplatz an der Mittelelbe
bestaunen konnte. Diese exotisch bunten Vögel erschienen mir
wie Botschafter aus einer fernen, fremden Welt. Ihr Zuhause
sind die Subtropen und die Tropen.

Damals war der Klimawandel noch längst nicht in aller
Munde, die Bienenfresser waren die Vorboten einer Klima-
änderung. Lange Zeit nicht ernst genommen, kommt der
Klimawandel in einem Tempo auf uns zu wie nie zuvor in der
Geschichte der Menschheit. Inzwischen brüten Hunderte Bienenfresser zwischen Elbe und Saale, mehr als die Hälfte aller
Vorkommen in Deutschland. Trocken warme Sommer, ausreichend Fluginsekten sowie Tagebau-Steilwände für den Nistplatz sorgen für wachsende Bruterfolge. Doch der Bienenfresser ist nicht der einzige Indikator des Klimawandels. Ebenso

haben sich Silberreiher, Seidenreiher, Mittelmeermöwe und Schwarzkopfmöwe den Weg bis nach Mitteleuropa gebahnt. Niemand hat ihr Bleiberecht infrage gestellt. Sie sind dabei, sich als feste Bestandteile der hiesigen Vogelfauna zu etablieren.

Neben den Einwanderern, die aus Gründen der Klimaveränderung ihren »Hauptwohnsitz« nach Norden verlegen, gibt es Vogelarten, die ihren »Nebenwohnsitz« im Süden aufgeben und im Norden dauerhaft sesshaft werden. Die zunehmend milderen Winter veranlassen immer mehr Zugvögel, ihre Reisepläne zu ändern. Manche Vogelarten verkürzen ihre Reise oder lassen sie ganz und gar ausfallen. Die Zahl der »Dableiber« unter den Kranichen hat sich in Deutschland innerhalb weniger Jahre verzehnfacht. Mehrere Zehntausend dieser anmutigen Vögel suchen auf abgeernteten Feldern ihr winterliches Auskommen, ausbleibende Schneedecken machen es möglich. Wozu sich die großen Anstrengungen und Risiken aufbürden, wenn es bequemer und sicherer geht? Vögel sind lernfähig.

Auch viele Kleinvögel trotzen zunehmend dem mitteleuropäischen Winter. Es sind einige Kurzstreckenzieher wie Star, Singdrossel, Hänfling, Stieglitz, Hausrotschwanz, Goldammer und Lerche, die zum Bleiben tendieren. Kommt dann doch einmal ein kalter und schneereicher Winter, haben sie allerdings Pech und können verhungern, wenn sie nicht rechtzeitig die Flucht ergreifen. Die Risiken des Fliegens und die Risiken des Bleibens halten sich etwa die Waage. Mit fortschreitendem Klimawandel verschiebt sich diese Balance aller Wahrscheinlichkeit nach hin zum energiesparenden Bleiben. Doch auch jene Vögel, die an der Zugtradition festhalten, ändern ihr Verhalten. Sie kehren um ein bis zwei Wochen früher aus ihrem Winterquartier zurück und beginnen entsprechend eher mit dem Brutgeschäft. Auch der Wegzug im Herbst setzt später ein.

Der Klimawandel kennt neben Gewinnern auch Verlierer. Die Wüstengebiete breiten sich immer weiter aus, Trockenheit und Überweidung lassen traditionelle Überwinterungsgebiete zu lebensfeindlichen Zonen werden. So ist es kein Zufall, dass den stärksten Bestandsrückgang unter allen mitteleuropäischen Brutvögeln derzeit gerade die Langstreckenflieger erleiden.

Der größte Verlierer des Klimawandels wird aber der Mensch selbst sein. Damit trifft es den Verursacher, allerdings in höchst ungerechter Verteilung: Jene Länder, die die Klimaveränderung am wenigsten verursacht haben, trifft es am härtesten, wie Bangladesch, ein Land, das nur wenige Meter über dem Meeresspiegel liegt. Kein Teil der Erde wird jedoch ungeschoren davonkommen. Verheerende Stürme, Überschwemmungen und Dürreperioden werden häufiger, ihr Ausmaß gewaltiger. Nicht die Vögel, sondern die Menschen selbst werden das größte Leid zu ertragen haben. Vögel sind flexibler, anpassungsfähiger, können rascher reagieren und ausweichen. Ihre »Infrastruktur« kann andernorts flink wieder aufgebaut werden, wenn die sonstigen Bedingungen stimmen. Hilfreich für diese Anpassungsprozesse ist die genetische Vielfalt, eine hohe Plastizität. Was aber soll mit den Millionen Menschen in Südeuropa und Nordafrika geschehen, wenn große Teile des Mittelmeerraumes zur Wüste verkommen? Wohin sollen die heimatlosen Klimaflüchtlinge auswandern? Ein neues Nest ist

schnell gebaut, aber Millionenstädte mit allen Versorgungs-
einrichtungen und Nahrungsquellen?

Verglichen mit den Problemen, die auf die Menschheit zu-
kommen, erscheinen die Probleme der Vögel fast schon als
Luxusprobleme. Manche Vogelarten werden durch die Erd-
erwärmung weiter nach Norden gelockt und besetzen neue
Regionen. Dafür verschwinden sie andernorts. Doch ganz so
einfach ist es nicht. Auf der Basis von Klimamodellen haben
Wissenschaftler des Senckenberg Biodiversität und Klima For-
schungszentrums gemeinsam mit britischen Kollegen von der
Royal Society for the Protection of Birds die Veränderungen
der europäischen Vogelwelt im Zuge des Klimawandels untersucht. Im Ergebnis ist festzustellen, dass sich die Brutgebiete
der Vögel Europas im Verlauf des 21. Jahrhunderts um über
500 Kilometer nach Nordosten verlagern. Entsprechend verlängern sich auch die zu bewältigenden Strecken der Zugvögel
zu ihren afrikanischen Winterquartieren, während die Rast-
möglichkeiten abnehmen. Hinzu kommt, dass die nutzbaren
Brutgebiete voraussichtlich um 20 % schrumpfen. Besonders
kritisch kann es für die Vögel der Feuchtgebiete werden, wie
für Störche und Watvögel, wenn die Temperaturerhöhung zu
steigender Verdunstung und Austrocknung der Nahrungs-
räume führt. Andererseits würde ein Anstieg des Meeresspie-
gels die Brutplätze der Küstenvögel unter Wasser setzen. Katas-
trophale Folgen, vor allem für Millionen von Zugvögeln, dürfte
der Verlust der weltweit einzigartigen Wattgebiete an der Nordsee durch dauerhafte Überflutung haben, denn sie dienen bislang als alternativlose Tankstellen auf dem alljährlichen Vogelzug.

Den Brutvögeln Europas steht im Hinblick auf den Klimawandel eine ungewisse Zukunft bevor. Um ihnen den Umzug
zu erleichtern, bedarf es ökologischer Trittsteine, also eine Vernetzung der Lebensräume. Mehr Feuchtgebiete, mehr Hecken
und Gehölze, mehr Wildnis und intakte Lebensräume ohne
Gift. Aber genau daran besteht schon heute ein akuter Mangel,
der so dramatisch ist, dass viele Vogelarten schon verschwinden könnten, bevor sich die Wirkungen des Klimawandels voll
entfalten.

# Kampf ums Überleben

Auch wenn wir es nicht wahrhaben wollen, uns Menschen geht es hierzulande gut. Der tägliche Kampf ist dem täglichen Kauf gewichen. Akute, lebensbedrohliche Nöte sind selten geworden. Bei schlechtem Wetter fliehen wir in unsere Behausungen oder bleiben gleich ganz und gar dort, denn draußen, so der verbreitete Glaube, lauern jede Menge Gefahren: Regentropfen und umstürzende Bäume, Mücken und Zecken, Fuchsbandwürmer und Wölfe im Rudel.

Doch wie kommen Vögel in freier Natur mit den widrigen Bedingungen klar? Gegen Regen und Kälte hilft den Vögeln generell ihr gut gefettetes und luftgefülltes Federkleid. Es ist wasserabweisend und hat eine hervorragende Wärmedämmung. So kann ein brütender Seeadler auf seinem Nest im Spätwinter eingeschneit werden, während unter ihm wohlige Wärme herrscht – so gut isoliert sein Gefieder. Menschen nutzen diese Eigenschaft seit Jahrtausenden in Form von Federbetten.

Jede Vogelart hat eigene Strategien entwickelt, um mit Unwettern zurechtzukommen. Kleinvögel ziehen sich in Höhlen oder in dichtes Gebüsch zurück. Auch Feldvögel gehen in Deckung, drücken sich auf den Erdboden oder verkriechen sich unter Grasbüscheln. Wasservögel suchen bei Stürmen wind-

geschützte Buchten auf oder verstecken sich im Röhrichtgürtel. Wind und Wellen werden dort gebrochen und kommen in
deutlich verminderter Stärke an. Ereignet sich ein Unwetter zur
Brutzeit, harren die Altvögel, solange es irgend geht, auf dem
Nest aus. Großvögel wie Fischadler und Störche, deren Nistplätze in luftiger Höhe angesiedelt sind, ducken sich tief ab.
Der Regen perlt am Gefieder ab, und ihr Körpergewicht verhindert, dass sie weggeweht werden. Doch gegen tödliche Blitzeinschläge sind auch sie machtlos.

Besonders viel Wind bläst an den Küsten. Wie kommen die
Vögel in diesen Lebensräumen klar? Möwen und Seeschwalben trotzen Wind und Wetter gemeinschaftlich. Am Ufer aufgereiht richten sie sich so aus, dass der Wind möglichst wenig
Angriffsfläche findet: stoisch, ausdauernd, wie verwurzelt am
Strand ausharrend. Lethargie überkommt hingegen Mauersegler, wenn Sturmtiefs anrücken und nasskaltes Wetter mitbringen. Ihre Nestlinge und teilweise sogar die Altvögel verfallen in
eine Art Kältestarre. Die Körperfunktionen werden gedrosselt,
der Herzschlag und die Atemfrequenz reduziert und die Körpertemperatur abgesenkt – eine ausgeklügelte Überlebensstrategie. Mauersegler können so bis zu einer Woche überstehen.
Dann ist in der Regel die Kältewelle vorüber.

Bei vielen Vögeln sorgen Kälteeinbrüche für Familientragödien. Gerade während der Nestlingszeit benötigt der Nachwuchs viel Wärme und Nahrung. Doch welche Insekten lassen
sich bei Nässe und Kälte blicken? Der zeitliche Aufwand für
die Nahrungssuche steigt immens, und die Jungvögel, die gerade viel Wärme benötigen, kühlen aus. Es ist ein Teufelskreis
aus Nahrungsmangel und Kälte. Bald haben die Küken keine

Kraft mehr, um ihre Schnäbel aufzusperren. Sie gehen lautlos zugrunde.

Nicht nur Kälte, Sturm und Regen gilt es zu widerstehen. Auch Hitze und intensive Sonnenstrahlung erfordern Schutzmaßnahmen. Bei sehr hohen Temperaturen verfallen die Vögel ins Schweigen, sie ziehen sich an kühlere Orte zurück, machen Siesta. Um Jungvögel in oben offenen Nestern vor Austrocknung zu schützen, werden Sonnenschirme aufgespannt. Ein Elternvogel breitet seine Flügel aus und spendet Schatten. Und wie schützt er sich selbst? Eine raffinierte Methode zum Schutz vor Sonnenbrand hat der Storch entwickelt. Damit seine langen Beine, auch als Ständer bezeichnet, nicht in der Sonne verbrennen, verpasst er ihnen einen weißen Schutzmantel, indem

er sie bekotet: Ein paar gezielte Schüsse, und der Mantel sitzt
wie angegossen.

## Von Feinden umzingelt

Sobald sich ein Nest füllt, melden sich Interessenten an dessen Inhalt, seien es die Eier oder später die Jungvögel. An
Nesträubern mangelt es wahrlich nicht. Jedes Brutgebiet hat
seine eigene Kundschaft. Wenn in meinem Garten die jungen
Amseln schon prächtig herangewachsen sind, stellen sich häufig Katzen aus der Nachbarschaft ein. Obwohl auf leisen Soh-
len, ist ihre Ankunft nicht zu überhören. Es herrscht Alarmstimmung. Mit lautem, pausenlosem Gezeter der wachsamen
Vogeleltern wird der Eindringling entlarvt. Gerade Jungvögel
sind begehrte Leckerbissen für Katzenzungen. In Siedlungs-
gebieten sind Hauskatzen die gefährlichsten Raubtiere für die
Vogelwelt. Den Vögeln zuliebe sollten sie besser zu Hause bleiben. Nicht weniger unfreundlich verhalten sich frei umherlau-
fende Hunde, Anleinen ist daher erste Bürgerpflicht.

Die Nachfrage nach jungem Geflügel ist groß und die Liste
der Fressfeinde lang. Zu den auffälligen Nesträubern zählt die
Elster. Je höher die Singvogeldichte, desto mehr Elstern fliegen
durch die Gegend. Genau deshalb ist die Elster in die Grüngür-
tel der Städte eingezogen. Hier findet sie reichlich Beute. Ähnlich großen Appetit auf Jungvögel hat der Eichelhäher. Er ist
allerdings mehr im Wald unterwegs, sodass wir seine »Misse-
taten« seltener zu Gesicht bekommen. Sogar das kleine süße

Eichhörnchen macht nichts anderes: Es schwingt sich von Baum zu Baum und plündert Vogelnester. Gesellschaft leisten ihm Steinmarder und Baummarder, ebenso flinke Kletterer, die vor allem nachts unterwegs sind.

Problematisch scheint der aus Amerika stammende Waschbär zu sein, weil Vögel gegen neuartige Räuber oft erst mal über keine Abwehrstrategie verfügen. Vor 80 Jahren erstmals in Hessen ausgesetzt, breitet er sich mangels natürlicher Feinde und dank reichlichen Nachwuchses flächendeckend aus. Als Allesfresser räumt er Vogelbruten aus, sowohl auf dem Boden als auch auf Bäumen. Sein Appetit ist beträchtlich. Selbst Inhalte von Nistkästen bleiben nicht verschont. Wie ich beobachten konnte, klettert er die Baumstämme hoch und schüttelt die Kästen durch, setzt sich darauf und greift mit seiner Vorderpfote durch das Einflugloch, um an den Nachwuchs zu gelangen.

Waschbären haben es geschafft, eine jahrzehntealte Reiherkolonie mit mehreren Hundert Nestern im Mündungsgebiet der Saale innerhalb kurzer Zeit aufzulösen. Mühelos setzt der Kleinbär seine Pranken in die Borke der Eichen, und im Nu ist er in der Krone, wo gleich mehrere Nester mit jungem Vogelvolk besetzt sind. Dann heißt es für ihn nur noch zupacken und zubeißen. Nach einer solchen Erfahrung kam für die Reihereltern nur eines infrage: Umzug, am besten auf eine Insel.

Auf Vogelbruten an Gewässern ist der Mink, ein amerikanischer Nerz, spezialisiert. Aus Pelztierfarmen stammend, räumt der flinke Schwimmer im schwarzen Pelz die Nester an Ufern und selbst auf Inseln gründlich aus. Noch unauffälliger gehen allgegenwärtige Mäuse und Ratten bei der Plünderung von

Vogelnestern vor. Ebenfalls im Schutze der Dunkelheit begeben sich Fuchs und Dachs auf Eier- und Nestlingssuche. Für sie sind die Bodenbrüter interessant, die sie mit ihrer feinen Nase aufspüren. Junge Gänse, Enten und sogar Großtrappen sind für sie willkommene Speisen. Doch es werden beileibe nicht alle am Boden brütende Vögel gefunden, da der Suchaufwand in der Fläche sehr groß ist. Auf Vogeljagd spezialisiert sind auch Greifvögel wie der Habicht, der Wanderfalke und der Uhu. Sie greifen gern nach Tauben und Krähen. Gefahren lauern überall, doch Vögel sind nicht chancenlos!

Eine ganz besondere Abwehrstrategie ist die Schreckmauser. Dabei verlieren Vögel bei einem feindlichen Übergriff schlagartig Federn durch plötzliche Entspannung der Federmuskeln. Diese Reaktion kann auch beim Fang von Hühnern oder Tauben beobachtet werden. Der Federabwurf ist ein Schutzreflex und hilft bei der Flucht vor einem Angreifer, der zur Ablenkung nur Federreste zurückbehält.

Gegen kletternde Räuber setzt sich der Specht zur Wehr, indem er Löcher in die Baumrinde unterhalb des Nisthöhleneingangs hackt, um durch den so erzeugten Austritt klebrigen Harzes den ungebetenen Gästen den Zutritt zu verleiden. Anders der Kleiber: Er verschmiert den Höhleneingang so eng mit Lehm, dass gerade er selbst noch hindurchpasst, größere, hungrige »Besucher« haben das Nachsehen – der Marder muss draußen bleiben.

Jungvögel sind naturgemäß unbeholfen, ihnen fehlt die Reaktionsschnelligkeit, sie haben noch keine Fluchtroutine. Doch wer von Fressfeinden nicht gesehen wird, kann auch nicht erbeutet werden. Tarnung ist deshalb das halbe Überleben. Junge

Rotkehlchen tragen im zarten Alter nur wenig Rot, um optisch nicht aufzufallen. Junge Kiebitze sind schwarz-weiß gesprenkelt, und ihre Umrisse lösen sich dadurch in der Umgebung auf. Schleicht sich ein Fuchs an, verlässt der Alt-Kiebitz das Nest und fliegt dem Feind mutig entgegen. Sein Trick: Er stellt sich flügellahm und hinkend, präsentiert sich als leicht fassbare Beute, um den Räuber wegzulocken. Ist dem Kiebitz das gelungen, entschwindet er im raschen Flug und lässt den genarrten Räuber irritiert zurück. Diese Verteidigungsstrategien sind recht erfolgreich.

Doch was gegen vierbeinige Räuber hilft, funktioniert nicht gegen große Maschinen. Bis in den letzten Winkel werden Flächen bearbeitet. Vor allem für bodenbrütende Vögel bleibt kaum Platz. Der Kiebitz liebt nasse Flächen, die sich erst im späten Frühjahr begrünen. So hat er während seiner Brutzeit freie Sicht. Die radikale Entwässerung vieler Felder und Wiesen ließen diese kiebitzfreundlichen, sumpfigen Stellen verschwinden. Stattdessen dehnen sich dort lückenlos hochgedüngte und massenwüchsige Wiesen und Felder aus, die ihm kaum eine Chance lassen. Früher galten Kiebitzeier als erlesene Delikatesse. Noch vor 100 Jahren wurden sie im April körbeweise gesammelt, ohne den Kiebitz auszurotten. Gegen die heutigen naturfeindlichen Produktionsmethoden helfen auch keine Nachgelege mehr. Bei kaum einem anderen Vogel der Agrarlandschaft sind derart massive Bestandseinbrüche zu beklagen wie gerade beim Kiebitz. Auch wenn wir zur Zugzeit noch Kiebitzschwärme erleben können, sind es doch nur durchziehende Gäste aus dem hohen, menschenleeren Norden.

## Hassen aus gutem Grund

Können Vögel hassen? Kennen sie gar Fremdenhass? Grundloses Hassen ist unbekannt. Dennoch wird bei manchen Vögeln von Hassattacken gesprochen. Gut im Luftraum zu beobachten sind die Krähen, die Greifvögeln hinterherjagen. Meist greifen mehrere Krähen einen Milan, Habicht oder Adler an und versuchen, diesen zu vergrämen. Was treibt sie dazu an? Sie wollen nicht mehr und nicht weniger als ihr Revier von Nesträubern freihalten. Wer sieht schon gern zu, wie der eigene Nachwuchs geraubt wird?

Auch kleinere Vögel können wirksam belästigen und vertreiben. So verfolgen Schwalben in Gemeinschaft den Baumfalken, greifen ihn immer wieder an, obwohl sie im Größenvergleich Zwerge sind. Schwalben mögen den schnittigen Greifvogel mit seinen langen spitzen Flügeln überhaupt nicht, weil sie im Sommer, wenn sie über Wasser- und Sumpfflächen jagen, zur Hauptnahrung der Falken werden. Genau deshalb haben Baumfalken ihre Brutzeit in den Juni verlegt, ungewöhnlich spät im Jahr. Im Juli und August wollen dann zwei bis vier heranwachsende Falken versorgt werden. Nicht selten treten Falken sogar gemeinsam zur Jagd an, um die unerfahrenen Jungschwalben im Fluge zu ergreifen.

Meisen haben einen anderen Angstgegner. Es ist die kleinste Eule, der Sperlingskauz. Dieser teilt sich mit Meisen den Lebensraum großer Waldgebiete. Sobald der Sperlingskauz seinen Ruf ertönen lässt, herrscht Alarmstimmung bei den Meisen, sie warnen sich gegenseitig und gehen in Deckung.

Sehr spürbar kann sich der Hass der Wacholderdrosseln auf ihre Feinde ausdrücken. Die bunten Drosseln brüten vor allem auf hohen Bäumen in kleinen Kolonien, das macht sie stark in der Verteidigung. Kommt ihnen eine räuberische Krähe, eine Elster oder ein Waldkauz zu nahe, dann setzt eine kollektive Gegenattacke ein, bei der wirksame Waffen eingesetzt werden: Die Drosseln schießen gezielt mit ihrem Kot in Richtung Gegner. Obwohl die Angreifer die Goliath-Rolle einnehmen, haben sie kaum eine Chance, sich gegen diese Salven zu wehren. Selbst körperlich überlegene Greifvögel können zur Kapitulation gezwungen werden. Mit verklebtem Federkleid treten sie den bedingungslosen Rückzug an. Bei sehr heftigem Beschuss büßen die Vögel mitunter ihre Flugfähigkeit ein.

Oft bekomme ich die Sorgen von Vogelliebhaberinnen und -liebhabern zu hören, »ihre Vögel« könnten durch eine Übermacht von Fressfeinden ganz verschwinden. Ich kann sie beruhigen: Tiere rotten unter natürlichen Bedingungen keine Tiere aus, sie dezimieren lediglich mehr oder weniger den Bestand. Die heimischen, räuberisch lebenden Tiere würden sich ihrer eigenen Lebensgrundlage berauben. Selbst die »diebische Elster« raubt nur einen Teil der Jungvögel in ihrem Jagdrevier. Sie schöpft von der natürlichen Überproduktion etwas ab und plündert vor allem jene Brutplätze, die schlecht geschützt sind. Im dichten Dorngestrüpp versteckte Nester sind auch für die Elster unerreichbar. Die Probleme der Vogelwelt sind ganz anderer Art: Es sind die Lebensräume vor den Toren der Städte, die verarmen und veröden.

## Spatzenhass

Nicht nur Vögel, auch Menschen sind zum Hass befähigt, selbst zum Hass auf Vögel. Eine bittere Erfahrung haben die Chinesen im letzten Jahrhundert machen müssen. Ihr damaliger Staatschef Mao Zedong ordnete in ökologischer Unkenntnis an, im ganzen Riesenreich alle Spatzen zu töten. Sie galten als »gefiederte Volksfeinde« und als »Körnerdiebe«, die den Menschen den Reis wegfraßen. 600 Millionen Chinesen bekämpften im Auftrag der Partei im Jahre 1957 drei Tage lang geschlossen die Spatzen, indem sie durch permanenten Lärm die Vögel aufscheuchten und somit am Fressen und Nisten hinderten. Zwei Milliarden Spatzen fanden durch diesen »Volksaufstand« den Tod. Nachdem ihre Ausrottung vollzogen war, traf etwas Unerwartetes ein: Eine große Insektenplage brach aus. Warum? Die Spatzen galten zwar als Körnerfresser, aber ihr Nachwuchs wird mit Insekten gefüttert. In warmen Klimazonen können Spatzen bis zu siebenmal im Jahr brüten und dabei jeweils fünf hungrige Jungspatzen mit Insekten vollstopfen. Diese Gratisdienstleistung fiel nach dem Vernichtungsfeldzug komplett aus. Es fehlten fortan die Fressfeinde der Insekten, und sie konnten sich ungehemmt vermehren. In der Folge trat das Gegenteil der beabsichtigten Wirkung ein: Nicht mehr, sondern weniger Nahrung blieb den Chinesen übrig. Hungersnöte breiteten sich im ganzen Land aus. Die Spatzen hätten sie verhindern können. Zwei Jahre später, 1959, musste Mao schließlich abdanken. Chinas Vogelarmut aber hält bis in die Gegenwart an. Was auch daran liegt, dass Vögel aller Art über viele Gene-

rationen als Nahrung dienten. Erst ab den Olympischen Spielen 2008 trat ein Verzehrverbot für Kleinvögel in Kraft.

Auch in Deutschland wurden Spatzen noch bis in die 1950er Jahre des letzten Jahrhunderts als Schädlinge verfolgt. So findet man in den Vogelbüchern jener Zeit die Aufforderung, Spatzennester rigoros zu zerstören, sowohl die der Haussperlinge als auch der Feldsperlinge. Auf Spatzen zu schießen, galt damals als eine sportliche Übung. Ich erinnere mich noch gut, wie ich als kleiner Junge den Geschichten der größeren Jungs im Dorf lauschte, für die es ein Abenteuer war, mit dem Luftgewehr auf Spatzen zu schießen. Doch zu einer flächendeckenden Volkskampagne nach chinesischem Vorbild kam es glücklicherweise nicht.

Nicht immer schaffen es Vögel, Massenvermehrungen von

Insekten rechtzeitig zu stoppen. Das ist jedoch kein Versagen der Vögel. Die Grundlagen von Schädlingskalamitäten schafft vielmehr der Mensch, indem er Monokulturen, große Flächen mit ein und derselben Pflanzenart, anlegt. Die zwangsläufige Folge ist extreme Artenarmut und eine hohe Labilität der Öko-systeme, verbunden mit starken Schwankungen der Insekten-populationen: Viele Insektenarten räumen einerseits das Feld, andererseits vermehren sich wenige Arten so stark, dass sie Schäden anrichten.

## Der schleichende Tod der Arten

Großtrappen waren einst in Mitteleuropa so häufig, dass Kin-der schulfrei bekamen, um die Großvögel mit viel Lärm von den Feldern zu vertreiben. Diese imposanten Steppenvögel kamen mit der traditionellen bäuerlichen Landbewirtschaf-tung in Mitteleuropa sehr gut zurecht. Seit 100 Jahren sind sie jedoch auf dem Rückzug. Die industrielle Landwirtschaft mit dem Einsatz von großen und schnellen Landmaschinen hat den Trappen arg zugesetzt. Wenn Trappen balzen, wollen sie ungestört sein. Jede Störung unterbricht die Balzvorstellung, Begattung samt Brutvorgang fallen aus. Findet doch eine Brut statt, fehlt es nicht selten an Nahrung für den Nachwuchs. Flä-chendeckender Pestizideinsatz vernichtet Wildkräuter und In-sekten, die Hauptnahrung der Trappenküken. Weltweit ist die-ser imposante Großvogel vom Aussterben bedroht. Nur durch größte Anstrengungen konnten kleine Trappenpopulationen

in Südbrandenburg bei Buckow und auf den Belziger Land-
schaftswiesen sowie im Fiener Bruch im Nordosten Sachsen-
Anhalts am Leben erhalten werden. Jedes Jahr im April und
Mai werden Führungen angeboten, um das Schauspiel der
Trappenbalz in ihren letzten verbliebenen Lebensräumen live
bestaunen zu können.

Das Schicksal der Trappen ist nur ein Beispiel unter vielen. Auch wenn in unserem Umfeld noch Amseln singen und
Meisen in den Bäumen herumturnen, auch wenn mehr ein-
wandernde als verschwindende Vogelarten gezählt werden, so
schrumpft doch die Zahl der Vögel insgesamt dramatisch. Die
Gesamtsituation ist geradezu alarmierend. Von unseren heimischen Brutvögeln stehen 42 % auf der Roten Liste und weitere
8 % auf der Vorwarnliste. In absoluten Zahlen sind es 118 von
248 Vogelarten, mit denen es bergab geht.

In Deutschland gelten 13 Vogelarten als ausgestorben: Schlan-
genadler, Blauracke, Triel, Waldrapp, Zwergtrappe, Papageitau-
cher, Rosenseeschwalbe, Mornellregenpfeifer, Doppelschnepfe,
Steinsperling, Schwarzstirnwürger, Rothuhn und Gänsegeier. In
der langen Liste »vom Aussterben bedroht« stehen 29 Arten, darunter das Birkhuhn, die Bekassine, der Schreiadler, die Korn-
weihe, die Großtrappe, die Küstenseeschwalbe, der Kampfläufer
und die Sumpfohreule. 19 Arten sind »stark gefährdet«. Dazu
zählen unter anderem die Turteltaube, das Braunkehlchen, der
Flussuferläufer, der Kiebitz, das Haselhuhn, das Rebhuhn, der
Wendehals und der Wachtelkönig.

In der Kategorie »gefährdet« finden sich der Fischadler, der
Baumfalke, der Weißstorch, der Steinkauz, der Rotschenkel
und die Löffelente. Sogar der noch vor wenigen Jahren in gro-

ßen Schwärmen aufgetretene Star ist in diese Gefährdungsstufe abgerutscht, genauso wie Mehl- und Rauchschwalben sowie der Trauerschnäpper. All diesen bedrohten Vogelarten können wir durch Futter aus dem Baumarkt nicht helfen, auch wenn Jahr für Jahr in Deutschland 20 Millionen Euro für diese Art von Fastfood ausgegeben werden. Erschreckend ist, dass auch die Bestände einst häufiger Arten massiv rückläufig sind. Die früher nur wenig beachteten Allerweltsarten wie Haus- und Feldsperling, Goldammer und Heidelerche gerieten durch ihre Rückgänge in die »Vorwarnstufe«.

Nicht nur den Brutvögeln, auch den Gastvogelarten geht es alles andere als gut. Ein Großteil der im Norden brütenden Brandgänse, Samtenten und Knutts überwintert traditionell in unseren Breiten, ihre Zahlen schrumpfen. Besonders bedroht erscheint derzeit die Tafelente. Früher eine beliebte Delikatesse, die häufig »aufgetafelt« wurde, gilt sie inzwischen weltweit als gefährdet. Sie überwintert vor allem in Deutschland.

Geht man den Hintergründen des schleichenden Artensterbens auf den Grund, stellt man die größten Rückschläge bei den Vogelarten des Offenlandes fest. Es sind die Feld- und Wiesenvögel und die Vögel der Moore und Auen, denen es in jüngster Zeit besonders schlecht ergeht. Hinzu kommt der dramatische Rückgang der Zugvögel, besonders der Langstreckenzieher, die bis südlich der Sahara ziehen. Wo liegen die Ursachen? In dem Maße, wie der Mensch sich ausbreitet, wird es eng für wild lebende Tierarten. Immer mehr Flächen werden vom Menschen in Anspruch genommen. Wälder werden gerodet, Moore entwässert, Flüsse verschmutzt und verbaut, Ackerflächen mit Giften besprüht, Grünland überweidet,

Meere überfischt. Vögel können zwar fliegen, aber nur scheinbar ausweichen, denn der Raubbau an den natürlichen Ressourcen ist überall präsent. Lebensraum und Nahrung werden
immer knapper. Wir befinden uns mittendrin im größten Artensterben seit dem Aussterben der Saurier vor 65 Millionen
Jahren. Sicher, Tiere sind schon immer ausgestorben. Aber die
gegenwärtige Massenauslöschung verläuft tausendmal schneller als unter natürlichen Bedingungen.

Es ist nicht gerechtfertigt, wenn wir mit dem Finger auf
andere zeigen. Jene Zugvögel, die ihre lange Reise heil überstehen, kommen zwar bei uns im Frühling wieder an, treffen
aber auf eine lebensfeindliche Umwelt. Auf der Hälfte unserer
gesamten Landesfläche wird eine naturfeindliche, hochgradig
chemisierte Landwirtschaft betrieben. Überdüngung und Pes-
tizide, Gülle, Monokulturen und der Einsatz schwerer Technik vernichten die natürliche Lebensvielfalt im großen Stil. Die
allein auf Höchsterträge ausgerichtete Landnutzung raubt nicht
nur Bienen und Feldhasen ihren Lebensraum, auch den Vögeln
fehlt zunehmend die Existenzgrundlage. Brauchbare Nistplätze
sind Mangelware. Auch finden die Vögel kaum noch ihr art-
gerechtes Futter. Wildkräuter mit ihren energiereichen Samen
sind durch eine »perfekte« chemische Unkrautvernichtung aus
unseren Landschaften weitgehend verschwunden – ein Hauptgrund für den katastrophalen Rückgang des einst allgegenwärtigen Rebhuhns um 95 % in den letzten 25 Jahren. Der massive
Einsatz von Insektengiften hat ein unheilvolles Insektenster-
ben ausgelöst. Um 80 % sei die Insektenbiomasse innerhalb der
letzten drei Jahrzehnte geschrumpft, erklärte 2017 die Bundesregierung in den Antworten auf eine Kleine Anfrage (18/11877)

der Bundestagsabgeordneten Steffi Lemke. Wegen des gesunkenen Insektenangebotes schaffen es die Vogeleltern häufig nicht, den Hunger ihrer Jungen zu stillen, sie sterben einen leisen Tod. Alle bisherigen Versuche, den Rückgang aufzuhalten, reichen offenbar nicht aus.

Das größte Problem für den Fortbestand vieler Vogelarten ist also der Mensch selbst. Es ist vor allem die Lebensraumzerstörung, die den Vögeln das Überleben schwer macht. Es fehlt die schützende und nährende, die artenreiche und giftfreie Umwelt, die vor allem für den Vogelnachwuchs essenziell ist. Jeder Vogel sollte mindestens einen Vogel als geschlechtsreifen Nachwuchs hinterlassen. Gelingt dies nicht, geht der Bestand dieser Vogelart zurück, schlimmstenfalls bis zum Aussterben der Art.

Während der Klimawandel als Bedrohung in unseren Köpfen angekommen ist, fehlt noch weitgehend das Bewusstsein für das Artensterben – obwohl es unsere fundamentalen Lebensgrundlagen betrifft!

## Jagd auf Vögel

Seit es Menschen gibt, stellen sie Vögeln nach. Zu den Pechvögeln zählten jene, die an einem Vogelfangplatz auf den Leim gingen oder am Pech kleben blieben. Um an Eier oder Jungvögel zu gelangen, wurden Nester ausgenommen. Ich selbst habe noch Menschen kennengelernt, die in Nachkriegszeiten Nestlinge von Spatzen oder verwilderten Tauben einsammelten, um ihren Hunger zu stillen. Noch bis ins 19. Jahrhundert waren Drosseln eine gefragte Speise wie auch die bekannten »Leipziger Lerchen«.

Aus ganz anderen Gründen stellte der Mensch den Greifvögeln nach. Im Steinadler sah man weniger den »König der Lüfte« als einen Jagdkonkurrenten sowie einen Feind der Nutztiere. Bereits im 17. Jahrhundert begann die systematische Verfolgung des Steinadlers. Die Vögel wurden geschossen oder mit Fangeisen und Giftköder eliminiert. Das Erklettern der Adlerhorste und das Entnehmen der Jungadler galten in den Alpen über Jahrhunderte als Beweis von Manneskraft und Mannesmut. Mit der Erfindung der Feuerwaffen wurde die Vogeljagd immer effizienter. Der Mensch nutzte seine Überlegenheit, um noch mehr Beute zu machen.

Jagd ist eine Leidenschaft, die Lust und Leiden schafft. In Deutschland werden Gänse, Enten, Schwäne, Möwen, Tauben, Blesshühner, Haubentaucher, Waldschnepfen, Fasane und Rebhühner, in manchen Bundesländern auch Rabenvögel, völlig legal als »jagdbares Federwild« bejagt. Der Abschuss einzelner Gänse treibt den gesamten Schwarm in die Flucht. Die Energiebilanz verschlechtert sich, die Gänse müssen mehr fressen, um zu überleben.

Außergewöhnlich hart geworden ist der Überlebenskampf der Zugvögel, besonders der Langstreckenflieger. Auf dem weiten Weg über die Länder des Nahen Ostens und Afrikas lauern unzählige Gefahren. Allein an der Mittelmeerküste Ägyptens werden an 700 Kilometer langen Netzen jeden Herbst über 100 Millionen Vögel gefangen und anschließend vermarktet. Statistisch gesehen endet jeder 17. europäische Zug-

vogel auf dem Weg nach Afrika in einem ägyptischen Netz.
Kaum geringer sind die Gefahren diesseits des Mittelmeeres.
Die Verluste auf europäischer Seite liegen in gleicher Höhe wie
jenseits des Meeres. In Südeuropa hat die Jagd auf Zugvögel
eine lange Tradition, in neuerer Zeit ist es vor allem ein Frei-
zeitvergnügen. Im Frühling und im Herbst, wenn sich die ziehenden Vögel in bestimmten Gebieten konzentrieren, hat die
Jagdsaison ihren Höhepunkt. In Frankreich dürfen noch ganz
legal Uferschnepfen, Brachvögel und Bekassinen bejagt werden – in Mitteleuropa hochgradig bedrohte Vogelarten. Auf
Malta, einem wichtigen Zwischenlandeplatz auf der Europa-
Afrika-Zugroute, werden Turteltauben und Wachteln in Mengen geschossen. Auch in Zypern gehen massenhaft Vögel in
die Netze. Ist das nicht beschämend? Man muss sich fragen,
warum es diese reichen Länder nötig haben, Vögel abzuschie-
ßen, und warum es nicht gelingt, es zu verbieten und die Einhaltung der Verbote zu kontrollieren?

Unser Nachbarland Frankreich rühmt sich, ein Land der
Feinschmecker zu sein. Nach wie vor stehen Vögel hoch im
Kurs. Für einen gefangenen Ortolan – eine Gartenammer –
werden auf dem Schwarzmarkt über 100 Euro gezahlt. Angelockt werden die über Südfrankreich ziehenden Langstreckenflieger mit einem Käfig-Ortolan. Mehrere 10 000 Vögel dieser
Art gehen jährlich in die Fallen. Anschließend werden sie im
Dunkeln eingesperrt und 25 Tage lang mit Getreidekörnern gemästet, bis sie ihr Gewicht verdoppelt haben. Schließlich landen sie in Gourmetrestaurants. Kopf samt Schnabel ersetzen
beim Verzehr dieses kleinen Vogels das Essbesteck. Die Inne-
reien werden mit verspeist. Selbst der ehemalige französische

Ministerpräsident, François Mitterrand, soll als letzte Speise vor seinem Tode einen Ortolan serviert bekommen haben. Nach der EU-Vogelschutzrichtlinie ist es eine besonders geschützte Art mit ungünstigem Erhaltungszustand. Die Ortolan-Bestände sind in den letzten Jahrzehnten in Deutschland um 90 % eingebrochen.

## Todesfallen

Neben der Lebensraumzerstörung und der Jagd kommen Vögel auch auf vielfältige andere, ebenso menschengemachte Weise ums Leben. Nach einer Erhebung durch den Naturschutzbund Deutschland e. V. (NABU) verlieren in Deutschland 200 000 Vögel im Jahr ihr Leben an Windenergieanlagen. Sie werden von den Rotoren getroffen. Die zehnfache Anzahl – zwei Millionen – kommt an Hochspannungsleitungen um, zehn Millionen Kleinvögel werden von frei laufenden Katzen geräubert, 16 Millionen prallen gegen schnell fahrende Züge und etwa ebenso viele kommen schätzungsweise durch Autos unter die Räder. An der Spitze der Todesfallen stehen Glasfassaden mit 18 Millionen Opfern im Jahr, so das Bundesamt für Naturschutz in Bonn.

Stromleitungen werden von den Vögeln nicht immer wahrgenommen, ganz besonders bei schlechten Sichtverhältnissen. Geraten sie zwischen zwei Drähte, wird ein Kurzschluss ausgelöst, den ein Vogel nicht überlebt. Vor allem Großvögel wie Adler, Kraniche, Milane, Schwäne und Störche verunglücken an Stromleitungen. Allein 70 % aller Storchenverluste gehen auf das Konto von Freileitungen! Auch hohe Geschwindigkeiten haben ihren Preis. 100 oder mehr Kilometer pro Stunde sind für Vögel lebensgefährlich. In keinem anderen Land ist die Raserei so verbreitet wie in Deutschland – dem einzigen Land der Welt ohne generelles Tempolimit.

Vögel können Glas nicht erkennen. Sie sterben durch die hohe Geschwindigkeit des Aufpralls. Doch es gibt vogelfreundliche Alternativen. Auch die Gesetzeslage verlangt danach, diese Art des Vogeltodes vorsorglich zu vermeiden. Bereits bei der Herstellung kann das Glas so präpariert werden, dass es für Vögel ungefährlich ist. Nachträglich können auch sichtbare Punkt- oder Linienmuster auf bestehende Glasflächen aufgebracht werden, welche die Belichtung der verglasten Räume kaum einschränken. Aufgeklebte Vogel-Silhouetten sind allerdings kaum wirksam.

Bei so vielen Todesursachen kann man sich schon wundern, dass es überhaupt noch Vögel gibt. Doch die Natur kann Verluste in einem gewissen Umfang ausgleichen – vorausgesetzt, die überlebenden Vögel finden geeignete Lebensbedingungen vor. Aber viele Brutpaare schaffen es nicht mehr, Nachwuchs großzuziehen, da es an Nistplätzen oder an Futter vor allem in der freien Landschaft mangelt. Das ist das größte Problem des dramatischen Vogelsterbens. Gefragt sind intakte, struktur- und artenreiche, vor allem giftfreie Lebensräume in unserer Kulturlandschaft. Dafür sollten wir alles in unserer Macht Stehende tun – als umweltbewusste und verantwortungsvolle Verbraucher können wir sofort damit beginnen und uns fragen, wofür wir unser Geld ausgeben und wofür besser nicht. Entscheiden wir uns beim täglichen Einkauf bewusst für ökologisch und fair erzeugte und gehandelte Produkte, so unterstützen wir nicht nur deren Erzeuger, wir fördern damit ebenso eine gesunde Umwelt für uns alle und nicht zuletzt für das Überleben der Vögel.

## Eulophorie

Vogelfang, Vogeljagd und Todesfallen sind die eine, die dunkle Seite in der Mensch-Vogel-Beziehung. Neben diesen Hiobsbotschaften gibt es auch Fälle, die zeigen, wie sich das Verhältnis Mensch-Vogel grundlegend zum Positiven ändern kann. Die Eulen bieten das beste Beispiel. In früheren Jahrhunderten galt der Waldkauz als Todesbote. Sein »kuwitt«-Ruf wurde als ein »Komm mit« interpretiert, ein Ruf, der die Menschen in den Tod locken sollte. Um den Tod abzuwehren, wurden Eulen zur Abschreckung an Scheunentore genagelt. In Wahrheit ist der angebliche »Todesruf« ein Kontaktruf, der vor allem im Winter und Frühjahr zu hören ist, wenn sich die Partner suchen, um eine Familie zu gründen. Das Wissen um deren faszinierende Fähigkeiten hat inzwischen zu einem fundamentalen Wandel der Einstellung zu den Eulenvögeln geführt. Der frühere »Todesvogel« ist inzwischen streng geschützt. Durch seine Erscheinung als stiller Beobachter gilt er als Vogel der Weisheit. In jüngster Zeit wurde die Eule gar zu einem Trendvogel der Modedesigner, zum Träger einer »Eulophorie«. Aus der einstigen Todfeindschaft erwuchs Begeisterung und Bewunderung.

# Vögel mit Jungbrunnen-Enzym

Das Altwerden ist in der Natur ein ganz normaler und unvermeidlicher Vorgang. Menschen bekommen mit dem Älterwerden nicht nur graue Haare und Falten im Gesicht, auch im Inneren des Körpers funktionieren die Organe nicht mehr so wie gewohnt: Herz-Kreislauf-Beschwerden, Diabetes, Krebs und Demenz können sich einstellen, der Organismus schafft es oft nicht mehr, die sich häufenden Schäden zu reparieren, auch Knochen und Muskulatur bauen ab. Im hohen Alter beginnen Menschen zu vergreisen, sie werden hinfällig im doppelten Sinne des Wortes. Vögel hingegen scheinen diesbezüglich begnadet zu sein. Ob ein Vogel ein Viertel, die Hälfte oder drei Viertel seines Lebens hinter sich hat, sieht man ihm nicht an. Das Federkleid wird ständig neu aufgelegt, Muskelabbau kommt nicht vor, und Vogel-Greise sind unbekannt. Wie erklärt sich dieser bemerkenswerte Unterschied?

Die Körper aller Wirbeltiere, also auch des Menschen, erneuern sich ständig. Bei jeder Zellteilung nutzen sich die Schutzkappen der Chromosomen, Telomere genannt, ein wenig ab. Diese Telomere kann man sich wie die verstärkten Enden von Schnürsenkeln vorstellen, die ein Ausfasern verhindern. Doch mit zunehmender Abnutzung dieser Schutzkappen werden das Immunsystem und der Stoffwechsel anfälliger, immer mehr Körperzellen sterben ersatzlos ab, die unerfreulichen »Zipperlein« im Alter häufen sich. Muss man sich damit abfinden?

Wie die Medizin-Nobelpreisträgerin Elizabeth Blackburn nachgewiesen hat, kann dieser Alterungsprozess nicht nur gebremst, sondern das biologische Alter sogar zurückgedreht werden. Die Stellschrauben dafür sind die Schutzkappen der Chromosomen, die Telomere. Ihre Länge korreliert mit der Lebenserwartung: Lange Telomere – langes, gesundes Leben. Die Länge der Telomere wird durch das Enzym Telomerase beeinflusst, gewissermaßen ein »Jungbrunnen-Enzym«, das nicht nur vor Abnutzung schützt, sondern sogar das Längenwachstum der Telomere befördern kann. Dieser Zusammenhang wurde durch eine britische Studie an Zebrafinken auch für Vögel bestätigt. Die Besonderheit der Vögel: Sie zeichnen sich durch relativ lange Telomere und durch besonders aktive Telomerase aus. So erklärt sich ihr gesundes Altern ohne Muskelschwund und Vergreisung. Ist das nicht beneidenswert?

Menschen altern unterschiedlich schnell. Ab dem 25. Lebensjahr beginnt der körperliche Abbau. Wir können ihn beschleunigen oder verlangsamen. Das Tempo des Alterns hängt aufgrund unserer relativen Langlebigkeit ganz besonders stark von unserer Lebensweise ab. Wie führende deutsche Altersforscher ermittelten, können Menschen durch Rauchen zehn Lebensjahre, durch langes Sitzen und Bewegungsmangel fünf Jahre, durch Alkohol drei Jahre und durch schlechte Ernährung sowie Übergewicht weitere drei gesunde Lebensjahre einbüßen. Umgekehrt kann ein Mensch diese Jahre auch durch einen gesunden Lebensstil hinzugewinnen. Vor allem durch viel Bewegung an frischer Luft, durch Kraft- und Ausdauertraining bis zum Schwitzen, aber auch durch gesunde, pflanzenbasierte Ernährung mit viel frischem Obst und Gemüse gelingt es, die Abnutzung der Telomere und den Zellverfall zu bremsen und teilweise sogar umzukehren. Eine gesunde, entspannte und selbstbestimmte Lebensweise unterstützt nachweislich die Telomerase-Aktivität. Vitamine wirken als Antioxidantien und fangen zellschädigende aggressive Moleküle, sogenannte Radikale, ab, machen sie unschädlich und schützen dadurch auch die Telomere. Die Länge der Telomere wird als ein Maß für das biologische Alter angesehen, welches beim Menschen ganz erheblich vom kalendarischen Alter nach oben oder unten abweichen kann. Neben den Radikalen ist das Körperfett ein wichtiger Alterungsfaktor. Vor allem im Bauchfett werden Zytokine produziert, Stoffe, die kaum merkliche, jedoch chronische Entzündungen auslösen und den Organismus belasten und beschleunigt altern lassen.

Schauen wir uns den Alltag der Vögel genauer an, stellen wir fest, dass sie die Regeln des gesunden Lebens tatsächlich auch anwenden. Was uns Menschen immer wieder und meist folgenlos geraten wird – die Vögel tun es, und zwar konsequent und täglich. Sie sind meist in Bewegung und strengen sich an, körperlich wie mental, sie meiden Übergewicht samt Zucker, Fett, sogenannte Genussmittel, sowie Dauerstress und nehmen unverfälschte, natürliche Nahrung zu sich. Sie halten an ihrem biologischen Rhythmus fest und haben ihre geregelten Schlaf- und Ruhephasen. Dadurch können sich die Telomere verlängern, zumindest aber kann ihre Abnutzung gebremst werden, und ihre biologische Uhr des Alterns tickt langsamer. Die Vögel machen es uns vor, wie man lange gesund und fit bleiben kann!

## Gelassen steinalt werden

Bei allen Möglichkeiten, die Vorgänge des Alterns zu steuern, ewiges Leben ist in der Natur nicht vorgesehen. Menschen können maximal ein Alter von 120 Jahren erreichen, im Mittel liegt die Lebenserwartung neugeborener Jungen in Deutschland bei 78 Jahren, bei Mädchen bei 83 Jahren. Nach Björn Schumacher, dem Präsidenten der Deutschen Gesellschaft für Alternsforschung, hängt die Lebenserwartung zu 30 % von den Genen und zu 70 % von den Lebensumständen ab, nachgewiesen unter anderem an eineiigen Zwillingen mit identischen Genen. Die Gene, die für das Altern zuständig sind, gleichen sich bei Mensch und Tier. Papageien können 100 Jahre, Geier 70 Jahre alt werden – allerdings nur in menschlicher Obhut. Ganz anders in freier Wildbahn, dort werden Geier nur knapp halb so alt. Ähnlich beim Uhu. Der älteste Uhu erreichte in Gefangenschaft ein stolzes Alter von 68 Jahren, der älteste in Freiheit lebende nur 27 Jahre. Wie kommt es zu dieser großen Differenz? Es sind vor allem die Fressfeinde und der Konkurrenzdruck, die lebensverkürzend wirken. Viele Vögel sind zudem Teil der natürlichen Nahrungskette und werden häufig zur Beute. Das absolute Höchstalter bei europäischen Vögeln unter natürlichen Bedingungen wurde bislang an einem beringten Austernfischer mit 43,5 Jahren und einem Eissturmvogel mit 43 Jahren nachgewiesen. Es sind also nicht die größten Vogelarten, die besonders alt werden, sondern eher mittelgroße Küstenvögel mit permanenter Flugaktivität. Auf der anderen Seite der Lebenserwartungsskala stehen vor allem kleine Vögel. Die Mehrzahl der Rotkehlchen und Blaumeisen werden durchschnittlich nur ein Jahr alt, da die Jungensterblichkeit sehr hoch ist. Haben Kleinvögel den ersten Winter gut überstanden, bringen sie es auf rund vier Jahre. Doch es gibt immer wieder »Ausreißer«. So hat es eine Blaumeise auf 14 Jahre und ein Rotkehlchen gar auf 17 Jahre gebracht. Routine, Gelassenheit und etwas Glück machen es möglich.

Was wir auch wissen sollten: Vögel, die auf unseren Tellern landen, sind meist blutjung. Ein Hähnchen aus der üblichen Intensivhaltung erreicht nur ein zartes Alter von 35 Tagen. Es gilt als schlachtreif, noch bevor es seine männlichen Eigenschaften entwickeln konnte.

Wer wünscht sich nicht ein langes und gesundes Leben? Für viele Menschen sind diese Aussichten erstrebenswert, für andere wiederum nicht unbedingt. Das alternative Lebensmodell heißt: lieber kurz und dafür intensiv, auch auf Kosten von Gesundheit und Lebenserwartung.

Neuere Forschungen haben ergeben, dass sich sogar unter Vögeln Arten finden lassen, die eins der beiden Modelle favorisieren. Unsere Meisen sind ein Paradebeispiel für die schnelllebige Variante. Blaumeisen legen bis zu 14 Eier pro Brut, Kohlmeisen bis zu zwölf Eier. Beide haben im Vergleich zu anderen Vogelarten keine lange Lebenserwartung. Die durchschnittliche Generationenlänge der Meisen liegt bei rund drei Jahren.

Das bedeutet, dass die brütenden Meisen im Schnitt nur drei Jahre alt sind. Meisen müssen sich also beeilen, für ausreichend Nachwuchs zu sorgen. Welche inneren Prozesse diesen Lebensgeschichten zugrunde liegen, hat ein Team von internationalen Wissenschaftlern um Michaela Hau vom Max-Planck-Institut für Ornithologie in Radolfzell untersucht. Frisch gefangenen männlichen Singvögeln wurde etwas Blut aus der Flügelvene entnommen. Da die Stresshormonausschüttung erst nach drei Minuten nachweisbar ist, wurde nach 30 Minuten eine weitere Blutprobe entnommen, danach durften die Vögel wieder frei fliegen. Die Analysedaten der ersten, stressfreien Probe wurden mit den Werten der zweiten Probe verglichen. Es stellte sich heraus, dass langlebige Vogelarten mehr vom überlebensfördernden Stresshormon Kortikosteron in ihrem Blut vorzuweisen hatten als kurzlebige. Im Blut kurzlebiger Singvogelmännchen lassen sich im Frühjahr dagegen extrem hohe Testosteronmengen nachweisen, die um das Zehnfache höher sind als bei langlebigen Arten. Dieses Fortpflanzungshormon treibt die Vögel an, im starken Maße in die Brut zu investieren. Andere Hormone, die für Abwehrkraft und Fitness zuständig sind, wie die Stresshormone, sind stattdessen in eher geringer Konzentration im Blut nachweisbar. Die sexuelle Aktivität ist bei kurzlebigen Singvögeln maximiert, die Investitionen in das Immunsystem und in die Feindabwehr sind hingegen untergewichtet.

Es scheint eine allgemeingültige Regel zu sein: Langlebige Vogelarten produzieren kleine Gelege und betreiben eine längere elterliche Fürsorge. Deren Jungvögel brauchen mehr Zeit zum Erwachsenwerden. Kurzlebige Arten hingegen legen viele

Eier und drücken aufs Tempo. Letztlich scheinen also auch die Hormone ganz maßgeblich die Lebensgeschichten der Vögel zu schreiben.

## Leben Weibchen länger?

Nach der Bevölkerungsstatistik können sich Frauen über eine längere Lebenszeit von durchschnittlich fünf Jahren gegenüber Männern freuen. In zahlreichen Studien wurde nach den Ursachen dieser »Ungerechtigkeit« geforscht.

Eine Studie, die Daten aus 30 europäischen Ländern auswertete, kam zu dem Ergebnis, dass 65 % des Geschlechtsunterschiedes in der Lebenserwartung im höheren Tabak- und Alkoholkonsum der Männer begründet liegen. Hinzu kommt die testosterongesteuerte, höhere Risikobereitschaft vor allem jüngerer Männer, die häufiger zu tödlichen Unfällen führt. Bestätigung finden diese Erkenntnisse in einer Klosterstudie. Danach liegt die Lebenserwartung der Mönche um 4,5 Jahre über dem Durchschnitt der männlichen Allgemeinbevölkerung. Der Unterschied in der Lebenserwartung zwischen Nonnen und Mönchen beträgt nur etwa ein Jahr. Die Ursachen für diese eher kleine Differenz sind in hormonellen und genetischen Mann-Frau-Unterschieden zu suchen. Während das männliche Geschlechtshormon Testosteron lebensgefährliche Erkrankungen wie Arteriosklerose und Thrombosen fördert, schützen die Östrogene der Frau vor Schlaganfällen und Herzinfarkten und wirken stimulierend auf das Immunsystem. Auch genetisch sind Frauen im Vorteil. Sie haben in ihrem Erbgut zwei X-Chromosomen, Männer bekanntlich ein X- und ein Y-Chromosom. Da die gesundheitliche Fitness stark an das X-Chromosom gekoppelt ist, können Frauen das immunologische Potenzial beider Eltern nutzen und besitzen dadurch die besseren Abwehrkräfte.

Überraschend anders liegen die Verhältnisse bei den Vögeln: Hier besitzen nicht die Weibchen, sondern die Männchen identische Chromosomenpaare und damit eine längere, genetisch bedingte Lebenserwartung. Auch fallen das Rauchen, der Alkohol sowie Bewegungsmangel als Risikofaktoren bei Vögeln aus. Beste Voraussetzungen also für Methusalems, wären da nicht die Hormone. Hohe Testosteronkonzentrationen führen vor allem bei polygamen Vogelmännchen zu heftigen Kämpfen zwischen Artgenossen mit lebensverkürzender Wirkung. Da die meisten Vogelarten allerdings auf Hahnenkämpfe verzichten, sind in der Regel die Männchen in der Überzahl. Hinzu kommt, dass die höheren Risiken im Vogelalltag die Weibchen zu tragen haben, da sie überwiegend das Brutgeschäft bestreiten und bevorzugt Opfer von Fressfeinden werden.

Doch es gibt einen Trost für brütende Weibchen: An Kohlmeisen wurde ermittelt, dass das höchste Lebensalter jene Meisen erreichen, die zweimal im Jahr eine volle Kinderstube zu versorgen hatten. Soziales Engagement, das erfolgreiche Aufziehen von Nachwuchs scheint die Fitness zu steigern und lebensverlängernd zu wirken. Das Kümmern um den Nachwuchs trägt dazu bei, Körper und Geist fit zu halten. Das gilt keineswegs nur für Vögel, auch für Menschen, und selbst für Bienen wurde dieser Zusammenhang festgestellt.

# Lebensabend eines Amselpärchens

Als ich eines Sommers durch einen See schwamm, fiel mir an einem unzugänglichen Ufer mit dichtem Gestrüpp eine Amsel auf. Sie saß auf einem trockenen Zweig, der sich dem Wasser zuneigte, und ließ sich von der Sonne wärmen. Ich schwamm vorsichtig näher, um den Vogel in Augenschein zu nehmen. Es war ein Männchen im schwarzen Gefieder. Der Vogel verhielt sich auffallend ruhig, er ließ sich durch meine Nähe nicht stören. Jeder andere Vogel wäre weggeflogen. Ich traf den Vogel mit diesem ungewöhnlichen Verhalten auch an den Folgetagen an diesem Platz, und mir wurde klar, dass dieser Ort wohl sein Alterssitz ist, um gewärmt und geschützt die Tage dahinziehen zu lassen. Er schien die letzte Phase seines Lebens auf der Sonnenseite genießen zu wollen.

Auch die Zeit eines jeden Vogels neigt sich irgendwann dem Ende entgegen. Zwar könnten alte Vögel durchaus weiter Nachwuchs produzieren – der Vorrat an Eizellen der Weibchen ist groß, und die Spermien der Männchen scheinen unerschöpflich –, doch der Antrieb lässt nach. Lustlosigkeit macht sich breit.

An einem Amselehepaar im thüringischen Jena wurde das Nachlassen der Einsatzbereitschaft akribisch protokolliert. Im siebenten Ehejahr baute das Weibchen wie schon in den Vorjahren ein Nest im Efeu an der Hauswand. Es legte allerdings nur noch drei Eier statt wie gewöhnlich vier bis fünf. In der sich anschließenden zweiwöchigen Brutzeit schien zudem der Bruteifer sichtlich nachzulassen. Das Gelege wurde vom Weibchen öfter als in früheren Jahren verlassen, nicht nur um Nahrung aufzunehmen, sondern um Ausflüge zu machen – für brütende Weibchen ein ungewöhnliches Verhalten. Diese Ausflüge durch die Gärten dehnten sich zeitlich wie örtlich aus, so als würde die Amsel mehr Gefallen am Umherstreifen finden als daran, reglos im Nest zu hocken und abgeduckt die Eier zu wärmen. Die Amsel entdeckte neue Freuden des Lebens. Sie badete ausgiebig in der Wasserschale, und das anschließende Putzen des Gefieders nahm immer mehr Zeit in Anspruch. Auch das Amselmännchen änderte im siebten Ehejahr sein Verhalten. Zwar sang es in Abständen immer mal wieder, aber die Nestwache, die es sonst bei Abwesenheit des Weibchens regelmäßig übernommen hatte, wurde eingespart. Sein Engagement für die familiären Pflichten wurde auffallend zurückgefahren. Wen wundert es, dass eines Morgens drei angebrütete Eier am Boden lagen, geplatzt durch den Aufprall. Das Weibchen hatte die Eier in ihrer wachsenden Brutabneigung wohl aus dem Nest geworfen. Das Brutgeschäft wurde zur Fehlinvestition. Nach einer gescheiterten Brut folgt in der Regel ein weiterer Brutversuch. Doch davon keine Spur. Stattdessen streunte das betagte Weibchen in der Gegend herum. Zwar nahm es hie und da etwas Baumaterial auf, ließ es aber meist wieder fallen und vagabundierte weiter durch die Gärten. Ein neuer Nestbau wurde zwar begonnen, aber nicht vollendet. Damit war klar: Das Weibchen hatte aufgegeben. Sein Männchen hielt noch einige Wochen am Revier fest und ließ gelegentlich seinen flötenden Gesang vernehmen. Doch Ende Juni war auch damit Schluss. Das Männchen folgte dem Weibchen beim Vagabundieren. Im Hochsommer, an Tagen großer Hitze, hockten sie als altes Ehepaar einträchtig im dichten Gebüsch und versuchten, mit weit geöffnetem Schnabel hechelnd, den Temperaturen von über 30 Grad zu widerstehen.

## Wenn das Vogelherz zu schlagen aufhört

Alter und Krankheit können zu schaffen machen. Die Kräfte lassen nach, und der soziale Abstieg lässt nicht lange auf sich warten. Den Status eines sozial abgesicherten Ruhestandes gibt es bei Vögeln nicht. Der Stärkere setzt sich durch, wenn es um Revier und Weibchen geht, der Schwächere muss das Feld räumen. Naht die Stunde des Todes, zieht sich ein Vogel zurück, geht in Deckung, taucht am Boden oder im dichten Gebüsch in die Unsichtbarkeit ab. Der Tod kommt still und leise. Vögel, die eines natürlichen Todes gestorben sind, liegen nicht frei sichtbar herum. Gefunden werden sie dennoch – von Mäusen, Ratten, Käfern, Fliegen und anderen hungrigen Verzehrern. Oft wird aber ein geschwächter Vogel schon vor seinem natürlichen Tod zum Beuteobjekt natürlicher Feinde.

# Vögel für unsere Seele

Bäume produzieren den Sauerstoff, den wir zum Atmen brauchen. Auch Bienen finden unser Gefallen. Sie bestäuben Pflanzen, damit sie Früchte tragen. So ganz nebenbei sammeln sie Nektar und produzieren Honig, mit dem wir unser Leben versüßen. Ihr Fleiß ist sprichwörtlich. Beide, Bäume wie Bienen, haben unser Mitgefühl, wenn es ihnen schlecht geht. Meldungen über das Baum- und das Bienensterben versetzen uns in Alarmstimmung. Keine Frage: Bäume und Bienen sind nicht zu ersetzen, auch nicht durch intelligente Roboter. Aber Vögel? Wozu hat die Evolution diese Federtiere hervorgebracht? Nun gut, sie singen im Frühling ihre munteren Lieder und sind in ihrer Flugfertigkeit nett anzusehen. Aber Lieder und Bilder – das können uns auch Computer liefern, auf Bestellung und rund um die Uhr. Sind Vögel nicht reine Luxusgeschöpfe, unter Umständen sogar verzichtbar? Wenn dem so wäre, müssten wir uns nicht um sie kümmern, uns um ihr Überleben sorgen. Probleme haben wir schon genug, und jede Menge Krisen halten uns in Atem. Sollten Vögel also Luft für uns sein? Was tun Vögel eigentlich den ganzen Tag, während wir uns abrackern? Wie steigern sie das Bruttosozialprodukt?

Wahr ist: Vögel sind ein Teil des großen Ganzen. In der Natur hat jedes Lebewesen seinen Platz, seine Funktion und damit einen Job zu erfüllen. Ist diese Planstelle nicht besetzt, bleibt manche Arbeit unerledigt. Die unbesetzte Planstelle kann auf Dauer teuer werden, denn das ökologische System wird instabiler, die natürliche Selbstregulation störungsanfälliger. Fehlen Vögel, dann fehlen auch die Kontrolleure über die Insektenvermehrung. Vögel können Schadinsekten in Schach halten und Kalamitäten im Vorfeld unterbinden. Das Verschwinden von Vogelarten ist keine Petitesse, es ist vielmehr als Alarmsignal zu begreifen: Unsere Lebensräume verlieren ihr ureigenes Leben! Dürfen wir das zulassen?

Materielle Leistungen stehen in unserer Gesellschaft oft im Vordergrund. Was zählt, sind Menge und Geschwindigkeit, das Immer-mehr-und-immer-Schneller. Auch den Nutzen von Natur reduzieren wir allzu oft auf ökonomischen Gewinn. Doch die Natur hat mehr zu bieten, Leistungen, die nicht so leicht in Euro zu beziffern sind. Zu den Gratisleistungen der Vögel rechne ich schon ihre Präsenz. Das unmittelbare, sinnliche Erleben der Vögel steigert unser Wohlbefinden, unsere Lebensqualität. Sie erfreuen uns durch ihr quicklebendiges Dasein, ihre Schönheit, ihre Lieder. Sie ziehen unsere Aufmerksamkeit auf sich, leisten uns Gesellschaft, lenken uns vielleicht von Unwesentlichem ab, lösen innere Spannungen, machen uns frei. Viele Krankheiten, unter denen wir leiden, haben psychische Ursachen. Wir fühlen uns permanent unter Stress. Leistungsdruck und Zeitdruck setzen uns und unseren Organen zu. Wir brennen aus wie ein Baum nach einem Blitzeinschlag. Der Verbrauch an Antidepressiva hat sich in den letzten zehn Jahren verdoppelt.

Kann es sein, dass uns auch die mangelnde Nähe zur Natur krank macht? Die fehlende Besinnung und Gelassenheit, die ausbleibenden Gelegenheiten zur Naturbeobachtung und zur meditativen Betrachtung? Haben wir verlernt, Glück und Gesundheit in der uns umgebenden Natur zu suchen?

In früheren Jahrhunderten galt der Gesang der Nachtigall als eine Art Heilmittel. Ihre Lieder, so die damalige Auffassung, sollten Heilungsprozesse kranker Menschen günstig beeinflussen. Ist das so abwegig? Wer könnte dem widersprechen? Und warum sollte das nicht auch für die Gesänge anderer Vögel gelten?

Mir verschafft jede Begegnung mit einer singenden Nachtigall ein Gefühl der Bewunderung und des Glücks zugleich. Schon zwei, drei Töne dieses Vogels lassen mich aufhorchen, egal wo ich bin und was ich tue. Viele Menschen, so meine Beobachtungen, hören den Gesang überhaupt nicht mehr, ihre Wahrnehmung für den »Sender Natur« ist abgeschaltet. Ähnlich wie bei der Nachtigall ergeht es mir, wenn die Meise an einem Wintertag ihr Frühlingslied anstimmt oder wenn im Mai der Kuckucksruf erschallt. Pure Entdeckerfreude verspürte ich, als ich einen singenden Karmingimpel im Sanddorn an der Ostseeküste erleben durfte – es war meine persönliche Erstbeobachtung dieser Art. Unvergesslich sind für mich die einstigen Begegnungen mit den Großtrappen in der Feldflur am Rande meines Dorfes. Bewundernswert, wie ein metergroßer Trapphahn sich aus dem Stand scheinbar spielend in die Luft erhebt. Anrührend, wie die Trapphenne ihre Küken umsorgt und von Schnabel zu Schnabel füttert. Doch mit Vögeln verbunden sind auch unangenehme Verlustgefühle: So musste ich erfahren, wie eben diese Großtrappen seltener wurden und schließlich ganz aus meinem Umfeld verschwanden, weil der Nachwuchs ausblieb. Warum sind diese imposanten Vögel, die über viele Jahrhunderte in menschlicher Nachbarschaft gut leben konnten, von uns gegangen, fragte ich mich. Die Großtrappen waren nicht die einzigen Vögel, die aus meinem Lebensumfeld verschwanden. Die Bekassinen haben das Sumpfgebiet aufgegeben, nachdem es aus wirtschaftlichen Erwägungen »trockengelegt« wurde. Der Wachtelkönig mit seinem typisch knarrenden Ruf hat sich aus der trockener gewordenen Aue verabschiedet, und selbst der Storch macht sich dort rar. Schon länger surren die Nachtschwalben ihr Lied in der Heide nicht mehr, die lückenlos zur Holzproduktion aufgeforstet wurde. Auch wenn »Flaggschiff«-Arten wie Kranich, Seeadler und Fischadler sich deutlich erholt haben, die Verluste wiegen sie nicht auf.

Unsere Welt ist an einem Punkt angekommen, an dem die Liebe zur Natur allein nicht mehr genügt. Mit dem Seltenwerden oder gar Verschwinden vieler Tier- und Pflanzenarten droht einer Quelle von Lebensfreude die Austrocknung. Ich empfinde die Artenverarmung in der Natur auch als eine Verarmung der menschlichen Seele. Gäbe es keine Vögel – man müsste sie schleunigst erfinden.

## Was wir tun können

Das Füttern der Vögel im Winter und das Aufhängen von Nistkästen im Vorgarten genügen längst nicht mehr, wenn ganze Lebensräume wegbrechen, wenn sich auf Feldern und Wiesen Totenstille ausbreitet. Randstreifen mit Wildkräutern oder Hecken am Feldrand und etwas mehr Wildnis in Garten und Landschaft sind allesamt nützlich und wichtig, aber nicht in der Lage, den galoppierenden Artentod zu stoppen.

Wenn wir nicht tatenlos und mitleidig zusehen wollen, ist jetzt entschiedenes Handeln angesagt. Was können wir tun, um dem Trend der Verarmung unserer Mitwelt entgegenzuwirken? In einem ersten Schritt müssen wir wieder zuhören, hinschauen, den Organismus Natur verstehen lernen.

Vögel haben es geschafft, unsere Erde über 100 Millionen Jahre zu bewohnen. Wir Menschen sind Neuankömmlinge, Anfänger, und wir machen Fehler im Umgang mit den natürlichen Lebensgrundlagen. Wir greifen zu, bedienen uns hemmungslos im Laden Natur und hinterlassen wachsende Löcher im ausgeklügelten Netzwerk des irdischen Lebens. Viele Menschen ahnen, dass es nicht so weitergehen kann. »Nach uns die Sintflut« darf nicht länger unser Leitmotiv sein. Können wir von den Vögeln nachhaltige Lebensprinzipien erlernen?

Die Bewahrung der biologischen Vielfalt ist nicht allein eine Frage des Naturschutzes und kann von diesem auch nicht allein gelöst werden. Es geht um Grundsätzliches, um Fragen unseres Lebensstils, um unsere Ansprüche, um unseren Naturverbrauch. Wenn wir Vielfalt wollen, müssen wir lernen, achtsamer zu werden und uns angemessen zu verhalten. Nicht nur wir Menschen, auch alle anderen Geschöpfe brauchen einen geeigneten Lebensraum. Es geht um nicht mehr und nicht weniger als um die Bewahrung fundamentaler Lebensgrundlagen. Um den Nutzungsdruck auf die Natur zu reduzieren, müssen gerade wir Menschen in den reichen Ländern unser bisheriges Arbeits- und Konsumverhalten infrage stellen. Unsere Nachfrage als Verbraucher entscheidet über »Sein oder Nichtsein« vieler Mitgeschöpfe hierzulande und in der ganzen Welt. Achten wir beim Einkaufen auch auf die naturschonende, ökologische Erzeugung oder nur auf das Preisschild? Davon hängt nicht nur das Überleben unserer Lerchen und Goldammern ab. Nicht nur unsere Nahrung, auch unser Trinkwasser entsteht auf den Feldern. Sollten deshalb Gifte generell verbannt werden? Eine giftfreie Landwirtschaft – geht das überhaupt? Würden wir nicht verhungern? Es geht. Ökobetriebe beweisen es. Das Vogelsterben lasse sich durch Ökolandwirtschaft stoppen, so Martin Flade, Leiter des Biosphärenreservates Schorfheide-Chorin in Brandenburg. In diesem Großschutzgebiet hat der Ökolandbau einen Anteil von 33 %, zusammen mit chemiefreiem Dauergrünland sind es 45 %, und die Vogelbestände profitieren davon. Die Hektarerträge liegen zwar um ein Drittel niedriger, dafür werden Boden und Wasser sowie die Pflanzen- und Tierwelt umfassend geschont. Ein Drittel weniger Ertrag entspricht im Übrigen genau jener Menge an Lebensmitteln, die wir bislang wegwerfen. Bioprodukte sind teuer? Schauen wir in andere Länder, stellen wir fest, dass nirgendwo die Lebensmittel so unverschämt billig sind wie in Deutschland – und ihre Wertschätzung leidet darunter. Lebensmittel

nicht zu schätzen, ist in der Tat lebensfeindlich. Für die scheinbar billigen Lebensmittel zahlen wir langfristig einen hohen
Preis. Die rund 800 zugelassenen Pflanzengifte, Insektengifte
und Pilzgifte töten keineswegs nur Schädlinge und lösen sich
dann in Luft auf, ihre Rückstände verbleiben in der Natur, im
Boden, im Wasser, in Pflanzen und Tieren und nicht zuletzt –
sie landen auch auf unseren Tellern. Sehr entscheidend für
eine naturschonende Lebensweise ist der Verbrauch tierischer
Produkte, vor allem von Fleisch. 80 % der landwirtschaftlichen
Flächen dienen der Tierfütterung mit einem schlechten Wir-
kungsgrad und einem hohen Gülleanfall. Die Reduktion des
Fleischkonsums und damit auch der Massentierhaltung hätte
den wohl größten Entlastungseffekt auf unsere gebeutelte Natur. Es ist erst wenige Jahrzehnte her, dass Fleisch als Besonderheit lediglich auf dem sonntäglichen Speiseplan stand. Unser
Einfluss als Verbraucher geht weit über die Grenzen unseres
Landes hinaus, er ist weltumspannend. Wir im reichen Teil
der Welt vernichten indirekt die artenreichsten Lebensräume
der Erde, die tropischen Regenwälder, indem wir Fleisch, Soja,
Palmöl, Kaffee und Schokolade, aber auch Möbel bedenken-
los, vielleicht sogar ahnungslos zum Schnäppchenpreis kon-
sumieren. Auf der anderen Seite unseres üppigen Lebensstiles
steht die Verarmung und Verelendung ganzer Kontinente. Fai-
rer Handel und faire Preise wären ein Weg zu mehr Gerechtig-
keit, auch um Fluchtursachen zu bekämpfen. Damit die Menschen in anderen Teilen der Welt überleben können, müssen
wir unseren Verbrauch auf ein verantwortbares Maß einstellen. Weniger wäre besser, mehr tut uns nicht gut. Das betrifft
nicht nur die Nahrung, sondern ebenso Wohnung, Kleidung,

Mobilität und Freizeitverhalten. Nur wenn es uns gelingt, mit unseren Mitgeschöpfen gedeihlich zu kooperieren und verantwortungsvoll umzugehen, können wir die lebendige Vielfalt bewahren und der Verarmung unserer Mitwelt und damit unseres eigenen Lebens entgegenwirken. Initiativen wie die Transition Towns oder die Permakultur-Bewegung gehen voran und machen es vor, wie der eigene Lebensstil angepasst werden kann.

Immer wieder wird in Krisen nach der Politik gerufen. Doch die Politik vermag diese Mammutaufgabe allein nicht zu stemmen, wenn nicht auch die Wählerinnen und Wähler eine ökologische Wende wollen, wenn sie sich selbst in ihrem Verhalten nicht ändern wollen, wenn ihnen das Geld wichtiger ist als das Leben in seiner Gesamtheit. Dennoch steht die Politik in der Verantwortung, die Rahmen zu setzen, sie muss erklären, lenken und den Weg weisen. Dazu braucht es mehr mutige und überzeugende Volksvertreter, die ihren Blick nach vorn richten. Werden immer nur jene Bewerber gewählt, die uns nach altem »Weiter-so«-Muster mehr Wachstum und Wohlstand und ein sorgenfreies Schlaraffenland in Ewigkeit versprechen, werden wir mehr verlieren, als uns lieb sein kann.

Der Mensch muss sich erst noch als Teil der Natur begreifen. Die nötige Intelligenz hätte er. Er nutzt sie bisher allerdings mehr für die Ausbeutung der Natur als für deren Bewahrung. Was der Vogel instinktiv richtig macht, macht die moderne menschliche Gesellschaft wissentlich falsch. Bislang überwiegt die Untergrabung der natürlichen Lebensgrundlagen. Es ließe sich ändern, wenn wir uns die Vögel mit ihren Prinzipien zum Vorbild nähmen und unser Eingebettetsein im Haushalt der

Natur verinnerlichten und respektierten. Naturgesetze lassen sich auf Dauer nicht austricksen.

Wir sind am Beginn, unser anthropozentrisches Weltbild, unsere Sonderstellung zu hinterfragen und den Tieren auf Augenhöhe zu begegnen. Die frei lebenden Vögel laden uns dazu täglich ein, sofern wir uns öffnen und darauf einlassen. Die Begegnung mit diesen Wesen führt uns eine Nähe, eine Verwandtschaft vor Augen, und sie öffnet eine Tür, um uns selbst und unsere eigene Herkunft besser zu verstehen und um das Tierhafte in uns zu erahnen. Die Übergänge zwischen Mensch und Tier sind fließend. Mensch und Vogel gleichen sich und sind doch verschieden. Jeder hat seine Stärken und seine Schwächen. Beide werden von Instinkten und Hormonen ebenso geleitet wie von Lernprozessen und Erfahrungen.

Vögel können zwar fliegen, dennoch sind sie keine übernatürlichen Wesen. Ihr Dasein ist hart und manchmal brutal. Sie kämpfen um ihr Überleben und um ihren Nachwuchs. Dazu besetzen sie ein Revier und sichern es gegen Konkurrenten. Diese müssen womöglich zurückstecken und können noch keine Familie gründen. Sie müssen warten, bis ein Platz, eine Planstelle frei wird. Der Stärkere hat gewöhnlich das Sagen. Aber seine Macht ist nicht überbordend, sie kennt Grenzen. Vögel ruinieren nicht die Lebensgrundlagen der Erde. Und ein Vogel bereichert sich nicht maßlos. Menschen haben die Moral erfunden. Vögel praktizieren sie manches Mal.

Es ist an der Zeit, dass wir Menschen die Krone der Schöpfung ablegen. Mehr Demut vor dem Leben in seiner unendlichen Vielfalt ist angezeigt. Oft glauben wir immer noch, dass wir Menschen das Wichtigste auf Erden sind. Niemand bestreitet, dass wir die am höchsten entwickelten Lebewesen sind. Dennoch können wir nur gemeinsam mit allen anderen Mitgeschöpfen überleben. Jedes Glied im Netz der Natur ist wichtig. Jede Art von Leben trägt zum Erhalt des dynamischen Gleichgewichtes unserer Biosphäre und damit auch zu unserem Überleben bei. Was uns Menschen aber vor allen anderen Kreaturen auszeichnet, ist die Fähigkeit, lebenslang Verantwortung übernehmen zu können, Verantwortung auch für alle nicht menschlichen Organismen. Vor dieser Herausforderung stehen wir. Als die intelligentesten Lebewesen haben wir kaum eine andere Wahl, als sorgsam mit uns und unserer Welt umzugehen – eine zweite bewohnbare Erde werden wir nicht finden. Statt darauf zu hoffen und danach zu suchen, sollten wir besser unsere Mutter Natur mit ihren bewährten Wirkprinzipien verstehen lernen und unser Leben darauf ausrichten. Haben wir als Menschen nicht auch die Fähigkeit zu einem reduzierten Lebensstil, zum Loslassen, zum Einschränken und Einsparen? Vielleicht verspricht dieser Weg auch mehr Lebensfreude, Lust und Leichtigkeit. Schauen wir auf das Leben der Vögel – oder besser: Blicken wir zu ihnen hinauf! Vielleicht werden wir dadurch klüger – und beweglicher.

# Dank

Je tiefer ich in das geheime Leben der Vögel Einblick nahm, umso mehr spürte ich unsere enge Verwandtschaft. Mensch und Vogel, vor allem ihre Lebensart, ihre Gefühle und inneren Antriebe gegenüberzustellen, verlangt nicht nur viel Neugier, sondern auch Hintergrundwissen. Bei meiner Suche bin ich auf viele Vogelkenner und Menschenkenner mit ganz unterschiedlichen Blickwinkeln gestoßen, die durch ihre Forschungen und Beobachtungen meinen Wissenshorizont weiteten und vertieften. Ohne ihre geteilten Erfahrungen hätte das Buch »Nestwärme« nicht entstehen können.

Ganz besonders möchte ich meinen Dank aussprechen an Familie Kaatz vom Storchenhof Loburg, an Stefan Fischer von der Staatlichen Vogelschutzwarte Steckby, an Matthias Keller, Dr. Silke Sorge, Dr. Angela Martin, Annegret Faber, Hannelore Anders, Ingrid Bahr, Hildegard Schönherr, Hartmut Kolbe, Dr. Martin Flade, Dr. Eberhard Henne sowie Frank Rohde.

Mein Dank gilt zudem meinem Literaturagenten Michael Meller, der von Anfang an von meinem Projekt überzeugt war. Außerordentlich wohltuend und kreativ gestaltete sich die Zusammenarbeit mit den Mitarbeiterinnen und Mitarbeitern des Hanser Verlags in München, insbesondere mit meinem Lektor

Christian Koth sowie Christine Reisach und Martina Arendt. Der Illustratorin Ute Bartels ist es gelungen, das Buch einfühlsam, naturgetreu und dennoch menschelnd zu gestalten.

# Sachregister

# Unsere Leseempfehlung

304 Seiten

Spinnen, die mit Lassos jagen, Biber, die die längsten Dämme der Welt bauen, und Papageien, die mit 150 Worten ein Gespräch führen können. Die Intelligenz der Tiere ist erstaunlich und immer aufs Neue unergründlich. Tiere sind Ingenieure, Strategen, Entdecker – und oft erschreckend menschlich. Wie sie uns begeistern und was wir von ihnen lernen können, zeigt uns die bekannte Verhaltensforscherin Dr. Emmanuelle Pouydebat.

# Unsere Leseempfehlung

ca. 272 Seiten

Haben Pflanzen ein Bewusstsein? Wie ist es um ihr Sinnesleben bestellt? Die Forschung des israelischen Biologen Daniel Chamovitz hat Erstaunliches zutage gefördert. Etwa darüber, welche Geräusche Pflanzen wahrnehmen und wie sie über ihre Wurzeln miteinander kommunizieren. Wissenschaftlich fundiert erläutert Chamovitz, warum sich nicht nur Menschen, sondern auch Kirschblüten an gutes Wetter erinnern, dass das Basilikum auf der Fensterbank spürt, wenn wir es rupfen – und Sonnenblumen die Welt, genau wie wir, in den buntesten Farben wahrnehmen.

www.goldmann-verlag.de
www.facebook.com/goldmannverlag

 GOLDMANN
Lesen erleben

# Unsere Leseempfehlung

352 Seiten
Auch als E-Book
erhältlich

Warum adoptiert die Löwin Kamuniak ein kleines Antilopen-junges, warum kann sich Salsa, der Papagei, nicht von seiner Besitzerin trennen und warum stirbt der kleine Schimpanse Flint nur acht Tage nach dem Tod seiner Mutter? Dies alles sind Phänomene der emotionalen Bindung, für die wir Menschen ein Wort kennen: Liebe. Der Veterinär und Psychologe Claude Béata macht auch bei unseren Mitgeschöpfen dieses Gefühl als fundamentale Antriebskraft des Zusammenlebens aus und nimmt uns mit auf die Reise in diese Terra incognita.

www.goldmann-verlag.de
www.facebook.com/goldmannverlag

# Unsere Leseempfehlung

384 Seiten

Die Welt in einer Nussschale: Über ein Jahr hat der Biologe David Haskell einen Quadratmeter altgewachsenen Wald bis ins Detail studiert. Ausgerüstet mit Objektiv, Lupe und Notizbuch, Zeit und Geduld, richtet er seinen Blick auf das Allerkleinste: Flechten und Moose, Tierspuren oder einen vorbeihuschenden Salamander, Eiskristalle oder die ersten Frühlingsblüten. Und entfaltet mit dem Wissen des Naturforschers und der Beschreibungskunst eines Dichters ein umfassendes Panorama des feingewobenen Zusammenlebens in einem jahrhundertealten Ökosystem.

# »Dave Goulson ist ein Meister darin, sein Wissen als Insektenforscher in spannende Lektüre zu verwandeln.«

*The Spectator*

Ü.: Elsbeth Ranke. 352 S. m. zahl. farb. Abb. u. Reg. Gebunden

Alle Bestäuber brauchen pollenreiche Pflanzen. Und unsere Natur braucht dringend mehr Bestäuber. Nur haben die es auf kurz geschorenen Grünflächen schwer. Deswegen hat Dave Goulson, Europas führender Hummel- und Wildbienenschützer, ein Handbuch für engagierte Gärtnerinnen und Gärtner geschrieben. Darin stellt er auf jeder Seite Insekten und deren Lieblingsgewächse vor. Außerdem verrät er, dass Löwenzahn kein Unkraut ist und warum die Traubenhyazinthe 4 von 5 Sternen auf seiner Pollenskala verdient. Denn egal ob Mini-Balkon oder Park, es gibt die passende Bienenweide. Und jeder Einzelne kann etwas für die Artenvielfalt tun.

dave-goulsons-bienenweide.de

## HANSER